普通高等院校"十四五"规划教材

SolidWorks 三维机械设计实训教程

王秀珍◎主　编
仝基斌　岳　强◎副主编

中国铁道出版社有限公司
CHINA RAILWAY PUBLISHING HOUSE CO., LTD.

内 容 简 介

本书基于 SolidWorks 中文版系统介绍了 SolidWorks 草图绘制、典型零件的三维建模、安全阀各零件的三维建模、安全阀的装配图与爆炸图、工程图设计、曲线曲面三维造型、钣金零件的三维建模、自由造型及渲染、仿真分析等内容。本书章节安排采用由浅入深、循序渐进的原则，在具体的典型实例操作过程中轻松掌握常用命令，并对容易出错的地方及重要知识点加以提示。在章节后面设置了课后练习，以增加读者对软件操作的熟练程度，可以轻松掌握零件的建模、装配和工程图制作等设计工作。

本书把每章重点内容和所有模型以微课视频和动画的方式提供给读者，供读者在学习过程中参考，以提高学习效率，更好地掌握软件的操作。

本书适合作为高等院校机械类专业、工业设计专业、产品设计专业及相关专业的 CAD/CAM 课程的教材，同时也适用于对 SolidWorks 软件感兴趣的读者。

图书在版编目(CIP)数据

SolidWorks 三维机械设计实训教程/王秀珍主编．—北京：中国铁道出版社有限公司，2022．2(2023．7 重印)

普通高等院校“十四五”规划教材

ISBN 978-7-113-28751-1

Ⅰ．①S…　Ⅱ．①王…　Ⅲ．①机械设计-计算机辅助设计-应用软件-高等学校-教材　Ⅳ．①TH122

中国版本图书馆 CIP 数据核字(2022)第 000639 号

书　　名：**SolidWorks 三维机械设计实训教程**
作　　者：王秀珍

策划编辑：曾露平
责任编辑：曾露平　包　宁　　编辑部电话：(010)63551926
封面设计：高博越
责任校对：苗　丹
责任印制：樊启鹏

出版发行：中国铁道出版社有限公司(100054，北京市西城区右安门西街 8 号)
网　　址：http://www.tdpress.com/51eds
印　　刷：北京联兴盛业印刷股份有限公司
版　　次：2022 年 2 月第 1 版　2023 年 7 月第 2 次印刷
开　　本：787 mm×1 092 mm 1/16　印张：13　字数：328 千
书　　号：ISBN 978-7-113-28751-1
定　　价：36.00 元

前 言

SolidWorks 软件是 SolidWorks 公司推出的集 CAD、CAM、CAE 于一体的 3D 产品开发软件，它以参数化特征造型为基础，具有强大、易学、易用等特点，极大地提高了机械设计工程师的设计效率和设计质量，并成为主流三维 CAD 软件市场的标准，是目前应用较广泛的三维 CAD 软件之一。

党的二十大报告强调，教育要以立德树人为根本任务，要坚持科技自立自强，加强建设科技强国。

本书为高等院校三维机械构形设计、产品工程三维设计或 SolidWorks 机械零件三维造型等课程的配套教材，本书既可用于课程教学也可用于上机实训。

本书编者长期从事 SolidWorks 教学工作，带领学生多次参加“全国大学生先进成图技术与产品信息建模创新大赛”，在多年教学和参赛的经验基础上编写了本书，为了避免以往普通训练教程中命令的讲解过于单调烦琐，本书按上机实训的方式注重将重要的知识点融入具体实例中，会使读者的学习兴趣更加浓厚。本书主要内容包括以下几个方面：

(1) SolidWorks 概述；

(2) SolidWorks 草图绘制；

(3) 典型零件的三维建模；

(4) 安全阀各零件的三维建模；

(5) 安全阀的装配与爆炸；

(6) 工程图设计；

(7) 曲线曲面三维造型；

(8) 钣金零件的三维建模；

(9) 自由造型及渲染；

(10) 仿真分析。

本书把每章重点内容和所有模型以微课视频和动画的方式提供给读者，供读者在学习过程中参考，以提高学习效率，更好地掌握软件的操作。

本书由安徽工业大学王秀珍任主编,安徽工业大学仝基斌教授、安徽工业大学岳强教授任副主编。由于编者水平有限,书中若有疏漏和不足之处,恳请广大读者提出宝贵意见,电子邮箱:wangxiuz1979@163.com。

编　者

2023年7月

目录

第1章

SolidWorks 概述

视频

SolidWorks 概述

 1.1 SolidWorks 的主要特点

1. SolidWorks 简介

SolidWorks 是一个在 Windows 环境下进行机械设计的软件，具有人性化的操作界面，完全融入了 Windows 软件使用方便和操作简单的特点，其强大的设计功能可以满足一般机械产品的设计需要。

SolidWorks 是 SolidWorks 公司开发的三维 CAD 产品，是实行数字化设计的造型软件，在国际上得到广泛应用。同时具有开放的系统，添加各种插件后，可实现产品的三维建模、装配校验、运动仿真、有限元分析、加工仿真、数控加工及加工工艺的制定，以保证产品从设计、工程分析、工艺分析、加工模拟、产品制造过程中的数据一致性，从而真正实现产品的数字化设计和制造，并大幅度提高产品的设计效率和质量。

2. 基于特征的三维建模模式

SolidWorks 是一个基于特征、参数化的实体造型系统，具有强大的实体建模功能，同时也提供了二次开发的环境和开放的数据结构。

特征指一个零件的有形部分，是指某个特性，它是构成零件的基本元素。特征分为实体特征、曲面特征、辅助特征等。

实体特征有基础特征（如拉伸、旋转、扫描、放样等）和附加特征（如异形孔、筋、倒角、倒圆角、抽壳拔模、圆顶、包覆等）。曲面特征（如拉伸曲面、旋转曲面、扫描曲面、放样曲面等）可以生成实体特征。辅助特征（基准轴和基准面）就是基准特征。

如图 1.1 所示的模型就是由拉伸、孔和镜像等操作构建的。每个特征在设计树中均有记载，可方便地对特征进行隐藏、修改或删除，所以对模型的修改非常容易。

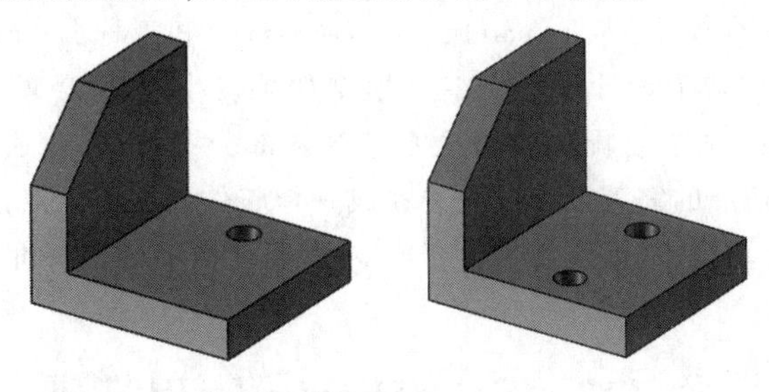

图 1.1　基于特征的模型

3. 尺寸驱动的参数化设计

零件和装配件的物理形状由特征属性值来驱动，用户可以随时修改特征尺寸或其他属性。即

在设计时首先考虑的是零件的形状,而不管具体的尺寸数值。形状确定好后,可以通过修改各个几何元素的相关尺寸的数值重新生成目标图形,尺寸修改了,模型区中的相应特征立刻发生改变,因此很方便、直观地达到最终设计目的。

图 1.2 所示的零件是由图中所示的草图生成的,先画出草图轮廓,然后用智能尺寸进行标注,生成零件的基本轮廓,后通过拉伸切除、孔和镜像等特征生成零件的最终形状,尺寸如图 1.2 所示,每一个尺寸均是一个可变的参数,可以通过编辑这些草图尺寸和特征尺寸进而修改零件各部分的形状,例如双击图中的尺寸 45 将其修改成 30,零件的尺寸随即发生改变,因此为用户提供了方便。

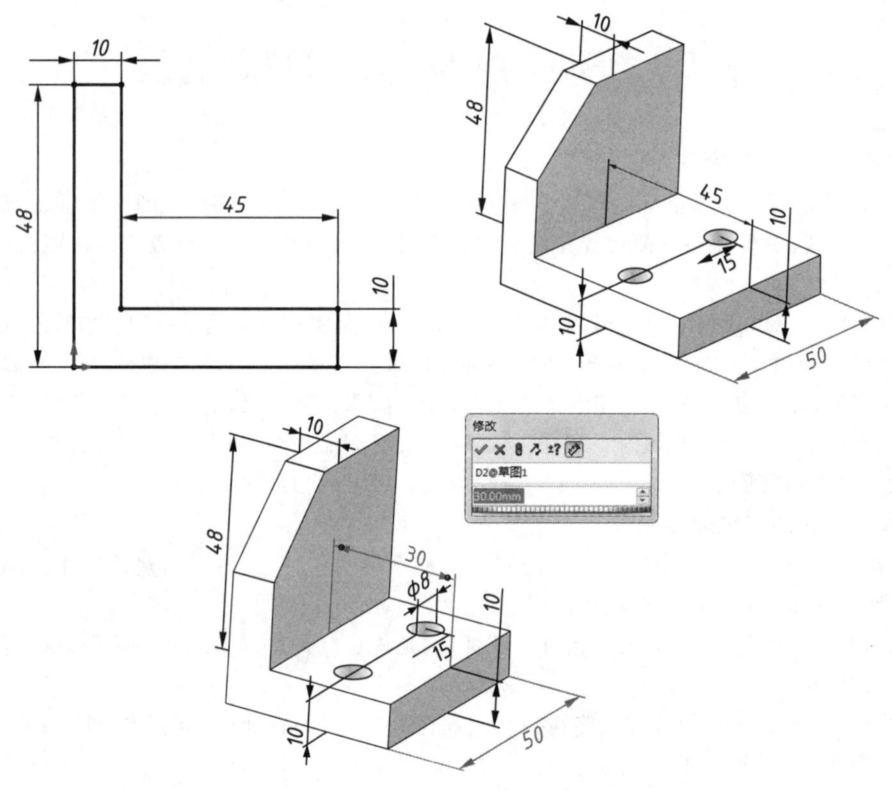

图 1.2　参数化设计示例

4. 模块化与设计关联

SolidWorks 主要有三个模块:零件(part)、装配体(assem)和工程图(draw),所有模块都建立在一个统一的数据库上。在整个设计过程中零件模型如果发生改变,装配体和工程图也会自动更新,也可以通过装配干涉检查在装配体中修改零件的各部分参数,这种独特的数据结构与工程设计的完整结合使得一件产品的完整设计过程关联成一个整体。这一优点使得设计更优化、成品质量更高、产品的生产周期更短,从而节约了生产成本,降低了产品的销售价格。

1.2　SolidWorks 使用基础

1. 在 Windows 平台启动 SolidWorks

(1)在计算机中安装 SolidWorks 软件后,在桌面上会出现 SolidWorks 图标 。

(2)双击 SolidWorks 图标 ,打开图 1.3 所示的初始界面。

图 1.3 SolidWorks 初始界面

2. 文件操作

文件操作主要包括建立新文件、打开文件、保存文件和关闭文件,这些操作可以通过“文件”下拉菜单或者快速访问工具栏完成。

1)新建文件

选择“文件”|“新建”命令或单击快速访问工具栏中的“新建”按钮 ,弹出“新建 SolidWorks 文件”对话框,如图 1.4 所示。

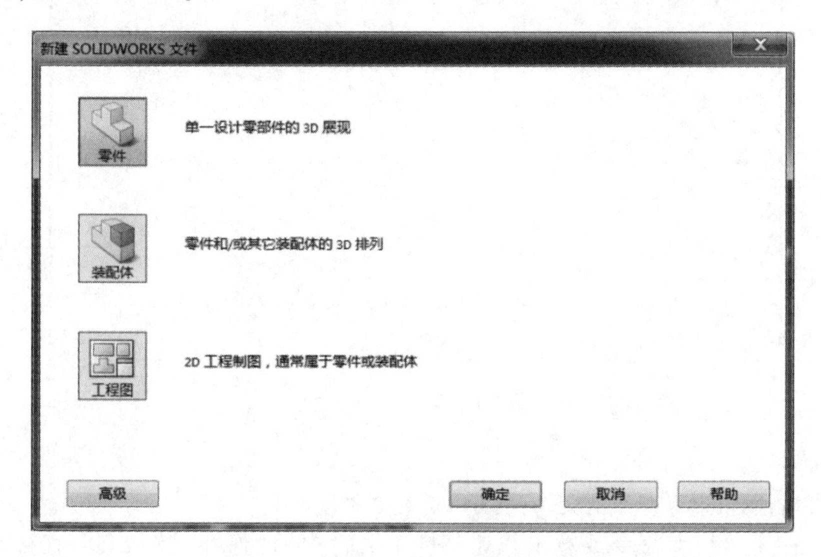

图 1.4 “新建 SolidWorks 文件”对话框

SolidWorks 有三个主要模块:零件、装配体和工程图。在绘制草图和创建单个零件的三维模型时选择“零件”模块。零件创建完成后,在进行装配时选择“装配体”模块。三维模型或装配体都创建好后,生成“零件”或者“装配体”的二维工程图时选择“工程图”模块。

单击“零件”按钮 后,单击“确定”按钮,进入 SolidWorks 操作界面,如图 1.5 所示。

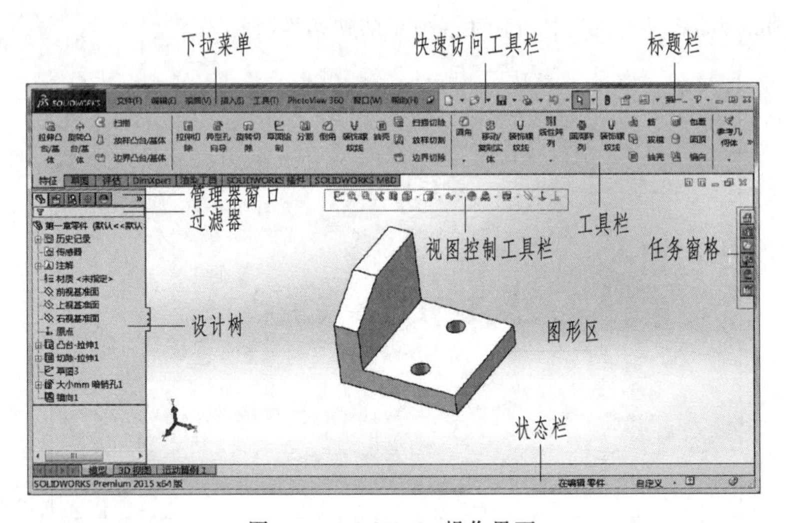

图 1.5　SolidWorks 操作界面

在工作界面中主要包括下拉菜单、快速访问工具栏、标题栏、工具栏、过滤器、设计树、图形区、状态栏、视图控制工具栏、资源管理器等内容。

2)打开文件

选择“文件”|“打开”命令或单击快速访问工具栏中的“打开”按钮，弹出“打开”对话框，如图 1.6 所示，选择所需零件，单击“确定”按钮。

图 1.6　“打开”对话框

3)保存文件

保存文件时，既可以保存当前文件，也可以另存文件。

选择“文件”|“保存”命令或单击快速访问工具栏中的“保存”按钮，直接对文件进行保存。

初次保存文件，会弹出“另存为”对话框，如图 1.7 所示，可以更改文件名，也可以沿用原有名称。

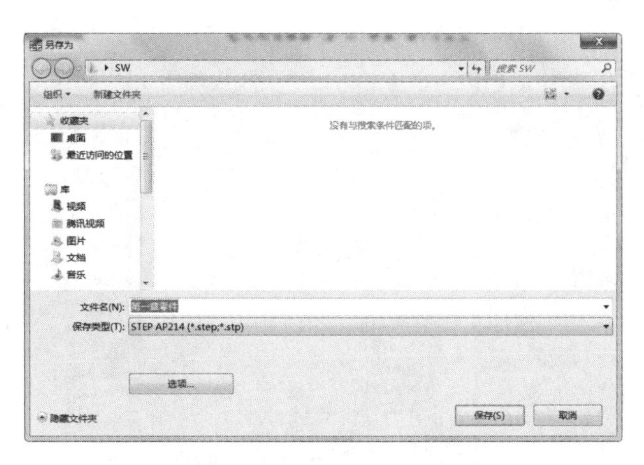

图 1.7 “另存为”对话框

SolidWorks 文件分为三类：

零件文件：是机械设计中单独零件的文件，文件扩展名为 .sldprt。

装配体文件：是机械设计中用于虚拟装配的文件，扩展名为 .sldasm。

工程图文件：用标准图纸形式描述零件和装配的文件，扩展名为 .slddrw。

如果想要在 SolidWorks 低版本软件中打开高版本软件绘制的零件，需要将文件类型另存为 .step、. stp 或 . igs 格式，打开时选择相应的文件类型。

4)关闭文件

完成建模工作以后，需要将文件关闭，以保证所做工作不会被系统意外修改。选择“文件”|“关闭”命令或者单击绘图区右上方的“关闭”按钮可以关闭文件。

1.3 SolidWorks 用户界面介绍

1. 标题栏

标题栏位于工作主界面的顶部右边，显示打开的文件名称。在标题栏的右侧有三个按钮，分别为最小化、最大化和关闭按钮。可以右击标题栏，在弹出的快捷菜单中选择相应操作。

2. 下拉菜单

下拉菜单如图 1.8 所示，包括文件、编辑、视图、插入、工具、窗口和帮助 7 个菜单。

图 1.8 下拉菜单

(1)“文件”菜单中包括新建、打开、保存和打印等命令，如图 1.9 所示。

(2)“编辑”菜单中包括剪切、复制、粘贴、删除、重建模型、压缩和解除压缩等命令，如图 1.10 所示。

(3)“视图”菜单中包括显示控制的相关命令，如图 1.11 所示。

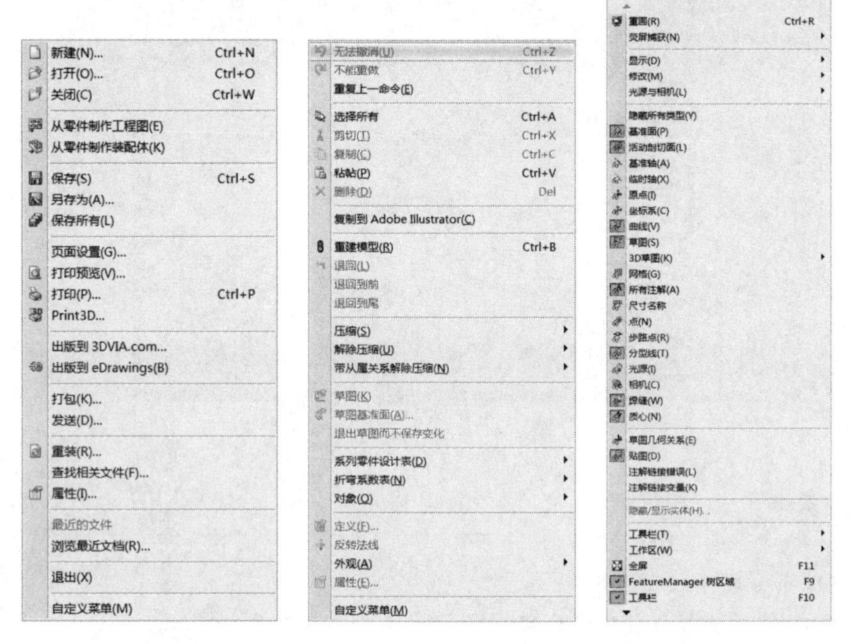

图 1.9 “文件”菜单　　图 1.10 “编辑”菜单　　图 1.11 “视图”菜单

(4)“插入”菜单中包括凸台/基体、切除、特征、阵列/镜像、曲面、曲线、参考几何体、钣金、模具等命令,如图 1.12 所示。

(5)“工具”菜单中包括多种工具命令,如插件、自定义、选项等命令,如图 1.13 所示。

图 1.12 “插入”菜单　　图 1.13 “工具”菜单

(6)“窗口”菜单中包括视口、新建窗口、层叠等命令,如图 1.14 所示。

(7)“帮助”菜单可以提供各种信息查询,例如“SolidWorks 帮助主题”命令可以展开 SolidWorks 软件提供的在线帮助文件,“SolidWorks 指导教程”中提供了一些设计实例,可作为用户学习参考,如图 1.15 所示。

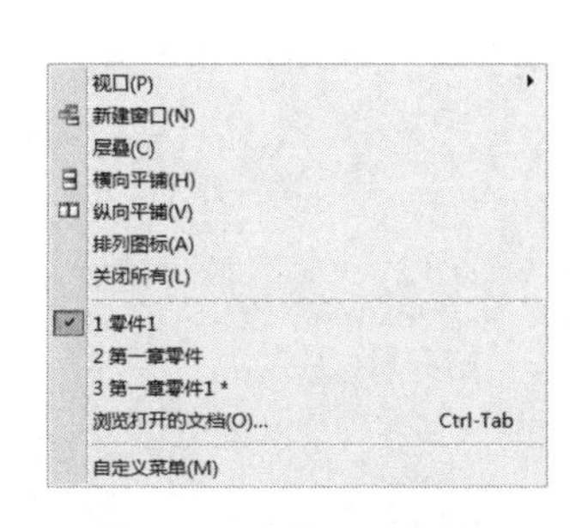

图 1.14 “窗口”菜单

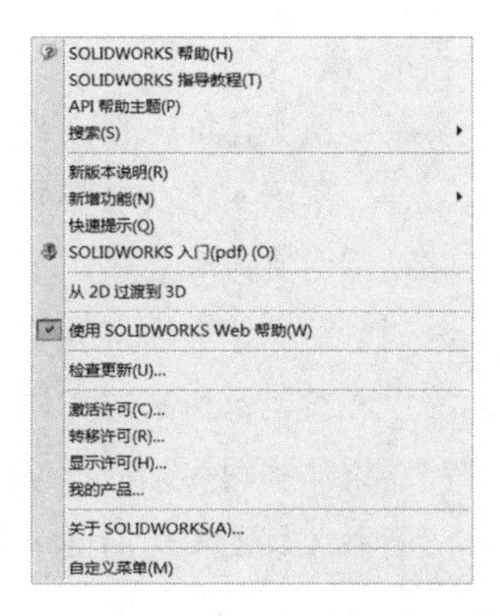

图 1.15 “帮助”菜单

3. 工具栏

工具栏位于下拉菜单的下方,包括用于建模和特征操作等各种常用的快捷方式,在不同的工作模式下将显示不同的工具栏,这是由于软件本身具有过滤作用,这样可以方便使用者使用。

1)草图绘制工具

在草图绘制环境下显示的“草图工具栏”如图 1.16 所示,提供了绘制草图的常用命令,这些命令与 AutoCAD 中二维绘图命令的使用方法基本相同。

图 1.16 草图工具栏

草图绘制:绘制新草图,或者编辑现有草图。

智能尺寸:为一个或多个实体生成尺寸。

直线:绘制直线。

矩形:绘制矩形,可以有不同的方式绘制。

多边形:绘制多边形,在绘制多边形后可以更改边数。

圆:绘制圆,选择圆心然后拖动来设定其半径。

圆心/起点/终点画弧:绘制中心点圆弧,圆弧可以有不同的绘制方式。

椭圆:绘制一个完整的椭圆,选择椭圆中心然后拖动来设定长轴和短轴。

样条曲线:绘制样条曲线,单击来添加形成曲线的样条曲线点。

点:绘制点。

中心线:绘制中心线。

文字:绘制文字。可在面、边线及草图实体上绘制文字。

绘制圆角:在相交点绘制两实体的角,从而生成切线弧。

绘制倒角:在两个草图实体相交点添加一倒角。

等距实体:通过以一指定距离来添加草图实体。

转化实体引用:将模型上所选的边线或者草图转换为草图实体,其草图所在的平面与模型的面或者原草图平面平行。

剪裁实体:剪裁草图实体的一部分或者全部,有时相当于删除。

延伸实体:延伸一草图实体使之与另一部分重合。

移动实体:移动草图实体和注解。

复制实体:复制草图实体和注解。

镜像实体:沿中心线镜像所选的实体。

线性草图阵列:添加草图实体的线性阵列。

圆周草图阵列:添加草图实体的圆周阵列。

2)特征操作工具

在三维特征操作环境下显示的"特征工具栏"如图 1.17 所示,这些命令是将二维草图生成三维模型或对三维模型进行编辑。

图 1.17　特征工具栏

拉伸凸台/基体:以一个或者两个方向拉伸一草图来生成一实体。

旋转凸台/基体:绕轴心旋转一草图来生成一实体特征。

扫描:沿路径通过扫描来生成实体特征。

放样凸台/基体:在多个轮廓之间添加材质来生成实体特征。

拉伸切除:以一个或者两个方向拉伸所绘制的轮廓来切除一实体模型。

旋转切除:通过绕轴心旋转绘制的轮廓来切除实体模型。

扫描切除:沿路径通过扫描闭合轮廓来切除实体模型。

放样切除:在两个或多个轮廓之间通过移出材质来切除实体模型。

圆角:沿实体的边线来生成圆形内部面或外部面。

倒角:沿模型边线生成一倾斜的边线。

筋:给实体添加薄壁支撑。

抽壳:从实体移除材料来生成一个薄壁特征。

简单直孔:在平面上生成圆柱孔。

异形孔向导:在预先定义的剖面插入孔。

弯曲:弯曲实体和曲面实体。

线性阵列:以一个或两个线性方向阵列特征、面及实体。

圆周阵列:绕轴心阵列特征、面及实体。

镜像:绕面或者基准面镜像特征、面及实体。

移动/复制实体:移动、复制并旋转实体和曲面实体。

3)装配体工具

在装配体模块操作环境下显示的“装配体工具栏”如图 1.18 所示,用于控制零部件的管理、移动及其配合,插入智能配件等。

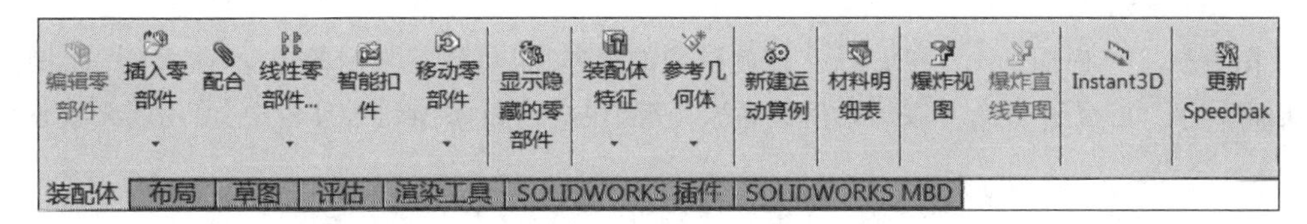

图 1.18 装配体工具栏

编辑零部件:处于编辑零部件或编辑主装配体之间的状态。

插入零部件:添加一现有零件到装配体中。

配合:定位两个零部件使之相互配合。

智能扣件:使用 SolidWorks Toolbox 标准件库将扣件添加到装配体。

移动零部件:在由其配合所定义的自由度内移动零部件。

爆炸视图:将零部件分离成爆炸视图。

4)工程图工具

在工程图模块操作环境下显示的“视图布局工具栏”如图 1.19 所示,用于提供对齐尺寸及生成工程视图的工具。

图 1.19 视图布局工具栏

标准三视图:添加三个标准、正交视图。

模型视图:根据现有零件或装配体添加正交视图。

投影视图:从一个已经存在的视图展开新视图而添加一投影视图。

辅助视图:从一线性实体通过展开一新视图而添加一视图。

剖面视图:以剖面线切割父视图来添加一剖面视图,通常用于全剖视图。

局部视图:添加一局部视图来显示一视图的某部分,通常放大比例,即用于局部放大图。

断开的剖视图:将一断开的剖视图添加到一显露模型内部细节的视图,通常用于半剖视图或局部剖视图。

断裂视图:将视图断裂,省略不必要的部分。

剪裁视图:剪裁现有视图,只显示视图的一部分。

5)快速访问工具栏

快速访问工具栏如图 1.20 所示,这是一个简化后的工具栏,把光标放在工具按钮上面,出现使用说明,和 Windows 按钮的使用方法一样方便快捷。

图 1.20　快速访问工具栏

6)视图控制工具栏

视图控制工具栏如图 1.21 所示,它控制模型的显示,也可以将常用的命令(如“草图绘制”、“基准面”、“正视于”、“添加几何关系”等,快捷按钮添加到工具栏中,使用起来更便捷。

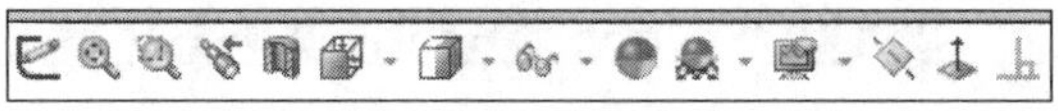

图 1.21　视图控制工具栏

单击“视图定向”按钮,会出现图 1.22 所示的工具条,可以从各个方向显示模型,可使操作者更加方便、直观地绘制三维模型。

单击“显示样式”按钮,会出现图 1.23 所示的工具条,可以将模型显示成实体和线框形式等,如图 1.24 所示。

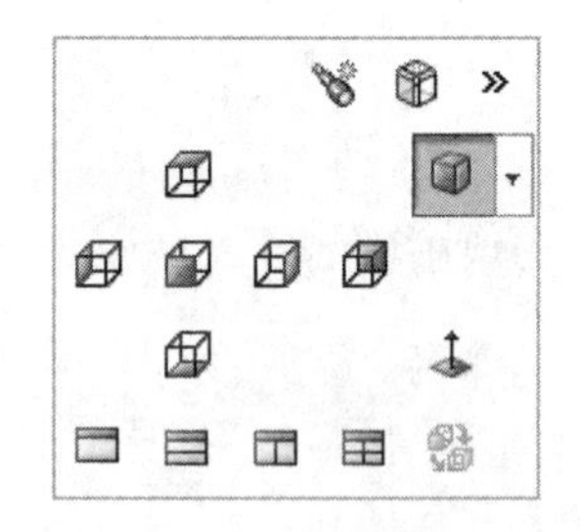

图 1.22　视图定向工具条

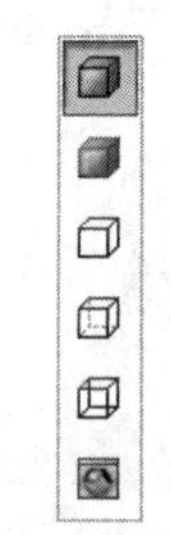

图 1.23　显示样式工具条

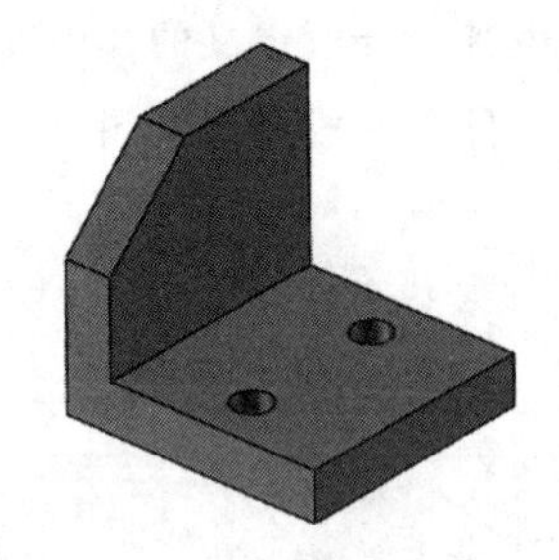

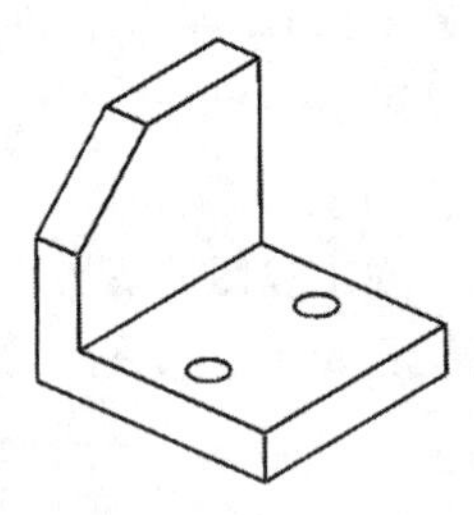

图 1.24　模型不同的显示样式

7)参考几何体工具栏

参考几何体工具栏用于提供生成与使用参考几何体的工具,可以生成绘制草图或特征操作所需要的基准面或者基准轴等,如图 1.25 所示。

基准面:添加一参考基准面。

基准轴:添加一参考轴。

坐标系:为零件或装配体定义一坐标系。

点:添加一参考点。

4. 管理器窗口

管理器窗口包括“特征管理器设计树”、“属性管理器”、“配置管理器”、“公差分析管理器”和“显示管理器”5 个选项卡,其中“特征管理器设计树”和“属性管理器”使用比较普遍。

“特征管理器设计树”可以提供激活零件、装配体或者工程图的大纲视图,使观察零件或者装配体的生成以及检查工程图图纸和视图变得更加容易,如图 1.26 所示。

“属性管理器”可以在用户进行设计时弹出相应的属性设置对话框,可以显示草图、零件或者特征的属性,在对话框中设置后,单击按钮确定,如图 1.27 所示。

5. 任务窗格

任务窗格如图 1.28 所示,设计库可用来调用机械零件中的标准件(如螺栓、螺母和轴承等),还可以调用常用件(如齿轮等)。

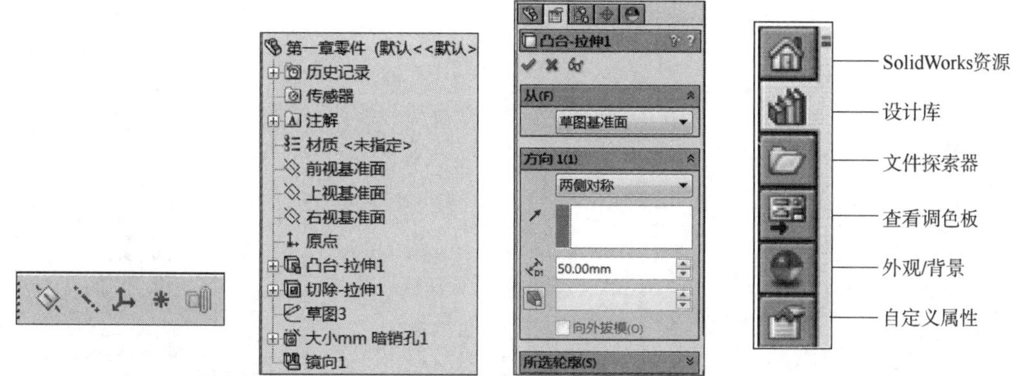

图 1.25　参考几何体工具栏　　图 1.26　特征管理器设计树　　图 1.27　属性管理器　　图 1.28　任务窗格

6. 状态栏

状态栏显示了正在操作中的对象所处的状态,如图 1.29 所示。

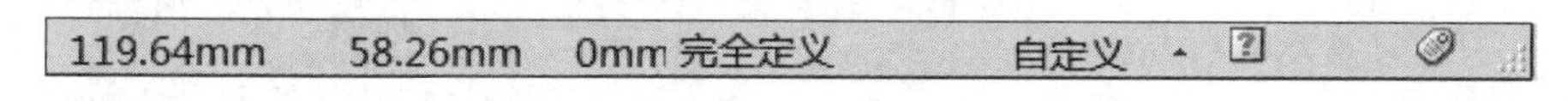

图 1.29　状态栏

1.4　快捷键和快捷菜单

使用快捷键和快捷菜单及其鼠标操作是提高作图速度及其准确度的重要方式。SolidWorks 快捷命令的使用和鼠标的特殊用法,主要有以下几种。

1. 快捷键

快捷键的使用和 Windows 的快捷键格式基本一样,按【Ctrl + 字母】组合键,就可以进行快捷操作,还可以自己定义快捷键,操作方法如下:

选择"工具"|"自定义"命令后,弹出"自定义"对话框,选择"键盘"选项卡,如图 1.30 所示,系统默认的快捷键显示在"快捷键"一列中,用户可根据需要将自己常用的操作命令设置成容易记住并操作方便的快捷键,右手操作鼠标,快捷键一般设置在左手边上用左手进行快速操作。

2. 快捷菜单

在没有执行命令时,常用快捷菜单有四种:一个是图形区的;一个是零件特征表面的;一个是特征设计树中单击其中一个特征;另外一个是工具栏中的。右击就会弹出图 1.31 所示的快捷菜单。在有命令执行时,单击不同的位置,会弹出不同的快捷菜单。

3. 鼠标笔势

选择"工具"|"自定义"命令,弹出"自定义"对话框,选择"鼠标笔势"选项卡,如图 1.32 所示,在对话框的右上角,选择"启用鼠标笔势"复选框,再选择"4 笔势"或者"8 笔势"单选按钮,单

击“确定”按钮后，在草图绘制和特征操作等环境下，按住鼠标右键向右拖动时，会出现不同的快捷选项，常用的是选择“8 笔势”，如图 1.33 所示。

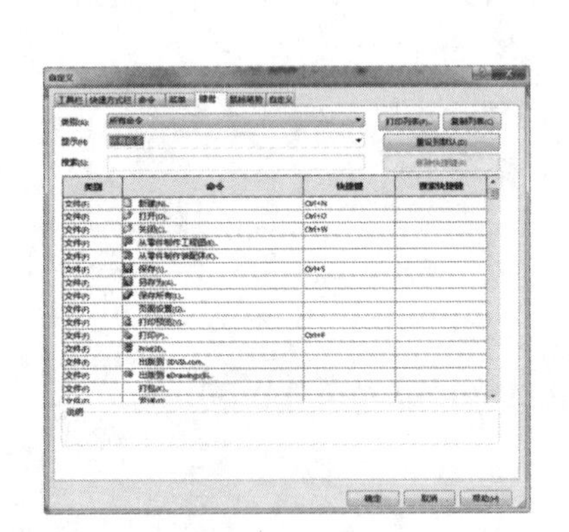

图 1.30　“自定义”对话框“键盘”选项卡

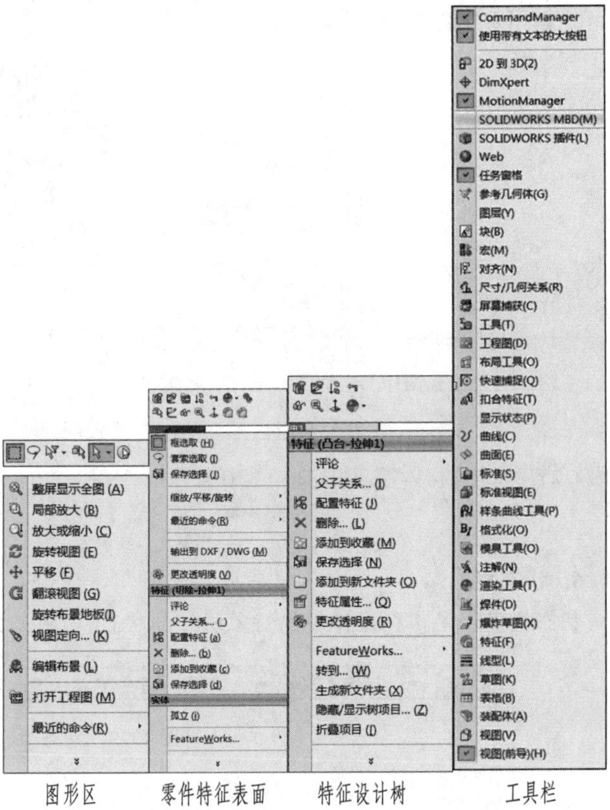

图形区　零件特征表面　特征设计树　工具栏

图 1.31　快捷菜单

图 1.32　“自定义”对话框“鼠标笔势”选项卡

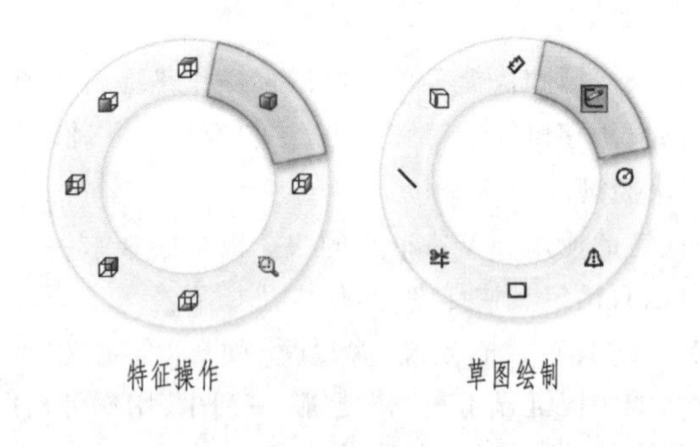

图 1.33　鼠标笔势

4. 鼠标按键功能

（1）左键：可以选择功能选项或者操作对象。

（2）右键：显示快捷菜单。

（3）中键：只能在图形区使用，一般用于旋转、平移和缩放。在零件图和装配体的环境下，按住鼠标中键不放，移动鼠标即可实现旋转；在零件图和装配图环境下，先按住【Ctrl】键，然后按住鼠标中键不放，移动鼠标即可实现平移；在工程图环境下，按住鼠标中键即可实现平移；先按住【Shift】

键,然后按住鼠标中键移动鼠标即可实现缩放,如果是带滚轮的鼠标,则直接转动滚轮即可实现缩放。

1.5 SolidWorks 技能点拨

1. SolidWorks 基础概念

(1)SolidWorks 模型由零件或装配体文档中的 3D 实体几何体组成。

(2)工程图从模型或通过在工程图文档中绘图而创建。

(3)通常,从绘制草图开始,然后生成一个基体,并在模型上添加更多的特征。

(4)可以添加特征、编辑特征以及将特征重新排序而进一步完善设计。

(5)由于零件、装配体及工程图的相关性,所以当其中一个文档或视图改变时,其他所有文档和视图也自动相应改变。

(6)随时可以在设计过程中生成工程图或装配体。

(7)选择“工具”|“选项”命令,在弹出的对话框中对系统选项或文档属性进行设置,在“文档属性”对话框中设置“总绘图标准”为“GB”,在“系统选项”对话框中设置“颜色”,可改变绘图背景的相关颜色等,如图 1.34 所示。

图 1.34　系统选项和文档属性

2. SolidWorks 的设计思路

在 SolidWorks 中,一个实体模型是由草图特征和应用特征构成,而草图特征是从草图创建而来的特征,如凸台/基体、切除等。其绘图思路一般为:创建绘图基准面—绘制草图—标注尺寸及限制条件—实体造型。

应用特征是,在已经创建的特征的基础上加入修饰特征,如倒角、抽壳、镜像等。其绘图思路为:选择特征功能—选择操作对象—编辑变量。

3. SolidWorks 的建模技术

SolidWorks 软件有零件、装配体、工程图三个主要模块,和其他三维 CAD 一样,都是利用三维的设计方法建立三维模型。新产品在研制开发的过程中,需要经历三个阶段,即方案设计阶段、详细设计阶段、工程设计阶段。

根据产品研制开发的三个阶段,SolidWorks 软件提供了两种建模技术,一个是基于设计过程的建模技术,就是自顶向下建模;另一个是根据实际应用情况,一般三维 CAD 开始于详细设计阶段的,其建模技术就是自底向上建模。

1)自顶向下建模

自顶向下建模是一种在装配环境下进行零件设计的方法,可以利用“转换实体引用”工具生成相关联的草图实体,这样可以避免单独进行零件设计可能造成的尺寸等各方面的冲突。在实际应用中,首先选择一些在装配体中关联关系少的零件,建立零件草图,生成零件模型,然后在装配体环境下,插入这些零件,并设置它们之间的装配关系,参照这些已有的零件尺寸,生成新的零件模型,完成装配体。

2)自底向上建模

自底向上建模技术,也就是先建立零件,再装配。SolidWorks 的参数化功能,可以根据情况随时改变零件的尺寸,而且其零件、装配体和工程图之间是相互关联的,可以在其中任何一个模块中进行尺寸的修改,所有模块的尺寸同时改变,这样可以减少设计人员的工作量。在建立零件模型后,可以在装配环境下直接装配,生成装配体;然后单击“干涉检查”按钮 镜像检查,若有干涉,可以直接在装配环境下编辑零件,完成设计。

4. SolidWorks 实用技巧

(1)按【Ctrl + Tab】组合键循环进入在 SolidWorks 中打开的文件。

(2)使用方向键可以旋转模型。按【Ctrl】键加上方向键可以移动模型,按【Alt】键加上方向键可以将模型沿顺时针或者逆时针方向旋转。

(3)按【Z】键可缩小模型;按【Shift + Z】组合键可放大模型。

(4)可以使用工作窗口底边和侧边的窗口分隔条,同时观看两个或多个同一模型的不同视角。

(5)可以按住【Ctrl】键并且拖动一个参考基准面快速地复制出一个等距基准面,然后在此基准面上双击鼠标可精确地指定距离尺寸。

(6)可以在 FeatureManager 设计树上以拖动放置方式来改变特征的顺序。

(7)完全定义的草图将会以黑色显示所有实体;欠定义的实体则以蓝色显示;红色或者黄色显示的草图是过定义的,这时可以删除一些尺寸或者几何关系。

(8)当输入一个尺寸数值时,可以使用数学式或三角函数式来操作。

(9)可以在一个装配体中隐藏或压缩零部件特征。

(10)可以从一个剖视图中生成一个投影视图。

(11)若要将尺寸文字置于尺寸界线的中间,可以右击该尺寸,在弹出的快捷菜单中选择文字对中命令。

(12)可以使用设计树中的配置控制零件的颜色。

第2章 SolidWorks草图绘制

使用 SolidWorks 软件进行三维模型设计是由绘制草图开始的，在草图的基础上生成特征模型，进而生成零件等，因此，草图绘制在 SolidWorks 中占重要地位，是使用该软件的基础。一个完整的草图包括几何形状、几何关系和尺寸标注等信息，下面将详细讲述草图绘制、草图编辑及其他生成草图的方法。

视频

草图的基本命令

 2.1 草图绘制的概念

在使用草图绘制命令前，首先要了解草图绘制的基本概念，以便更好地掌握草图绘制和草图编辑的方法。本节主要介绍草图的基本操作、认识草图绘制工具栏，熟悉绘制草图时光标的显示状态。

1. 进入草图绘制状态

草图绘制必须在平面上，这个平面既可以是基准面，也可以是三维模型上的平面。初始进入草图绘制状态时，系统默认有 3 个基准面：前视基准面、右视基准面和上视基准面，如图 2.1 所示。由于没有其他平面，因此零件的初始草图绘制是从系统默认的基准面开始。

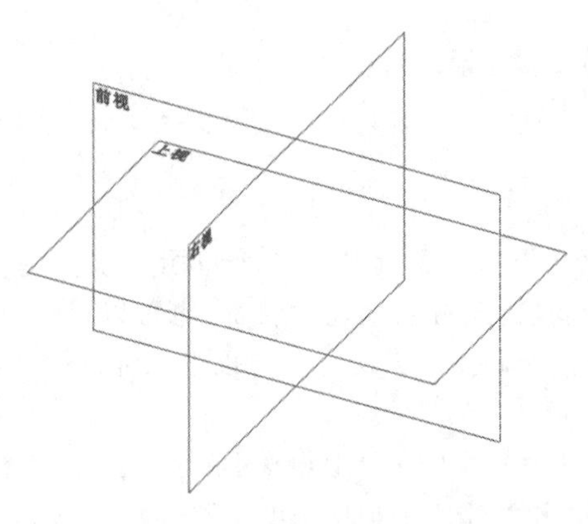

图 2.1 系统默认的基准面

图 2.2 所示为常用的“草图”工具栏，工具栏中有绘制草图按钮、编辑草图按钮及其他草图按钮。

图 2.2 “草图”工具栏

绘制草图既可以先指定绘制草图所在的平面，也可以选择草图绘制实体，具体根据实际情况灵活运用。进入草图绘制状态的操作方法如下：

在 FeatureManager 设计树中选择要绘制草图的基准面，即前视基准面、右视基准面和上视基准面中的一个面。

单击“标准视图工具栏”中的“正视于”按钮，使基准面旋转到正视于绘图者的方向。

单击草图工具栏中的“草图绘制”按钮，进入草图绘制状态。

选择“工具”|“自定义”命令，弹出“自定义”对话框，选择“命令”选项卡，选择“标准视图”类别，如图 2.3 所示，按住鼠标左键将“正视于”按钮拖动到视图控制工具栏中，这样使用起来更加方便，用同样的方法还可以选择“参考几何体”中的“基准面”按钮，选择“草图”中的“草图绘制”按钮，选择“几何/尺寸关系”中的“添加几何关系”按钮，将它们拖动到视图控制工具栏中，如图 2.4 所示。

图 2.3 “自定义”对话框“命令”选项卡

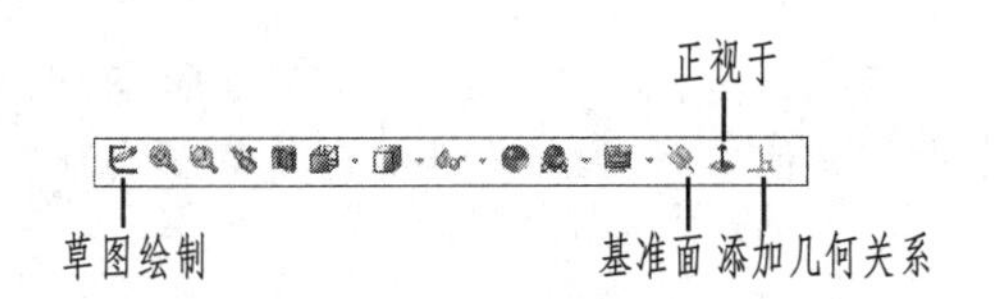

图 2.4 添加快捷命令后的视图控制工具栏

2. 退出草图绘制状态

零件是由多个特征组成的，有些特征需要由一个草图生成，有些需要由多个草图生成，如扫描、放样实体等。因此草图绘制后，既可立即建立特征，也可以退出草图绘制状态，再绘制其他草图，然后建立特征。退出草图绘制状态的方法主要有以下几种，下面将分别介绍，在实际使用中要灵活运用。

菜单方式。草图绘制后，选择“插入”|“退出草图”命令，如图 2.5 所示，退出草图绘制状态。

工具栏命令按钮方式。单击“草图”工具栏中的“退出草图”按钮，或者单击“标准”工具栏中的“重建模型”按钮，退出草图绘制状态。

右键快捷菜单方式。在绘图区域右击，弹出图 2.6 所示的快捷菜单，单击“退出草图”按钮，退出草图绘制状态。

绘图区域退出图标方式。在进入草图绘制状态的过程中，在绘图区右上角会出现图 2.7 所示的草图提示图标。单击左上角的图标，确认绘制的草图并退出草图绘制状态。

3. 草图绘制工具

草图绘制工具栏主要包括：草图绘制按钮、实体绘制按钮、标注几何关系按钮和草图编辑按钮,下面分别介绍各自的功能。

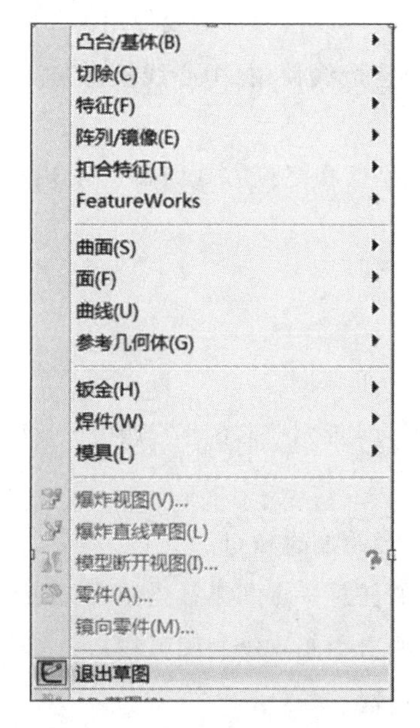

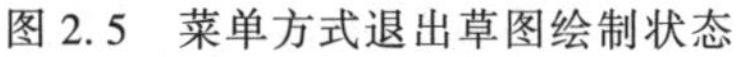

图 2.5 菜单方式退出草图绘制状态

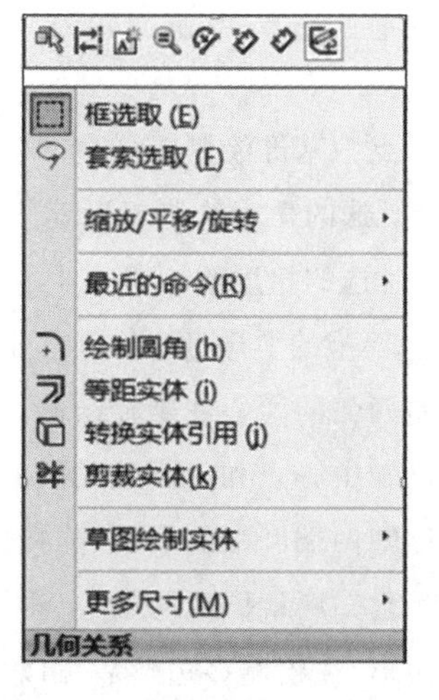

图 2.6 快捷菜单方式退出草图绘制状态

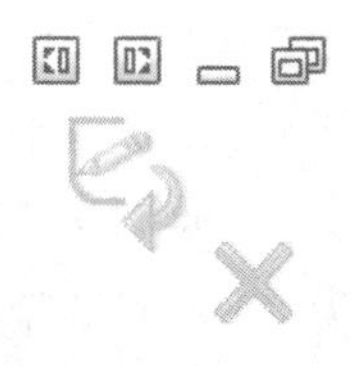

图 2.7 草图提示图标

1)草图绘制按钮

“选择”按钮:不处于命令时的默认方式,是一种选取工具,通常可以选择草图实体、模型和特征的边线和面,可以同时选择多个草图实体。

“网格线/捕捉”按钮:设置对激活的草图或工程图选择显示草图网格线,并可设定网格线显示和捕捉功能选项。

“草图绘制/退出”按钮:进入或者退出草图绘制状态。

“3D 草图绘制”按钮:在三维空间任意点绘制草图实体,通常绘制的草图实体有圆、圆弧、矩形、直线、点及样条曲线。

“基准面上的 3D 草图”按钮:在 3D 草图中添加基准面后,添加或修改该基准面的信息,有几何关系信息和参数信息等。

“移动实体”按钮:在草图和工程图中,选择一个或多个草图实体并将之移动,该操作不生成几何关系。

“复制实体”按钮:在草图和工程图中,选择一个或多个草图实体并将之复制,该操作不生成几何关系。

“旋转实体”按钮:在草图和工程图中,选择一个或多个草图实体并将之旋转,该操作不生成几何关系。

“按比例缩放实体”按钮:在草图和工程图中,选择一个或多个草图实体并将之按比例缩放,该操作不生成几何关系。

“修改草图”按钮:用来移动、旋转或按比例缩放整个草图。

“移动时不求解”按钮:在不解除尺寸和几何关系的情况下,从草图中移出草图实体。

2)实体绘制工具按钮

“直线”按钮:以起点、终点方式绘制一条直线,绘制的直线可以作为构造线使用。

“中心线”按钮:以起点、终点方式绘制一条中心线,作为构造线使用,中心线不参与三维特征操作。

“边角矩形”按钮:绘制标准矩形草图,通常以对角线的起点和终点方式绘制一个矩形,其一边为水平或竖直。

“中心矩形”按钮:以中心点为基准绘制矩形草图。

“3 点边角矩形”按钮:以所选的角度绘制矩形草图。

“3 点中心矩形”按钮:以所选的角度绘制带有中心点的矩形草图。

“平行四边形”按钮:绘制一标准的平行四边形,即生成边不为水平或竖直的平行四边形及矩形。

“直槽口”按钮:已知左右两弧的圆心和半径绘制直槽口。

“中心点直槽口”按钮:已知中心点和一圆弧的圆心和半径绘制直槽口。

“三点圆弧槽口”按钮:已知两端圆弧的圆心、连接圆弧的任意一点和半径绘制圆弧槽口。

“中心点圆弧槽口”按钮:已知两端圆弧的圆心、半径和槽口中心点绘制圆弧槽口。

“多边形”按钮:绘制多边形,在绘制多边形后可以更改边数。

“圆”按钮:绘制圆,选择圆心然后拖动来设定其半径。

“周边圆”按钮:以指定圆周上点的方式绘制圆。

“圆心/起点/终点画弧”按钮:绘制中心点圆弧,圆弧可以有不同的绘制方式。

“三点圆弧”按钮:以顺序指定起点、终点及中点的方式绘制一圆弧。

“切线弧”按钮:绘制一条与草图实体相切的弧线,绘制的圆弧可以根据草图实体自动确认是法向相切还是径向相切。

“椭圆”按钮:绘制一个完整的椭圆,选择椭圆中心然后拖动来设定长轴和短轴。

“部分椭圆”按钮:绘制一部分椭圆,以先指定圆心点、然后指定起点和终点的方式绘制。

“抛物线”按钮:绘制一条抛物线,以先指定焦点、然后拖动鼠标确定焦距、再指定起点和终点的方式绘制。

“样条曲线”按钮:绘制样条曲线,单击来添加形成曲线的样条曲线点。

“点”按钮:绘制一个点,该点可以绘制在草图或者工程图中。

“文字”按钮:在任何连续曲面或边线组中,包括零件面上由直线、圆弧或样条曲线组成的圆或轮廓上绘制草图文字,然后拉伸或者切除生成文字实体。

3)标注几何关系按钮

“智能尺寸”按钮:为一个或多个实体生成尺寸,可以根据标注的实体识别尺寸的类型,进行快速标注。

“添加几何关系”按钮:给绘制的实体和草图添加限制条件,使实体或草图保持确定的位置。

“显示/删除几何关系”按钮:显示或者删除草图实体的几何限制条件。

“搜索相等关系”按钮:执行该命令可以自动搜寻长度或者半径等几何量相等的草图实体。

4)草图编辑按钮

“绘制圆角”按钮:在相交点绘制两实体的角,从而生成切线弧,此命令在 2D 和 3D 草图中均可以使用。

“绘制倒角”按钮:在两个草图实体相交点处按照一定角度和距离添加一倒角,此命令在 2D 和 3D 草图中均可以使用。

“等距实体”按钮:通过以一指定距离来添加草图实体,草图实体可以是线、弧、环等实体。

“转化实体引用”按钮:将模型上所选的边线或者草图转换为草图实体,其草图所在的平面与模型的面或者原草图平面平行。

“剪裁实体”按钮:剪裁草图实体的一部分或者全部,剪裁全部相当于删除。

“延伸实体”按钮:延伸一草图实体使之与另一部分重合。

“镜像实体”按钮:沿中心线镜像所选的实体。

“线性草图阵列”按钮:将选择的草图实体沿一个轴或者同时沿两个轴生成线性草图阵列,选择的草图可以是多个草图实体。

“圆周草图阵列”按钮:添加草图实体的圆周阵列。

草图绘制工具在工具栏中的按钮不是很全,需要选择“工具”|“自定义”命令,弹出“自定义”对话框,选择“命令”选项卡,选择“草图”和“尺寸/几何关系”将所需命令拖动到工具栏中。

2.2 绘制二维草图

下面将以实例讲解绘制二维草图的方法和步骤,进一步熟悉和掌握草图绘制工具中各命令的使用方法和技巧,绘制图 2.8 所示的草图。

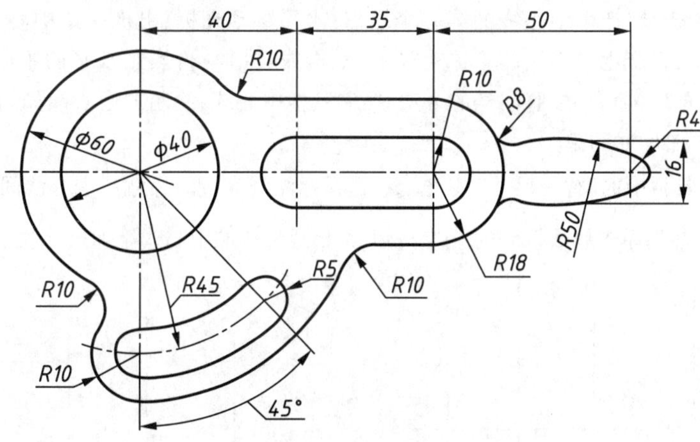

图 2.8 草图绘制实例

1. 进入草图绘制状态

进入草图绘制状态的步骤如下:

①启动 SolidWorks 软件,单击“标准”工具栏中的“新建”按钮,弹出“新建 SolidWorks 文件”

对话框，单击“零件”按钮，再单击“确定”按钮，生成新文件。

②在“特征管理器设计树”中单击 “前视基准面”图标 前视，使前视基准面成为草图绘制平面，单击“草图”工具栏中的“草图绘制”按钮 ，进入草图绘制状态，如图 2.9 所示。

草图绘制时先选择草图绘制平面，刚进入草图绘制可以选择前视基准面、上视基准面和右视基准面中的任一平面作为草图绘制平面。

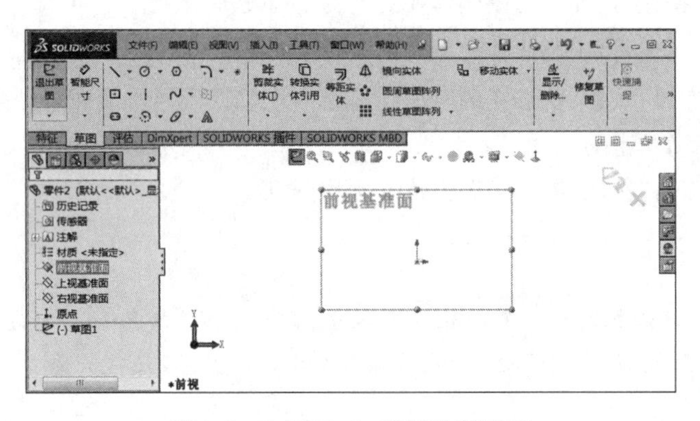

图 2.9　SolidWorks 草图绘制界面

2. 绘制草图

绘制草图的步骤如下：

1）绘制基准线

单击“草图”工具栏中的“中心线”按钮 ，在屏幕左侧弹出“插入线条”属性设置对话框，在屏幕右侧的绘图区移动鼠标光标，当光标与屏幕的原点处于同一水平线时，屏幕中将出现一条水平虚线，在原点的左侧单击，将产生中心线的第一个端点；水平移动光标，出现一条中心线，移动光标到原点的右侧，再次单击，将产生中心线的第二个端点，双击或按【Esc】键，则水平的中心线绘制完毕。按【Enter】键重复“中心线”命令，按照同样的方法，绘制其他中心线，绘制的中心线如图 2.10 所示。

2）给基准线添加尺寸约束

单击“草图”工具栏中的“智能尺寸”按钮 ，选择标注竖直线的尺寸和中心线间的夹角，在修改框中输入相应的数值，然后单击修改框中的 按钮，给已经绘制的中心线添加尺寸约束，如图 2.11 所示。

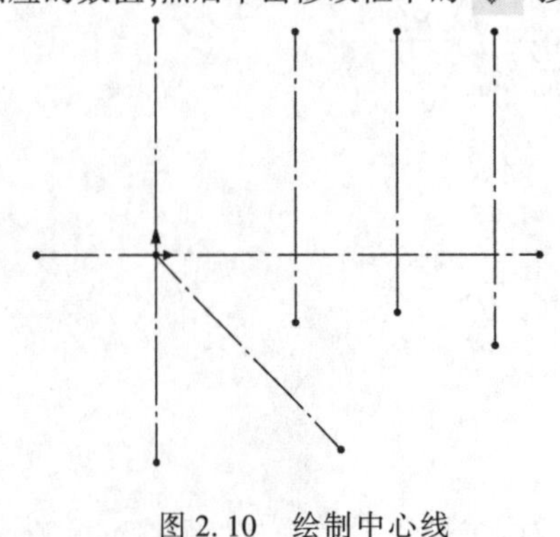

图 2.10　绘制中心线

40　35　50　45°

图 2.11　标注尺寸

SolidWorks 中草图绘制是“参数化”绘图，尺寸的大小可以通过“智能尺寸”按钮随时修改，使用起来更加“人性化”和“智能化”。

3）绘制已知圆

单击“草图”工具栏中的“圆”按钮，在图形区域绘制圆，单击放置圆心的中心点，此时，鼠标指针末尾带有圆和交点的图形，表示圆心和交点的重合几何关系。移动鼠标圆动态跟随光标，单击结束圆的绘制并在绘图区左边的属性对话框中输入圆的半径，单击 按钮。如果圆的线型是中心线，在属性对话框选中“作为构造线”复选框，如图 2.12 所示。

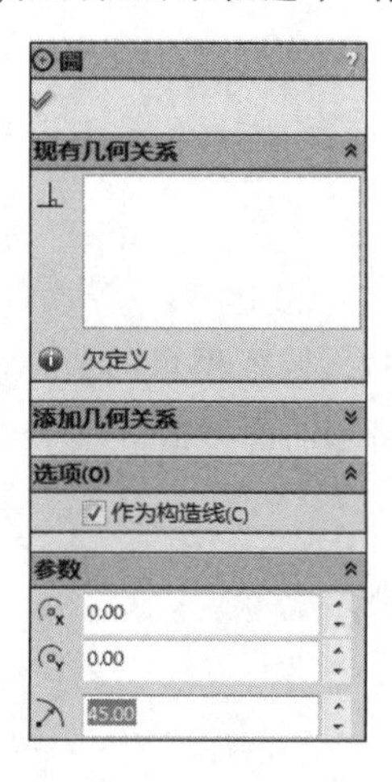

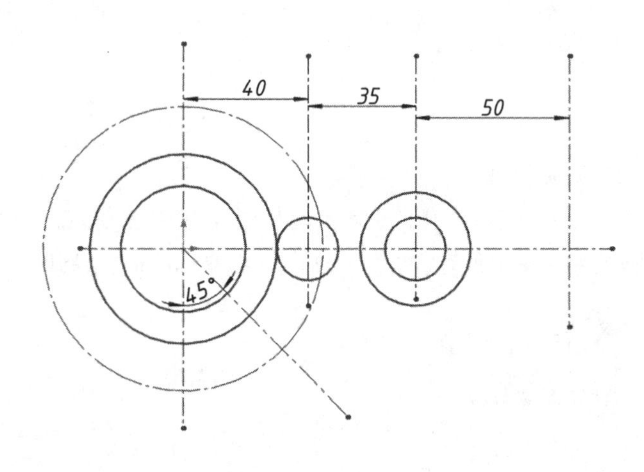

图 2.12　绘制圆

4）绘制直线

单击“草图”工具栏中的“直线”按钮，或者按住鼠标右键移动鼠标出现“八笔势”选项板，单击“直线”按钮，绘制图 2.13 所示的三条直线。

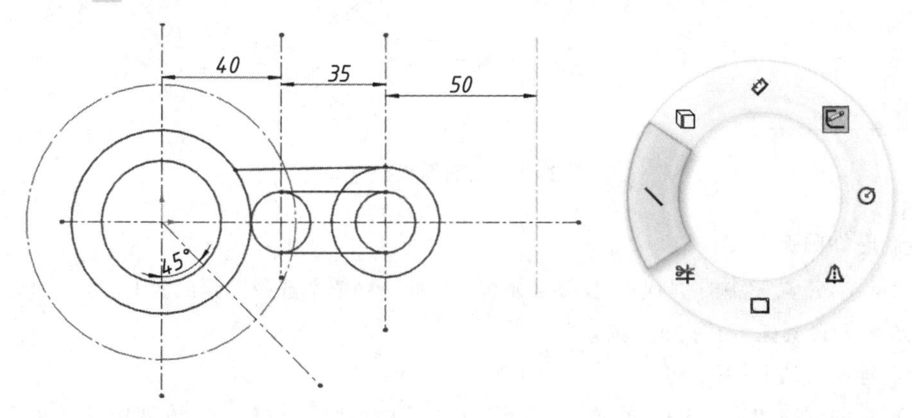

图 2.13　绘制直线

5）剪裁圆弧

单击“草图”工具栏中的“剪裁”按钮，在左边的属性对话框中选择“剪裁到最近端”选项，将光标放到不要的圆弧上单击进行剪裁,依次剪去其他圆弧,如图 2.14 所示。

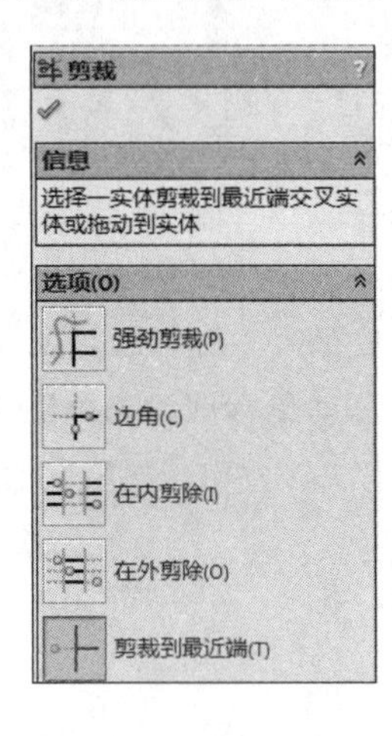

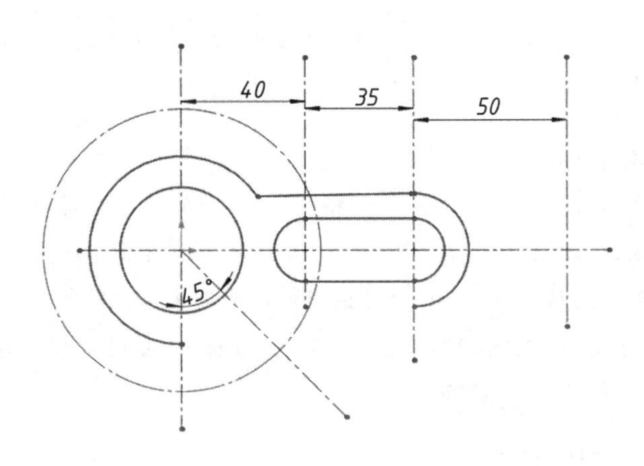

图 2.14　剪裁圆弧

6)绘制圆弧槽口

单击"草图"工具栏中的"中心点圆弧槽口"按钮 ,依次选择中心、圆弧槽口的两个圆心,在左边的属性对话框中设置槽口的宽度(直径)是 10 mm,绘制图 2.15 所示的圆弧槽口。

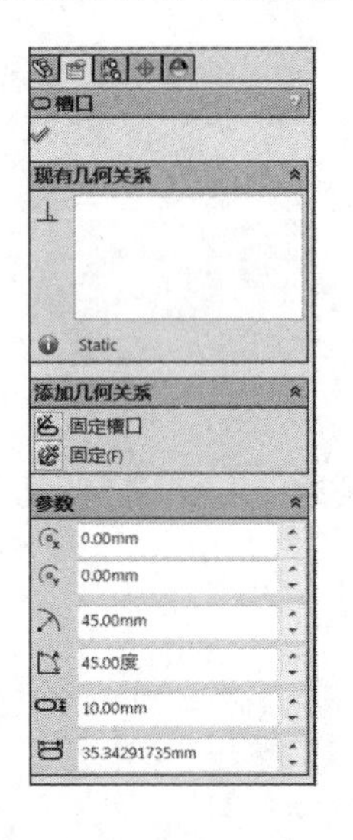

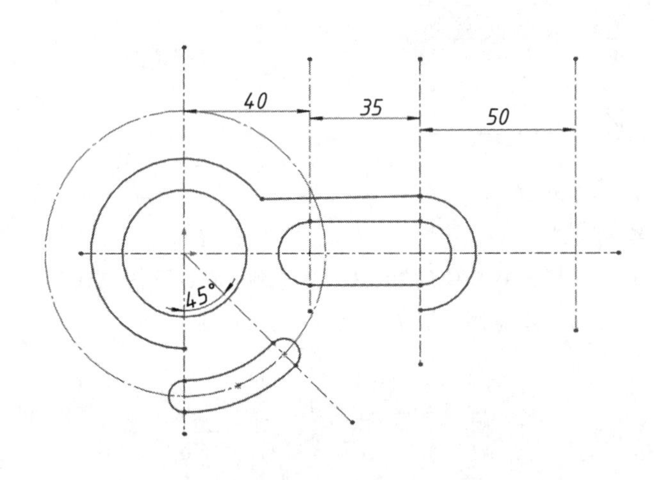

图 2.15　绘制圆弧槽口

7)绘制已知圆弧

单击"草图"工具栏中的"圆心/起/终点画弧"按钮 ,依次选择圆弧的圆心、起点和终点绘制 *R*10 和 *R*55 的两段圆弧,如图 2.16 所示。

8)绘制连接直线和圆弧

绘制直线的方法和第 4 步相同,单击"草图"工具栏中的"圆"按钮 ,或利用鼠标 8 笔势操作板绘制 *R*10 的圆弧,如图 2.17 所示。

9)给圆弧添加位置约束

单击"草图"工具栏中的"添加几何关系"按钮 ,分别将 $\phi60$ 和 *R*10 的圆弧设置成固定,然

后分别添加 $R10$ 的连接圆弧和 $\phi60$ 的已知圆弧“相切”，$R10$ 的连接圆弧和 $R10$ 的已知圆弧“相切”，如图 2.18 所示。

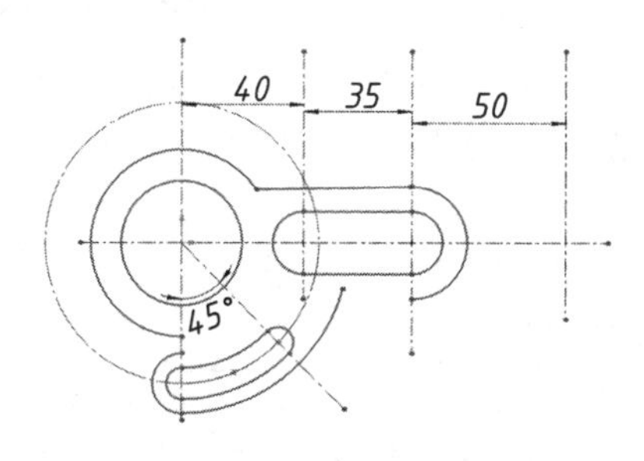

图 2.16　绘制已知圆弧

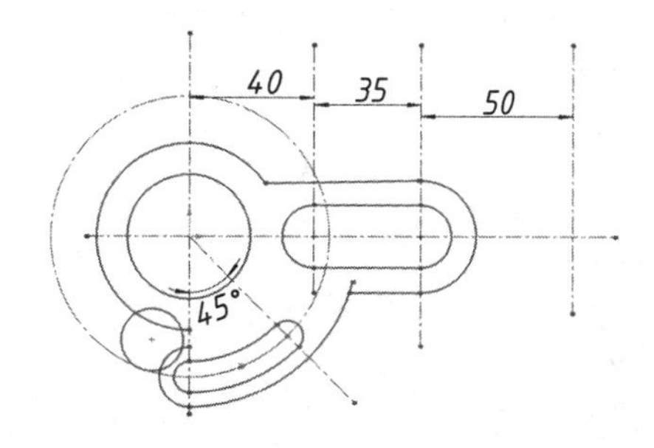

图 2.17　连接直线和圆弧

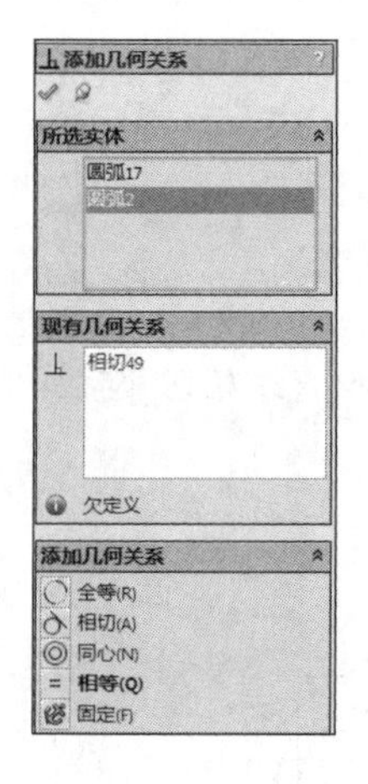

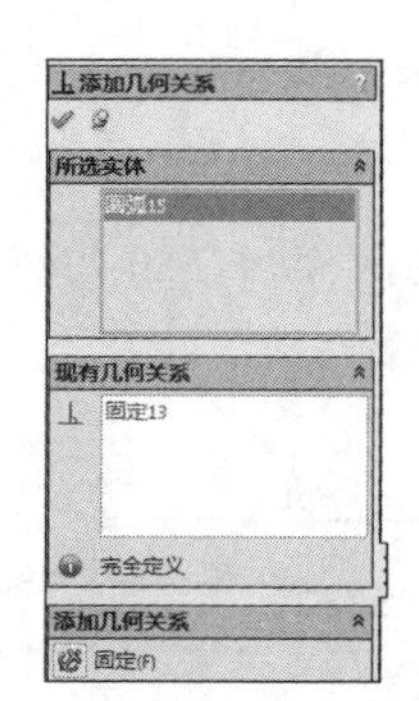

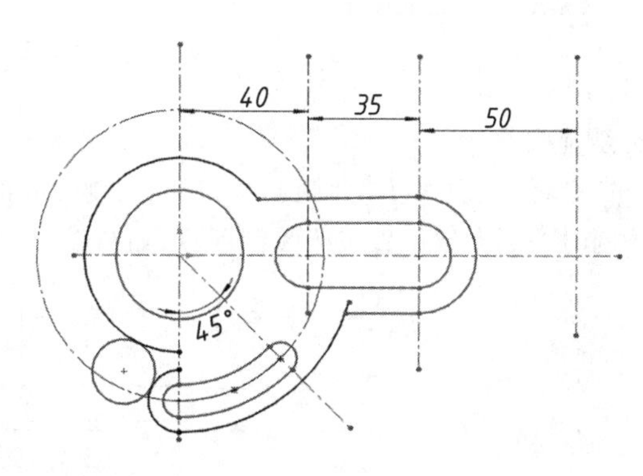

图 2.18　添加几何关系

10)剪裁圆弧

单击“草图”工具栏中的“剪裁”按钮 ，在左边的属性对话框中选择“剪裁到最近端”选项，将鼠标放到不需要的圆弧上单击进行剪裁，依次剪去其他圆弧，方法与第 5 步相同，按住鼠标左键拖动直线和圆弧的端点可以拉伸或缩短直线和圆弧，如图 2.19 所示。

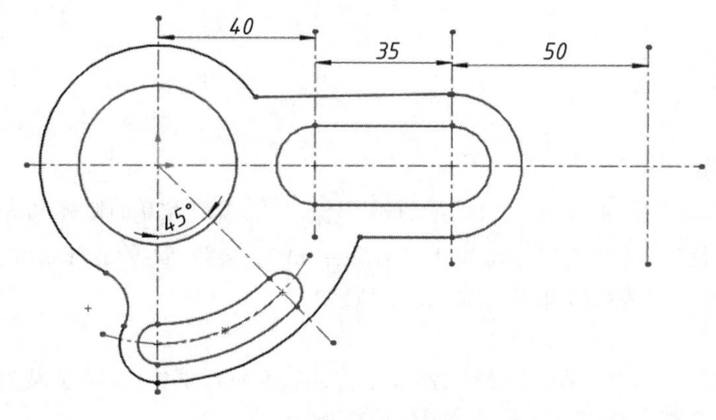

图 2.19　剪裁圆弧

11)绘制已知圆和直线

单击“草图”工具栏中的“圆”按钮 ,绘制 *R*4 的圆,方法和第 3 步相同。

然后单击“草图”工具栏中的“等距实体”按钮 ,在绘图区左边的属性对话框中设置“距离”为 8 mm,选中“双向”复选框,然后选择图中的水平中心线进行等距,此时会出现预览显示,单击“确定”按钮 ,并单击两条直线,在左边属性框中设置“作为构造线”,结果如图 2.20 所示。

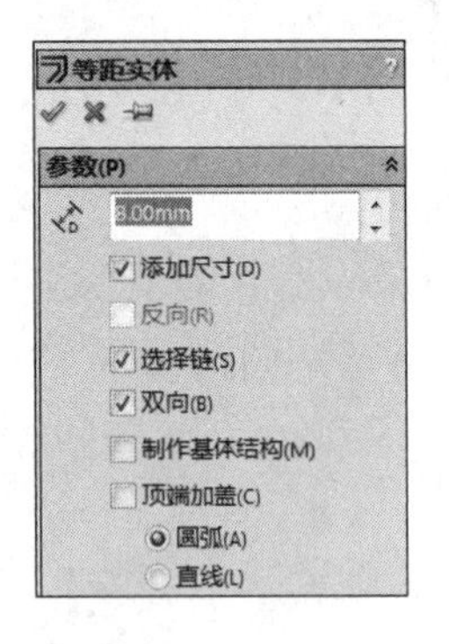

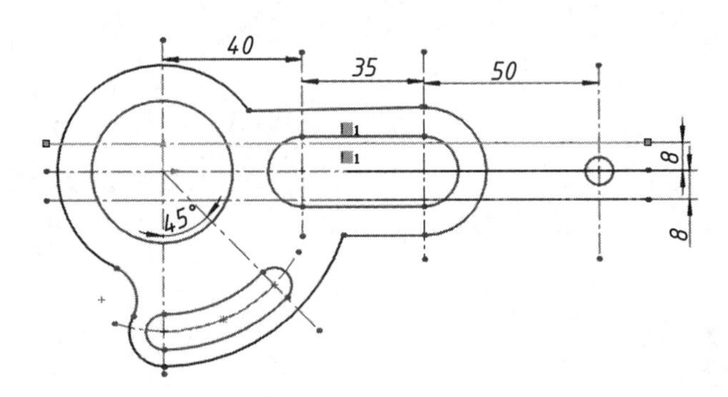

图 2.20 绘制圆和直线

12)绘制圆

单击“草图”工具栏中的“圆” 按钮,绘制 *R*50 的圆,由于 *R*50 的圆与直线相切,与 *R*4 的圆弧内切,绘制时找到大致位置进行绘制即可,如图 2.21 所示。

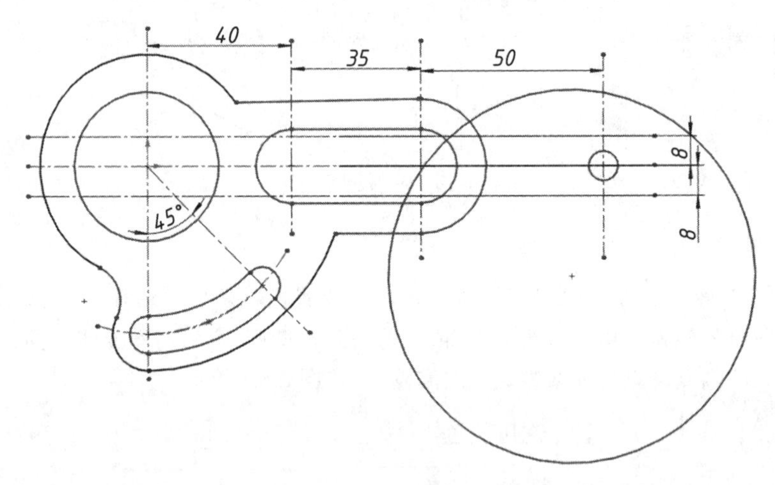

图 2.21 绘制圆

13)给圆弧添加位置约束

单击“草图”工具栏中的“添加几何关系”按钮 ,分别添加 *R*50 的圆弧和 *R*4 的已知圆弧“相切”,*R*50 的圆弧和已知直线“相切”,添加几何关系后可能会导致 *R*4 的圆弧尺寸发生改变,这时单击圆弧,将其半径改为正确的值即可,如图 2.22 所示。

14)剪裁圆弧

单击“草图”工具栏中的“剪裁”按钮 ,在左边的属性对话框中选择“剪裁到最近端”选项,将鼠标放到不需要的圆弧上单击进行剪裁,如图 2.23 所示。

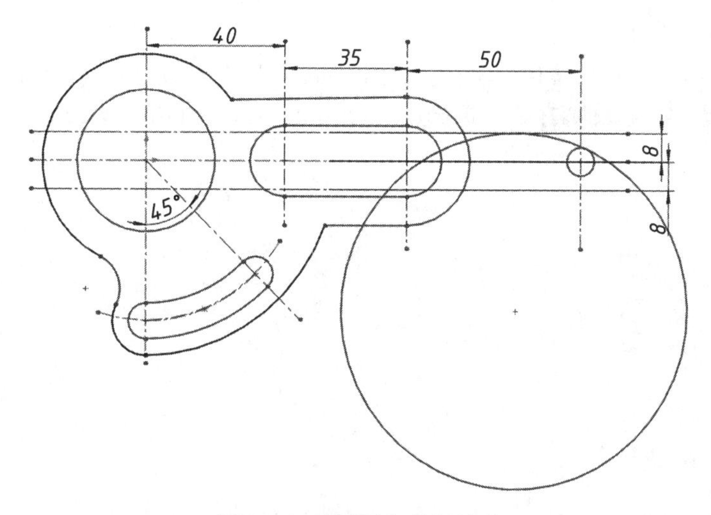

图 2.22 给圆添加几何关系

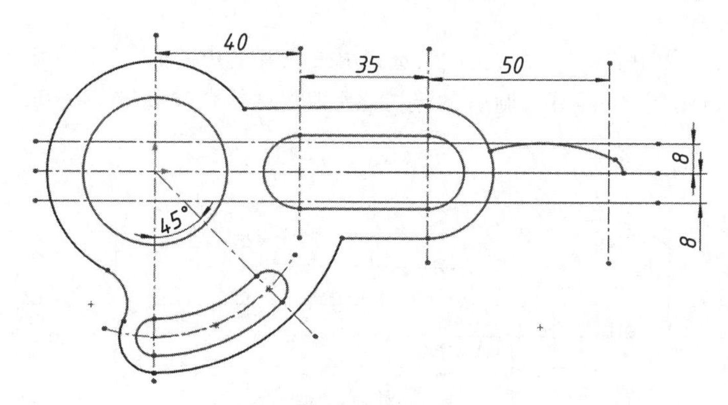

图 2.23 剪裁圆弧

15)绘制圆角

单击“草图”工具栏中的“剪裁”按钮 ，将圆弧 $R10$ 和圆弧 $R50$ 的相交处修剪成“相交”的形式，然后单击“草图”工具栏中的“绘制圆角”按钮 ，在绘图区左边出现属性设置对话框，设置“圆角参数”为 8 mm，分别选择圆弧 $R10$ 和圆弧 $R50$，再用同样的方法绘制另外两个 $R10$ 的圆角，单击“确定”按钮 ，如图 2.24 所示。

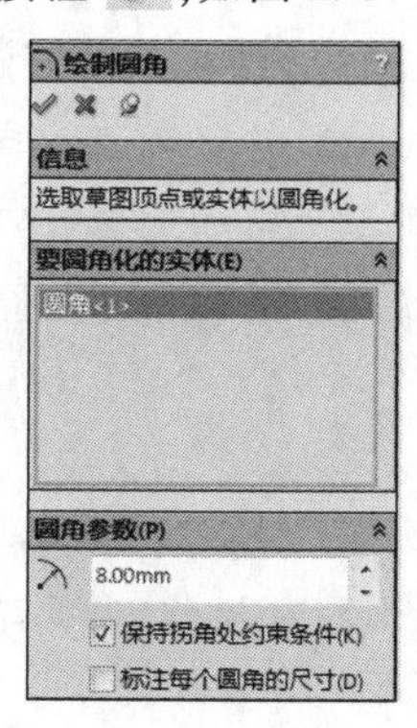

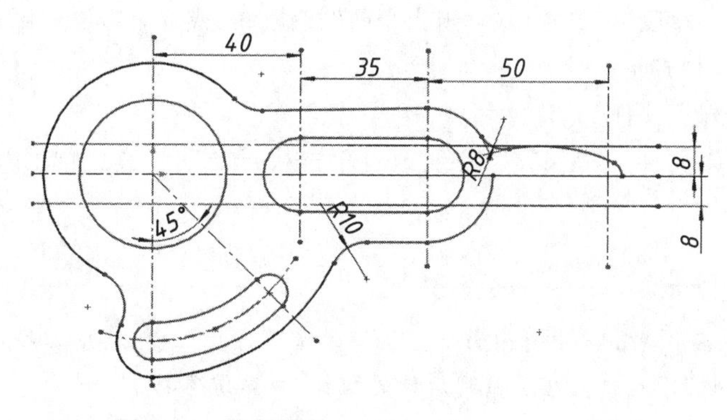

图 2.24 绘制圆角

16)镜像圆弧和圆角

单击“草图”工具栏中的“镜像实体”按钮 ,在绘图区左边出现的属性对话框中选择 *R*8、*R*4 和 *R*50 的圆弧作为“要镜像的实体”,“镜像点”选择中心线,设置和结果如图 2.25 所示。

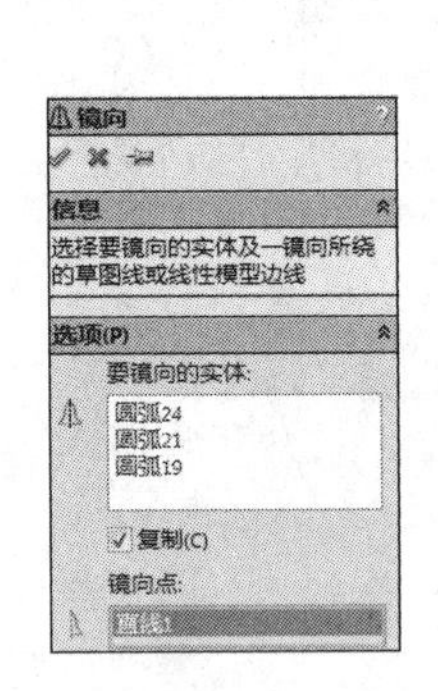

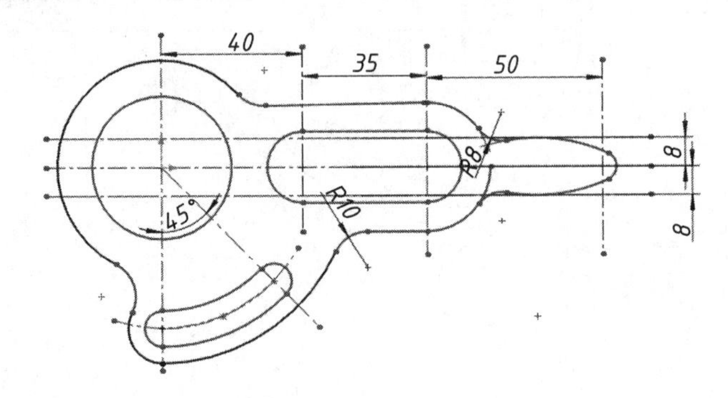

图 2.25　镜像圆弧和圆角

17)延伸圆弧

单击“草图”工具栏中的“延伸”按钮 ,选择 *R*18 圆弧的中断处,单击圆弧上方需要连接的部分,圆弧会自动延伸到边界,再单击圆弧的上方,圆弧会自动延伸到下一个边界,结果如图 2.26 所示。

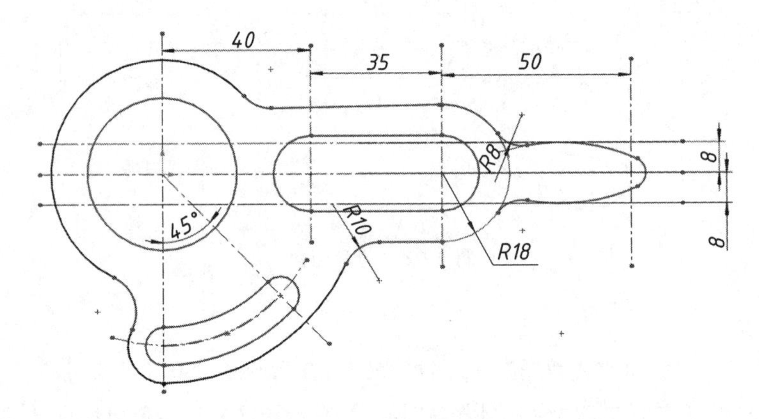

图 2.26　延伸圆弧

18)退出草图

单击“草图”工具栏中的“退出草图”按钮 ,或者单击绘图区右上角的“结束草图”按钮 ,退出“草图”环境。

19)保存文件

选择“文件”|“保存”命令,或者单击快捷访问工具栏中的“保存”按钮 ,给文件命名并保存。

SolidWorks 中封闭的草图轮廓才能进行特征操作,中心线不参加特征操作,因此草图绘制的准确性直接关系到后续的操作,应熟练掌握。

课后练习

用绘制草图的相关命令绘制图 2.27 所示图形。

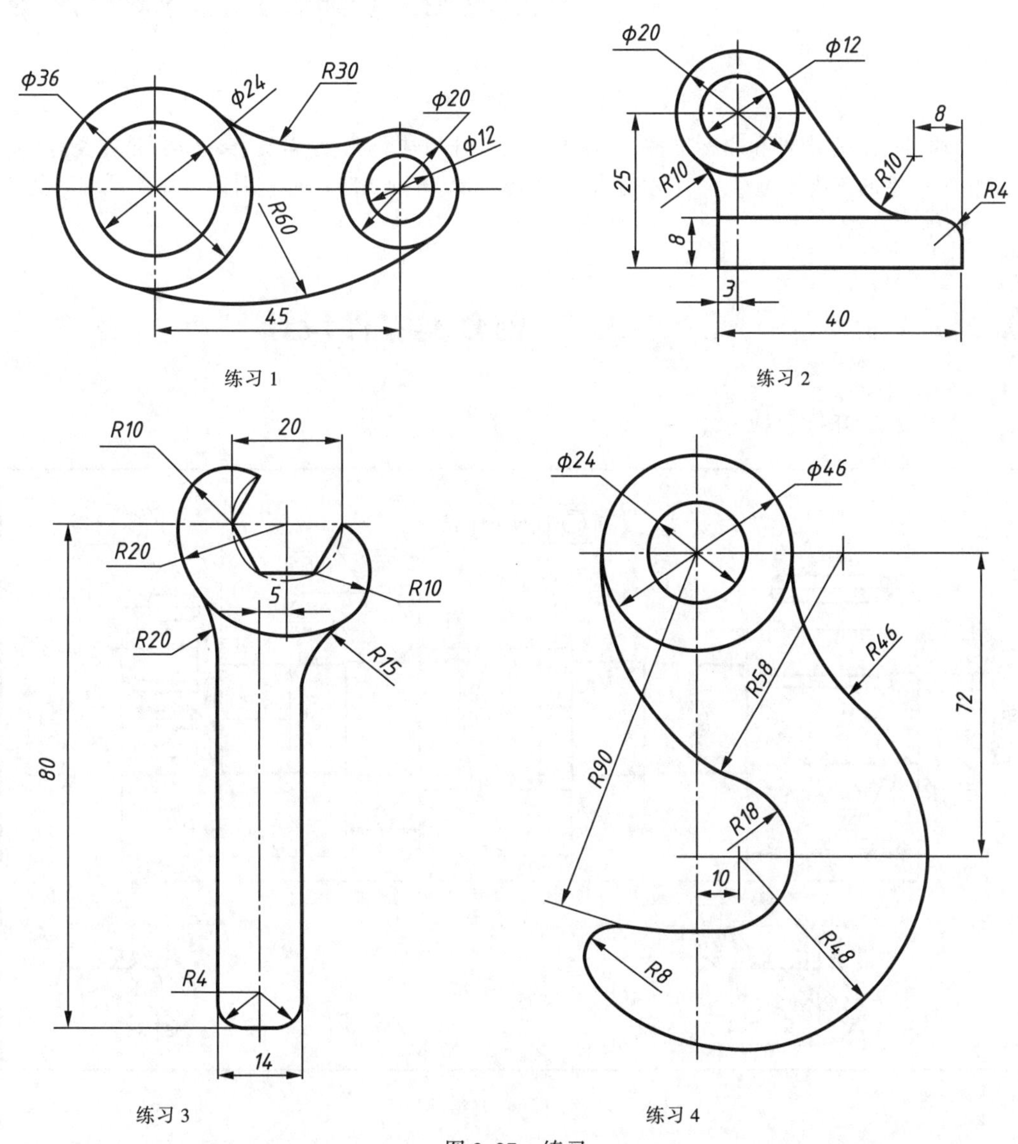

图 2.27 练习

第3章

典型零件的三维建模

零件通常分为标准件和非标准件,非标准件又可分为轴套类、盘盖类、叉架类、箱体类等,SolidWorks 中标准件的三维模型可从“任务窗格”的“设计库”中调用,下面分别讲述非标准件三维模型的创建方法。

视频

基本特征操作命令

3.1 轴套类零件设计

铣刀头轴如图 3.1 所示。

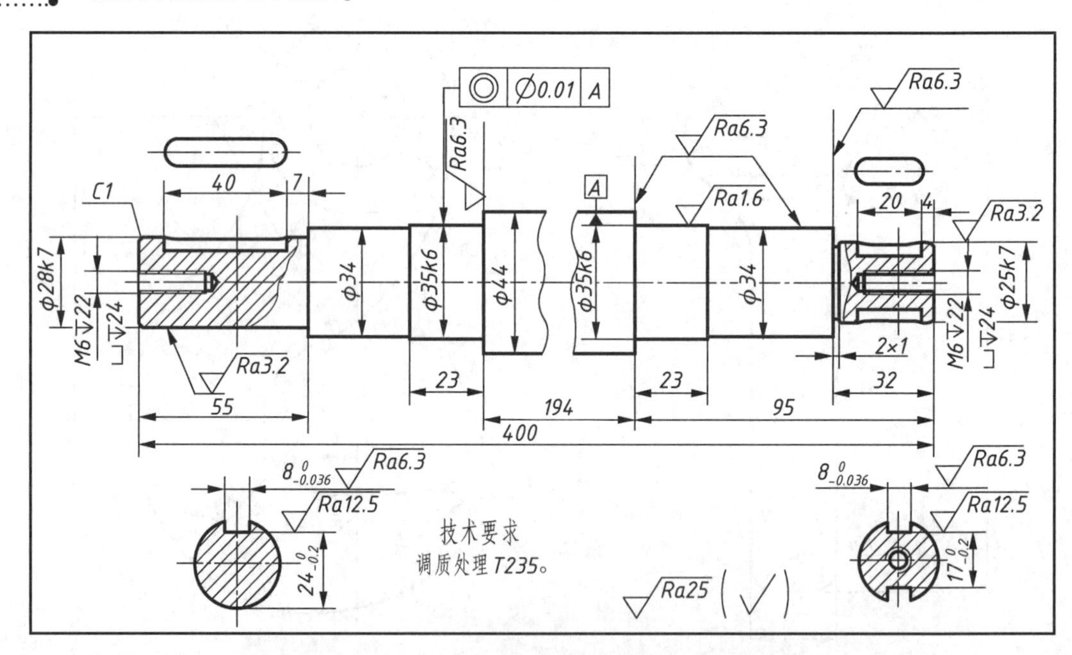

图 3.1 铣刀头轴

1. 建模步骤

铣刀头轴的建模步骤见表 3-1。

2. 操作步骤

1)新建文件,创建毛坯

(1)新建文件“轴 . sldprt”。

(2)选择前视基准面作为草图绘制平面,单击“草图绘制”按钮 ,进入草图绘制环境。

(3)单击“草图”工具栏中的 “直线”按钮 ,或使用鼠标“八笔势”绘制草图轮廓,如图 3.2 所示。

表 3-1　建模步骤

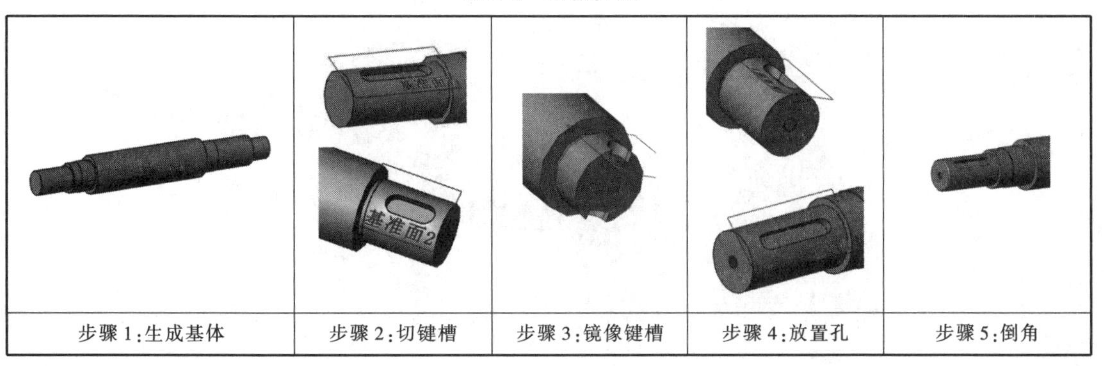

步骤 1:生成基体	步骤 2:切键槽	步骤 3:镜像键槽	步骤 4:放置孔	步骤 5:倒角

视频
轴类零件设计

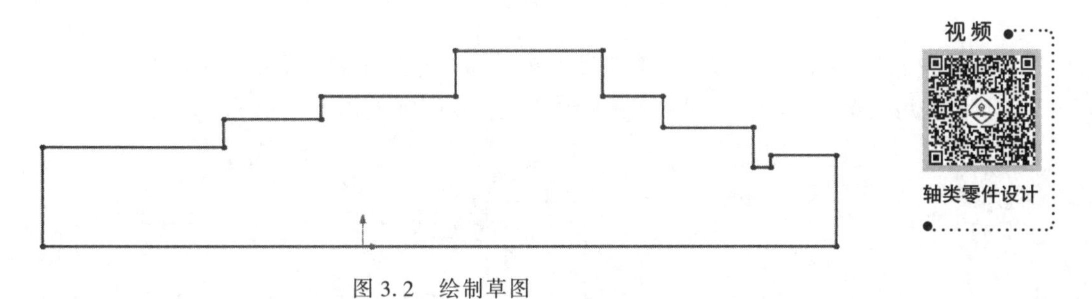

图 3.2　绘制草图

(4)单击“草图”工具栏中的 “智能尺寸”按钮 ,给草图标注尺寸,如图 3.3 所示。

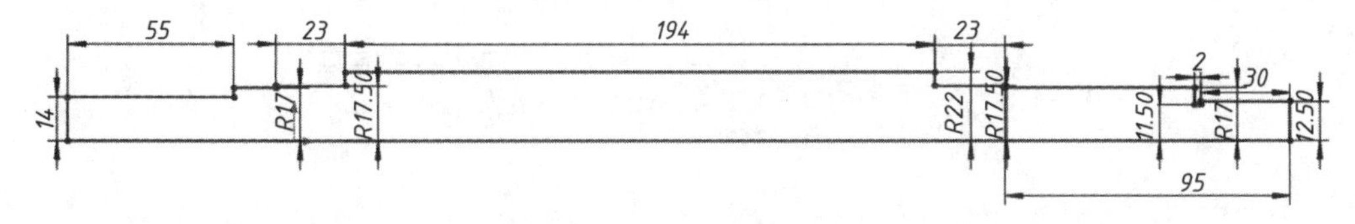

图 3.3　标注尺寸

(5)单击“特征”工具栏中的“旋转凸台/基体”按钮 ,出现“旋转”属性管理器。

①在“旋转轴”选项中选择下面的直线作为旋转轴。

②“方向 1”默认为“给定深度”,在文本框中输入 360,单击“确定”按钮 ,结果如图 3.4 所示。

图 3.4　生成基体

2)创建键槽

(1)单击“参考几何体”工具栏中的“基准面”按钮 ,出现“基准面”属性管理器。

①在“第一参考”组中激活“第一参考”,在图形区选择圆柱表面,系统默认“相切”。

②在“第二参考”组中激活“第二参考”,在图形区选择前视基准面,系统默认“垂直”。

单击“确定”按钮 ,建立基准面 1,如图 3.5 所示。

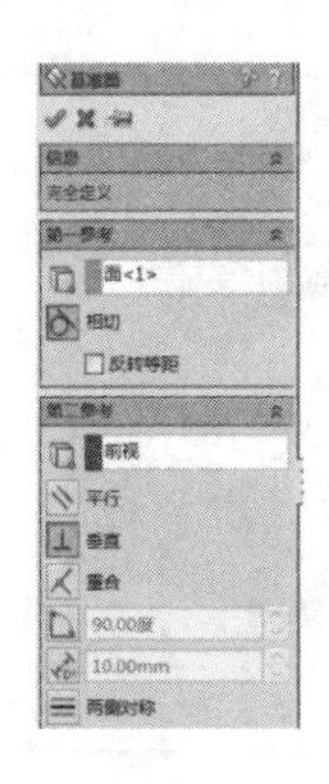

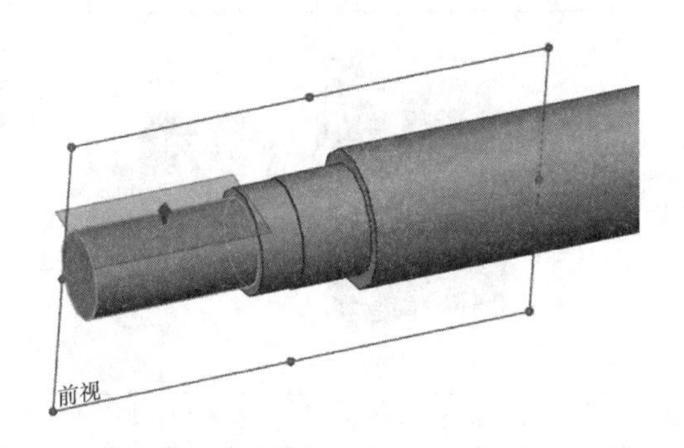

图 3.5　建立基准面

(2)选择基准面 1 作为草图绘制平面,单击“草图”工具栏中的 “草图绘制”按钮 ,进入草图绘制状态,单击“直槽口”按钮 ,绘制草图,并单击“智能尺寸”按钮 标注尺寸,如图 3.6 所示。

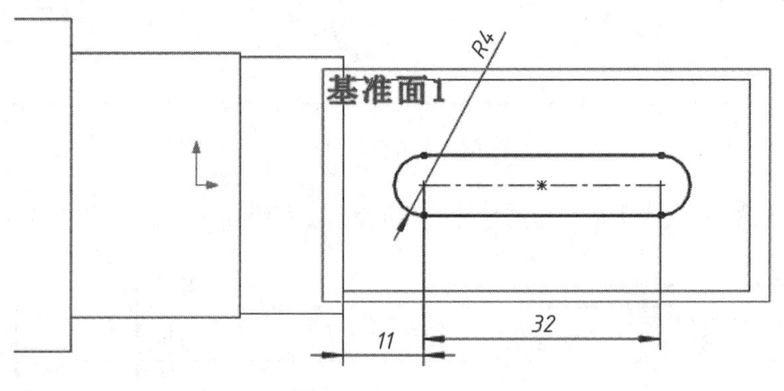

图 3.6　绘制草图

(3)单击“特征”工具栏中的“拉伸切除”按钮 ,出现“切除-拉伸”属性管理器。

①在“方向 1”组中,从“终止条件”列表中选择“给定深度”选项。

②在“深度”文本框中输入 4 mm。

如图 3.7 所示,单击“确定”按钮 。

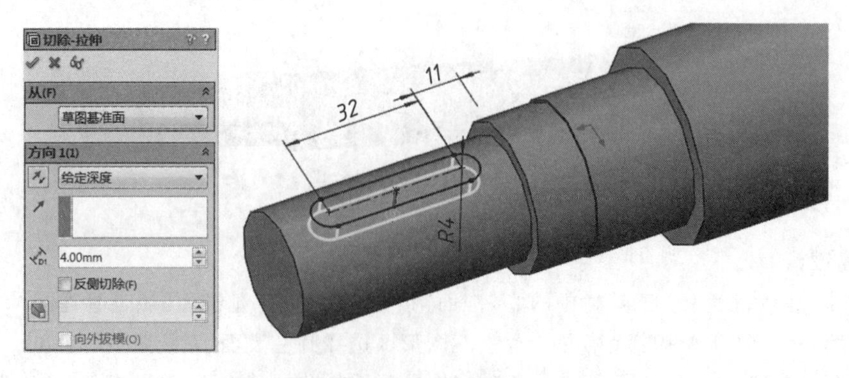

图 3.7　创建键槽

（4）按同样的方法创建另一键槽，如图 3.8 所示。

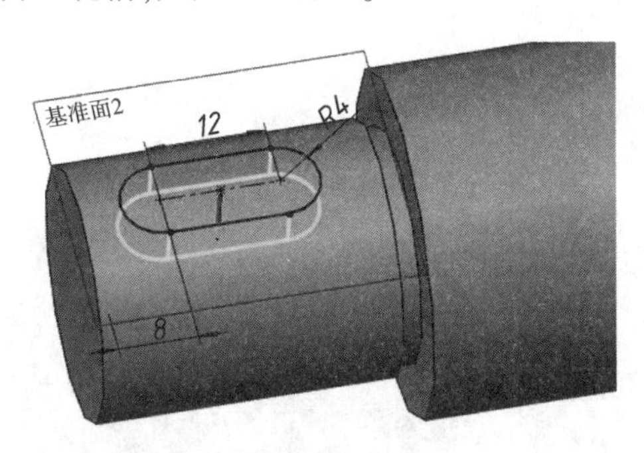

图 3.8　创建另一键槽

3）镜像键槽

单击“特征”工具栏中的“镜像”按钮 ，出现“镜像”属性管理器，单击绘图区左边的“FeatureManager 设计树”按钮 ，“设计树”将出现在绘图区的左上角，这时：

①在“镜像面/基准面”组中选择设计树中的“上视基准面”。

②在“要镜像的特征”组中选择前面生成键槽的特征“拉伸/切除 2”，如图 3.9 所示。

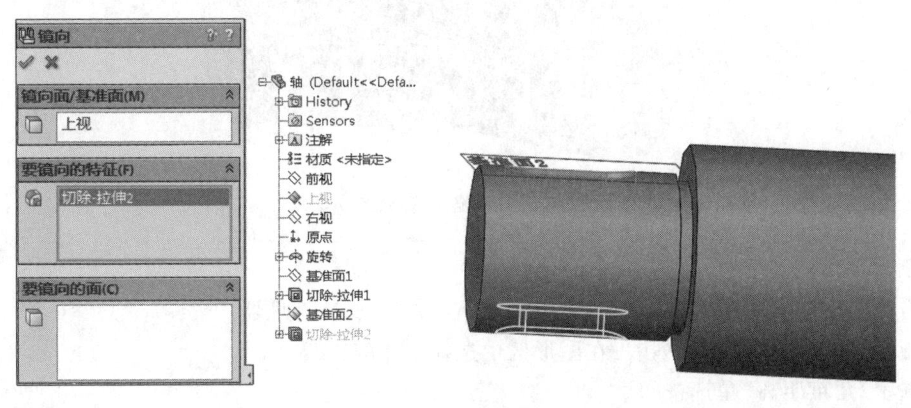

图 3.9　镜像键槽

4）创建螺纹孔

（1）单击轴端的平面，选择其作为放置孔的面。

（2）单击“特征”工具栏中的“异形孔向导”按钮 ，出现“异形孔向导”属性管理器，选择“类型”选项卡。

①在“孔类型”组中单击“直螺纹孔”按钮。

②在“标准”列表中选择“GB”选项。

③在“类型”列表中选择“底部螺纹孔”选项。

④在“孔规格”组的“大小”列表中选择“M6”选项。

⑤在“终止条件”组中，从“终止条件”列表中选择“给定深度”选项，在“深度”文本框中分别输入 24 和 22。

⑥选择“位置”选项卡，在轴端用鼠标捕捉中心，确定孔位置，单击“确定”按钮 完成操作，如图 3.10 所示。

（3）按同样的方法创建另一端螺纹孔，如图 3.11 所示。

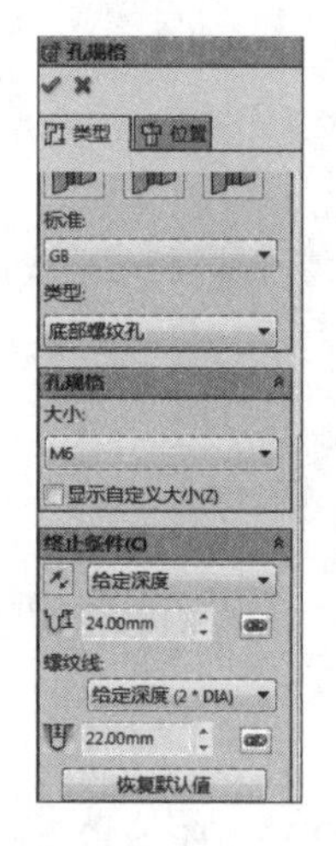

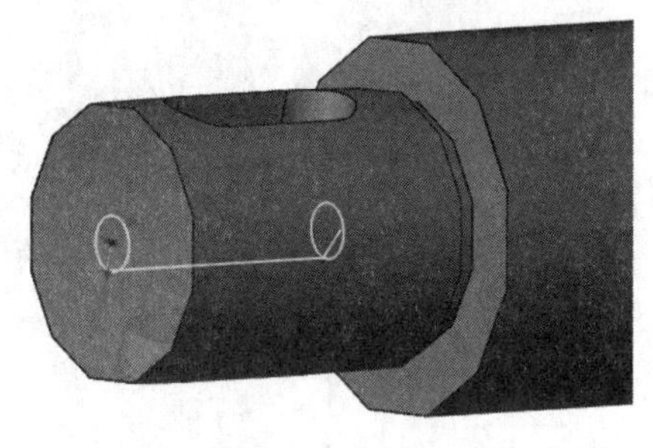

图 3.10　创建螺纹孔

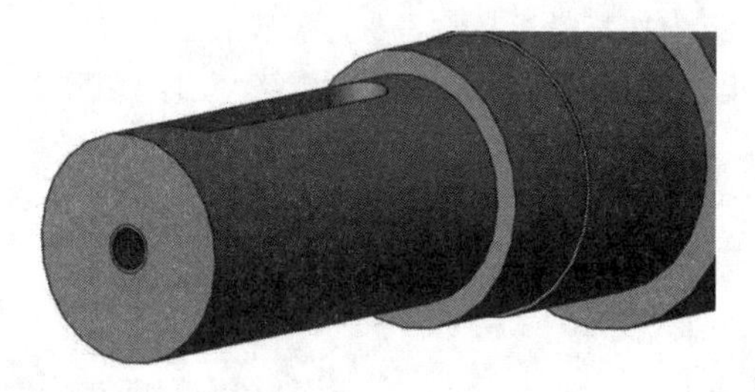

图 3.11　创建螺纹孔

5)创建倒角

单击“特征”工具栏中的“倒角”按钮 ,出现“倒角”属性管理器。

①激活“边线、面或顶点”列表,在图形区中选择实体的边线。

②选中“角度距离”单选按钮。

③在“距离”文本框中输入 1.00 mm。

④在“角度”文本框中输入 45.00 度。

单击“确定”按钮 ,生成倒角,如图 3.12 所示。

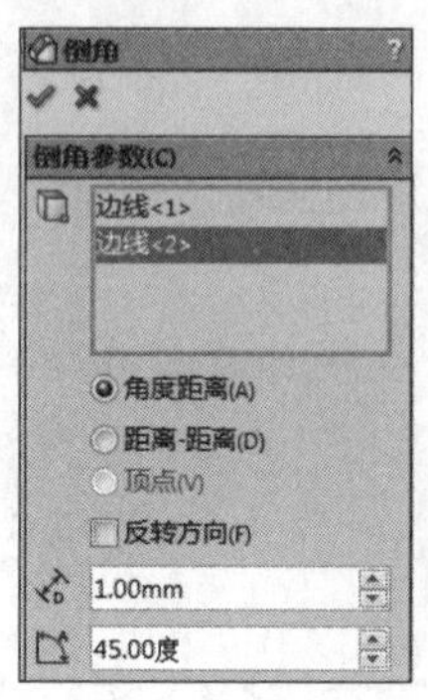

图 3.12　倒角

6)存盘

选择“文件”|“保存”命令,保存“轴 . sldprt”文件。

3.2 盘类零件设计

铣刀头上的端盖如图 3.13 所示。

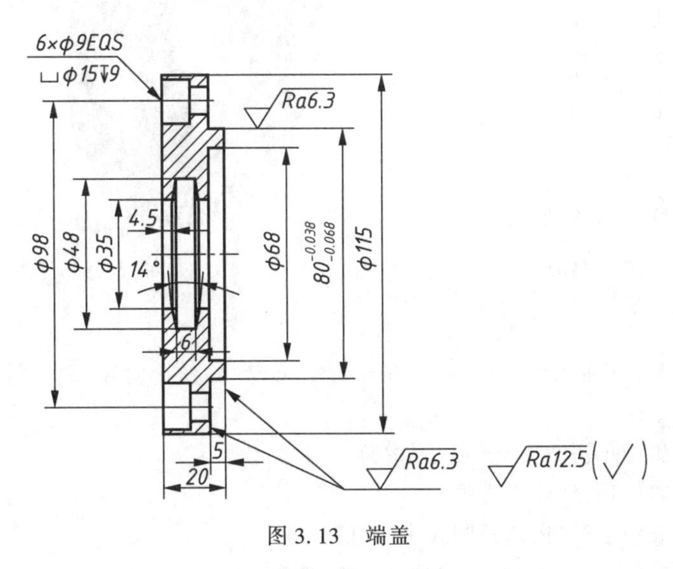

图 3.13 端盖

1. 建模步骤

端盖的建模步骤见表 3-2。

表 3-2 建模步骤

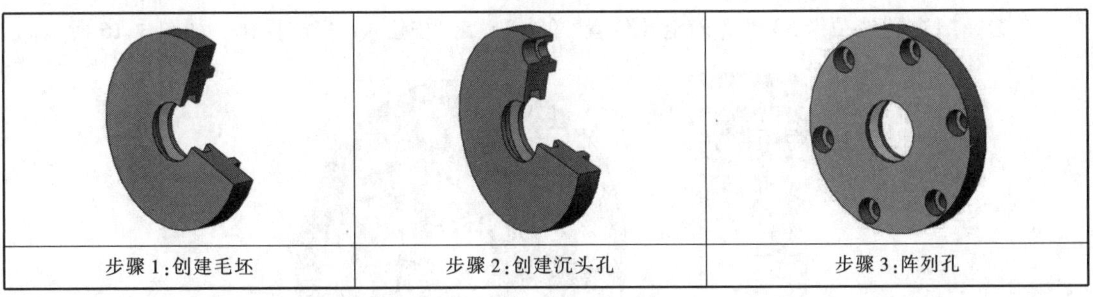

步骤 1:创建毛坯	步骤 2:创建沉头孔	步骤 3:阵列孔

2. 操作步骤

1)新建文件,创建毛坯

(1)新建文件“端盖”。

(2)选择前视基准面作为草图绘制平面,单击“草图绘制”按钮 ,进入草图绘制环境。

(3)单击“草图”工具栏中的“直线”按钮 ,或使用鼠标“八笔势”功能绘制草图轮廓,如图 3.14 所示。

(4)单击“特征”工具栏中的“旋转凸台/基体”按钮 ,出现“旋转”属性管理器。

①在“旋转轴”选项中选择下面的直线作为旋转轴。

②“方向 1”默认值为“给定深度”，在文本框中输入 360，单击“确定”按钮 ✔，结果如图 3.15 所示。

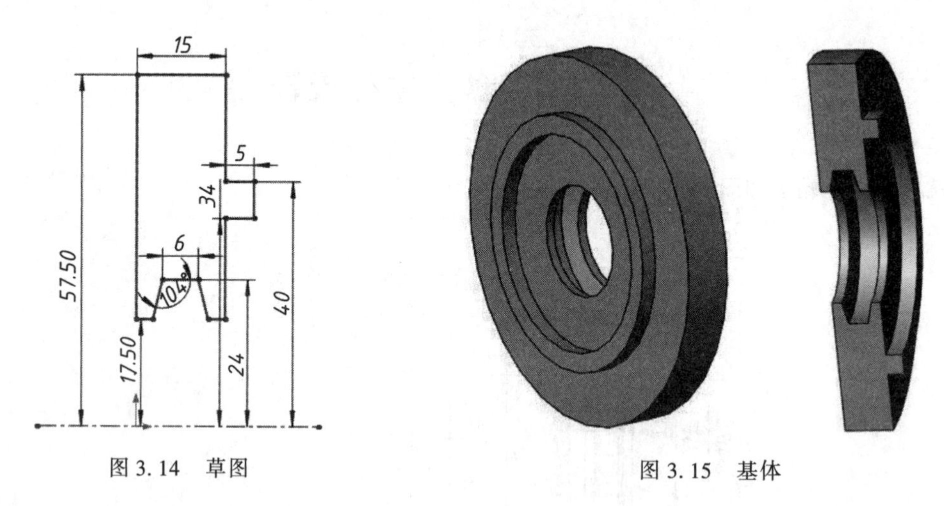

图 3.14　草图

图 3.15　基体

2）创建沉头孔

单击“特征”工具栏中的“异形孔向导”按钮，出现“异形孔向导”属性管理器，打开“类型”选项卡。

①在“孔类型”组中单击“柱形沉头孔”按钮。

②在“标准”列表中选择“GB”选项。

③在“类型”列表中选择“内六角圆柱头螺钉”选项。

④在“孔规格”组的在“大小”列表中选择“M8”选项。

⑤选中“显示自定义大小”复选框，在“通孔直径”文本框中输入 9.00 mm，在“柱形沉头孔直径”文本框中输入 15.00 mm，在“柱形沉头孔深度”文本框中输入 9.00 mm。

⑥在“终止条件”组中，从“终止条件”列表中选择“完全贯穿”选项。

⑦选择“位置”选项卡，在端盖确定孔位置，单击“确定”按钮 ✔ 完成操作。如图 3.16 所示。

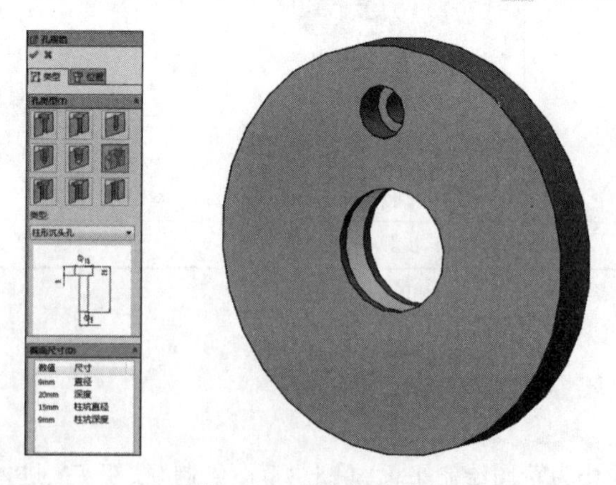

图 3.16　创建沉头孔

⑧在 FeatureManager 设计树中展开刚建立的孔特征，选择孔的定位草图，单击“编辑草图”按钮，对螺栓孔的位置进行编辑，编辑完成后，退出草图，结果如图 3.17 所示。

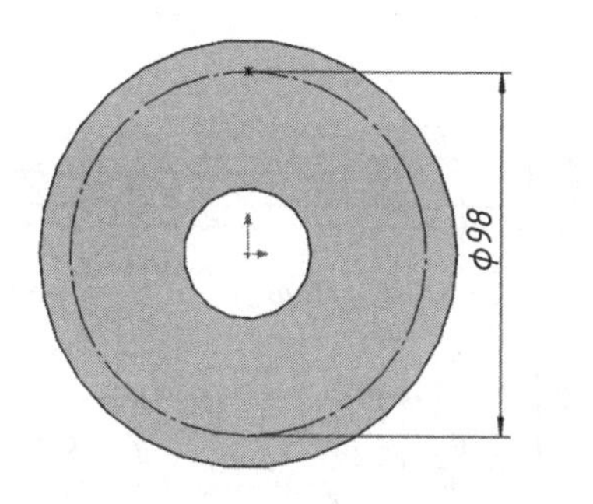

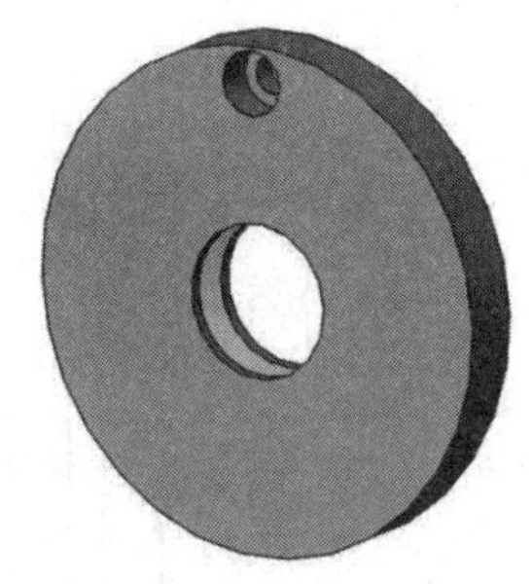

图 3.17 编辑草图,定位螺栓孔

3)阵列沉头孔

单击“特征”工具栏中的“圆周阵列”按钮,出现“圆周阵列”属性管理器。

①在“参数”组中激活“阵列轴”列表,在图形区选择外圆面作为阵列轴。

②在“实例”文本框中输入 6。

③选中“等间距”复选框。

④在“要阵列的特征”组中激活“要阵列的特征”列表,在 FeatureManager 设计树中选择创建的螺栓孔。

如图 3.18 所示,单击“确定”按钮。

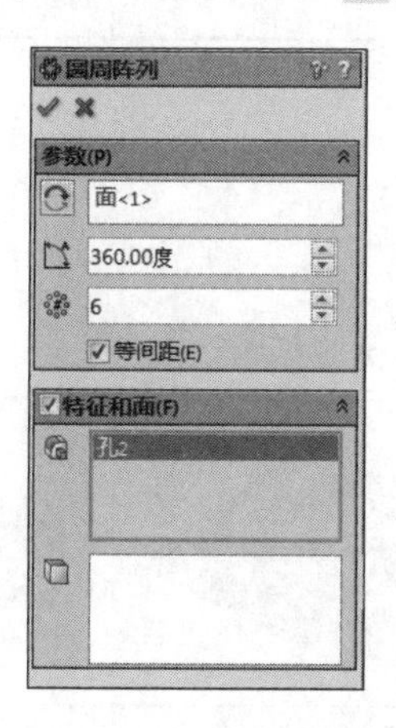

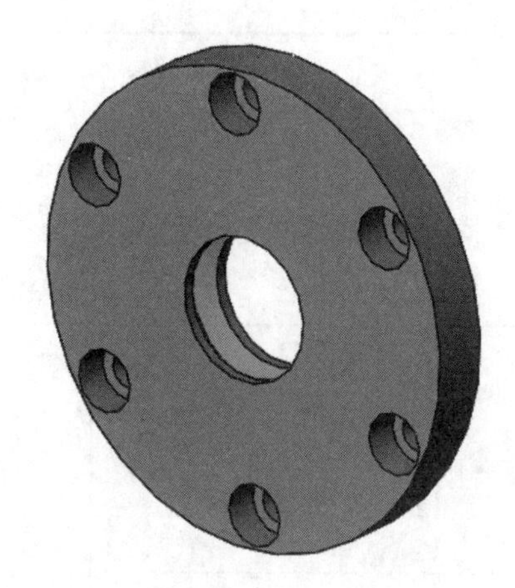

图 3.18 圆周阵列螺栓孔

4)存盘

选择“文件”|“保存”命令,保存“端盖 . sldprt”文件。

 3.3 盖类零件设计

视频

盖类零件设计

蜗杆减速器的箱盖如图 3.19 所示。

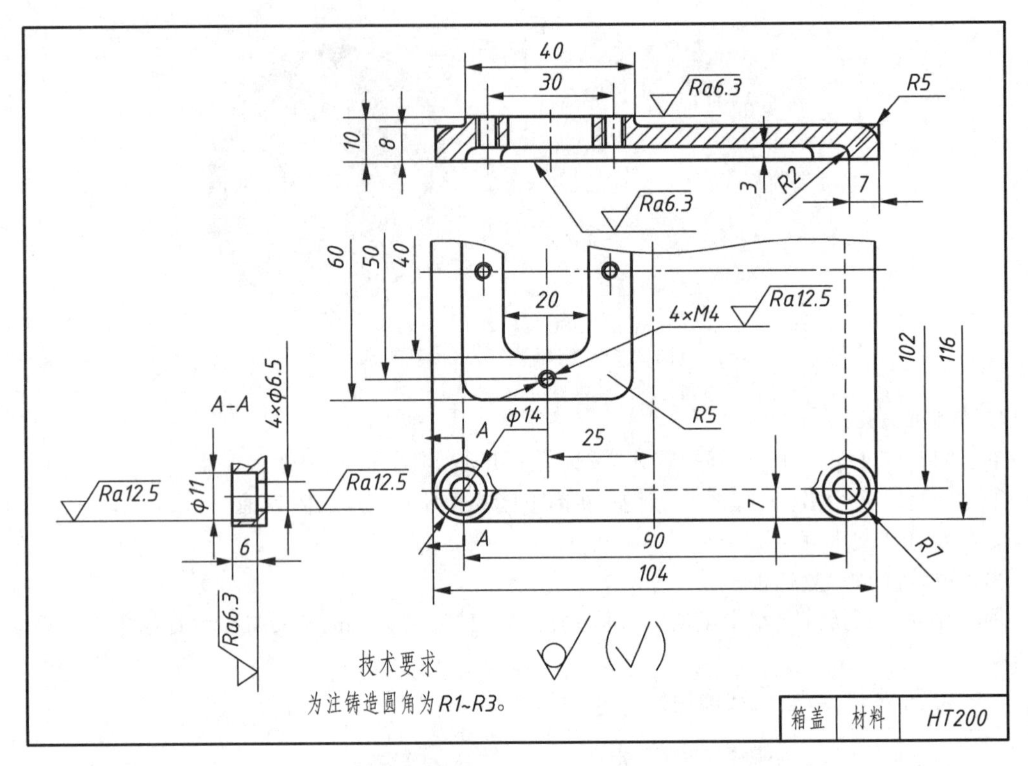

图 3.19　箱盖

1. 建模步骤

箱盖建模步骤见表 3-3。

表 3-3　箱盖建模步骤

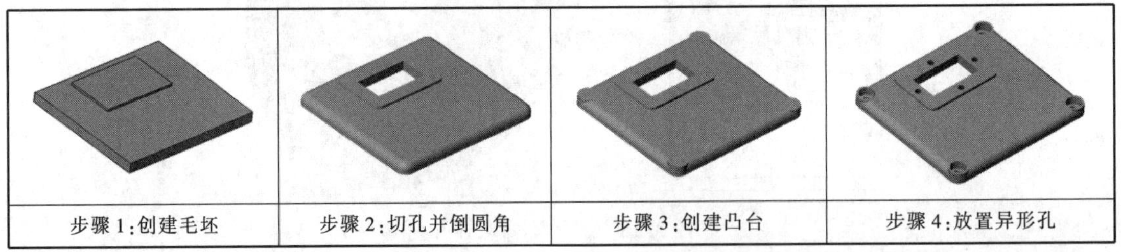

步骤 1:创建毛坯	步骤 2:切孔并倒圆角	步骤 3:创建凸台	步骤 4:放置异形孔

2. 操作步骤

1)新建文件,创建毛坯

(1)新建文件"箱盖"。

(2)选择上视基准面作为草图绘制平面,单击"草图绘制"按钮 ,进入草图绘制环境。

(3)单击"草图"工具栏中的"中心矩形"按钮 ,绘制草图轮廓,后单击"智能尺寸"按钮 进行标注,如图 3.20 所示。

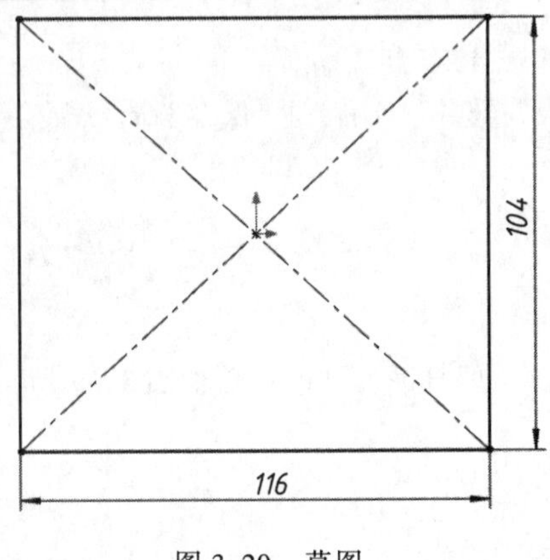

图 3.20　草图

(4)单击"特征"工具栏中的"拉伸凸台/基体"按钮 ,出现"凸台-拉伸"属性管理器。

①在“方向 1”组中，从“终止条件”列表中选择“给定深度”选项。

②在“深度”文本框中输入 8.00 mm。

单击“确定”按钮 ✔，结果如图 3.21 所示。

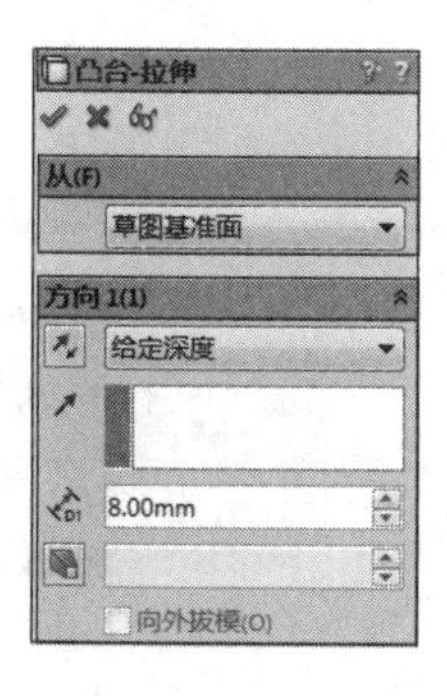

图 3.21　建立基体

(5)选择基体的上表面作为草图绘制平面，单击“草图绘制”按钮，进入草图绘制环境，单击“正视于”按钮正视于草图绘制平面，单击“草图”工具栏中的“中心线”按钮绘制中心线进行草图定位，单击“中心矩形”按钮，绘制草图轮廓，然后单击“智能尺寸”按钮进行标注，如图 3.22 所示。

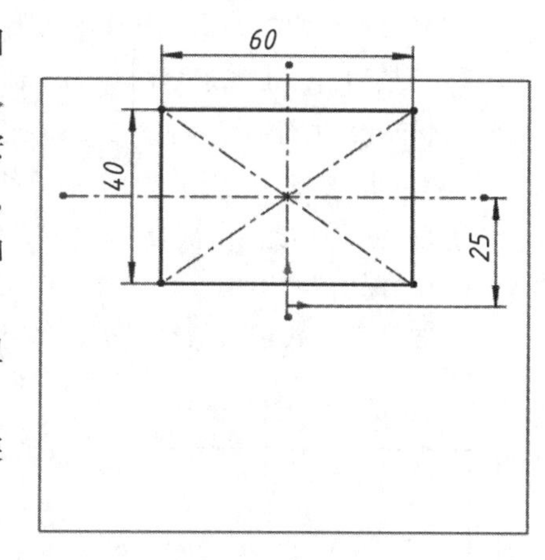

图 3.22　绘制草图

(6)单击“特征”工具栏中的“拉伸凸台/基体”按钮，出现“凸台-拉伸”属性管理器。

①在“方向 1”组中，从“终止条件”列表中选择“给定深度”选项。

②在“深度”文本框中输入 2 mm。

单击“确定”按钮 ✔，结果如图 3.23 所示。

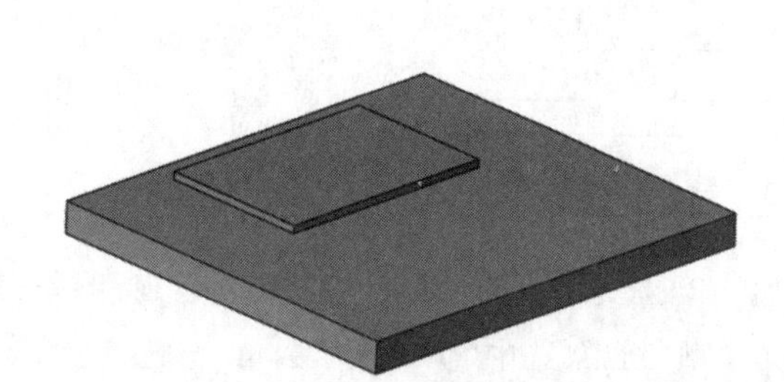

图 3.23　拉伸凸台

2)切孔

(1)选择凸台的上表面作为草图绘制平面，单击“草图绘制”按钮，进入草图绘制环境，单击“正视于”按钮正视于草图绘制平面，使用鼠标智能捕捉凸台两条轮廓的中点连线的交点，单击“中心矩形”按钮，绘制草图轮廓，设置矩形的中心点“固定”，然后单击“智能尺寸”按钮进行标注，如图 3.24 所示。

(2)单击“特征”工具栏中的“拉伸切除”按钮，出现“切除 – 拉伸”属性管理器。在“方向 1”组中，从“终止条件”列表中选择“完全贯穿”选项，单击“确定”按钮，结果如图 3.25 所示。

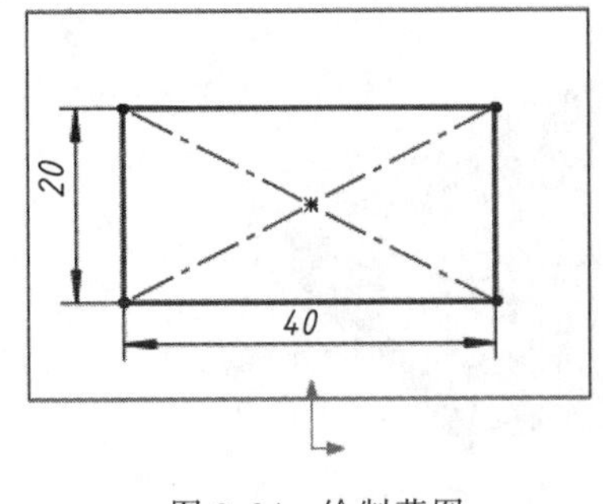

图 3.24　绘制草图

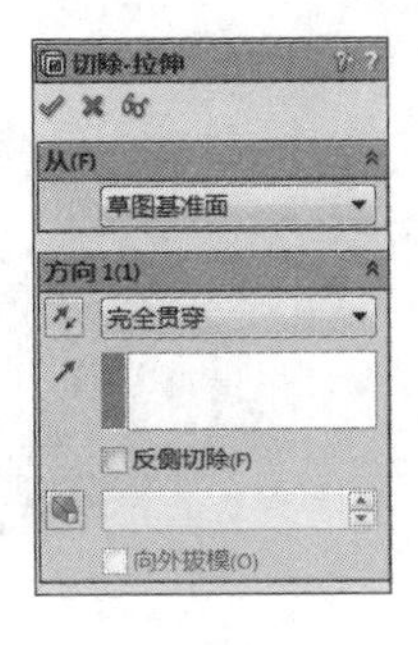

图 3.25　切方孔

(3)选择基体的底面作为草图绘制平面，单击“草图绘制”按钮，进入草图绘制环境，单击“正视于”按钮正视于草图绘制平面，单击“中心矩形”按钮，绘制草图轮廓，然后单击“智能尺寸”按钮进行标注，如图 3.26 所示。

(4)单击“特征”工具栏中的“拉伸切除”按钮，出现“切除 – 拉伸”属性管理器。

①在“方向 1”组中，从“终止条件”列表中选择“给定深度”选项。

②在“深度”文本框中输入 3.00 mm。

单击“确定”按钮，结果如图 3.27 所示。

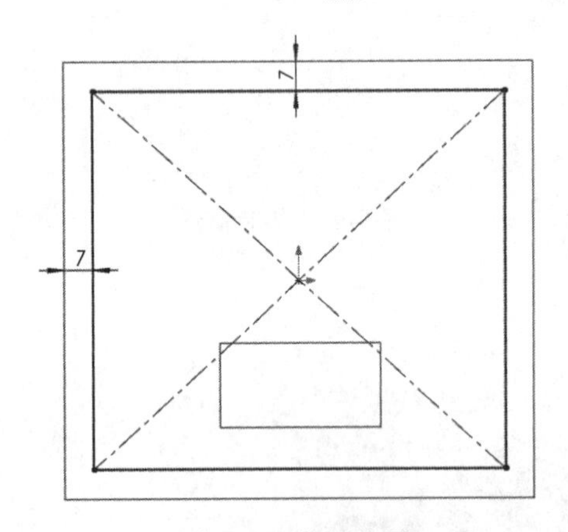

图 3.26　绘制草图

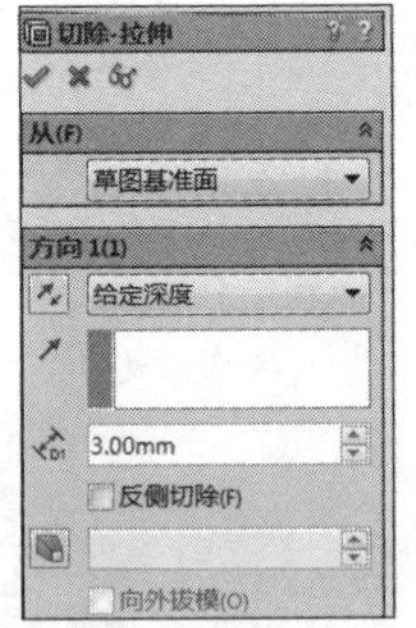

图 3.27　切方槽

(5)单击“特征”工具栏中的“圆角”按钮，出现“圆角”属性管理器。

①在“圆角类型”组中，选中“恒定大小圆角”单选按钮。

②在“圆角参数”组的“半径”文本框中输入 2.00 mm。

③激活“圆角项目”列表，在图形区选择需倒圆角边线。

单击“确定”按钮，生成圆角，结果如图 3.28 所示。

(6)单击“特征”工具栏中的“圆角”按钮，出现“圆角”属性管理器，同上述步骤(5)。

①在“圆角类型”组中，选中“恒定大小圆角”单选按钮。

②在“圆角参数”组的“半径”文本框中输入 5.00 mm。

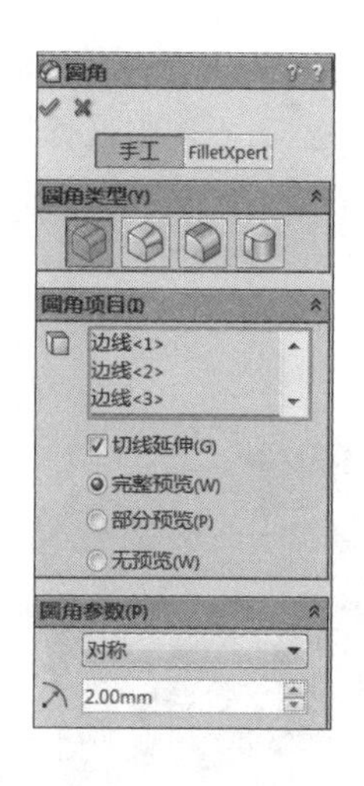

图 3.28 倒圆角

③激活"圆角项目"列表,在图形区选择需倒圆角的边线。

单击"确定"按钮 ,生成圆角,结果如图 3.29 所示。

(7)同理,创建半径为"7"的圆角,如图 3.30 所示。

图 3.29 倒圆角

图 3.30 倒圆角

3)建立凸台

(1)选择基体的底面作为草图绘制平面,单击"草图绘制"按钮 ,进入草图绘制环境,单击"正视于"按钮 正视于草图绘制平面,单击"草图"工具栏中的"圆"按钮 ,使用鼠标智能捕捉圆角的中心,绘制半径为 7 mm 的圆,如图 3.31 所示。

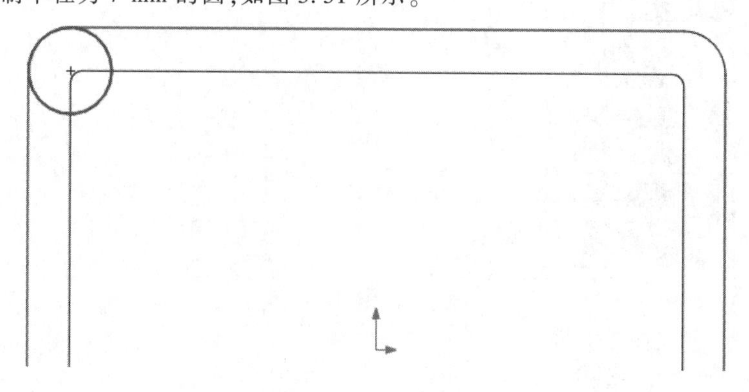

图 3.31 绘制草图

(2)单击“特征”工具栏中的“拉伸凸台/基体”按钮，出现“凸台-拉伸”属性管理器。在“方向 1”组中，从“终止条件”列表中选择“成形到一面”选项，在图形区选择上表面。如图 3.32 所示，单击“确定”按钮。

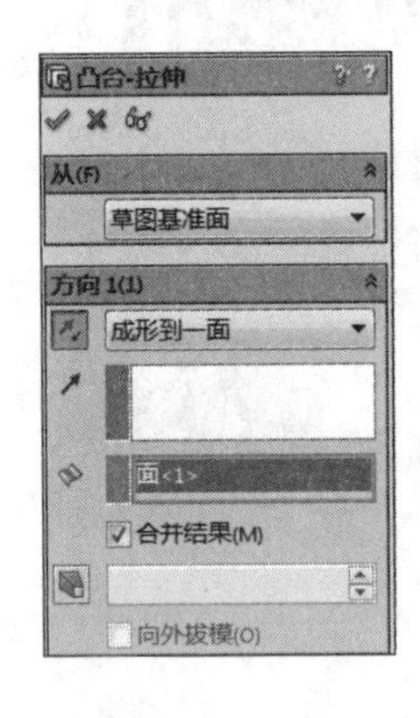

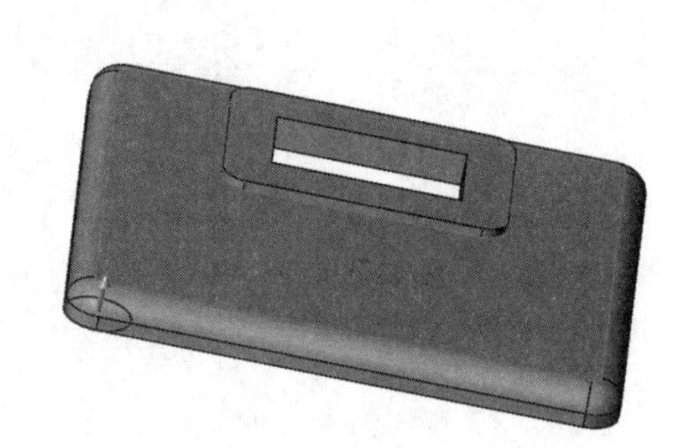

图 3.32　拉伸凸台

(3)单击“特征”工具栏中的“线性阵列”按钮，出现“线性阵列”属性管理器。

①在“方向 1”组中激活“阵列方向〈边线 1〉”列表，在图形区选择竖直边线为方向 1。

②在“间距”文本框中输入 90.00 mm。

③在“实例”文本框中输入 2。

④在“方向 2”组中激活“阵列方向〈边线 2〉”列表，在图形区选择水平边线为方向 1。

⑤在“间距”文本框中输入 102.00 mm。

⑥在“实例”文本框中输入 2。

⑦在“要阵列的特征”组中激活“要阵列的特征”列表，在 FeatureManager 设计树中选择“凸台-拉伸 3”。

如图 3.33 所示，单击“确定”按钮。

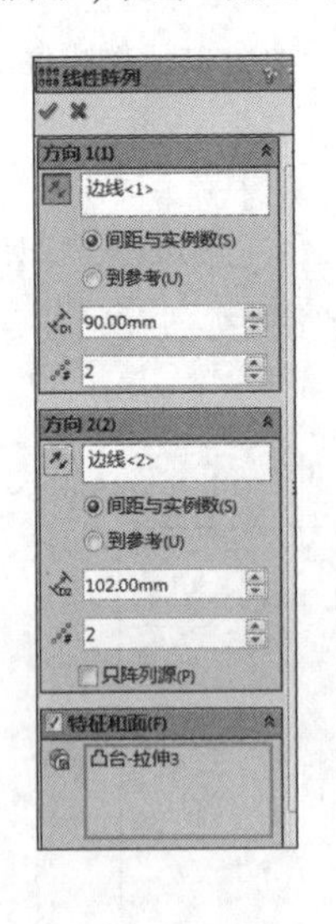

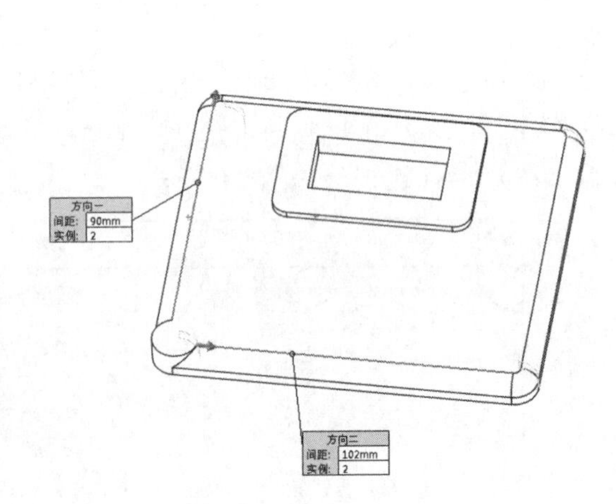

图 3.33　阵列凸台

4)打孔

(1)选择凸台上表面，单击“特征”工具栏中的“异形孔向导”按钮，出现“异形孔向导”属性管理器,选择“类型”选项卡。

①在“孔类型”组中,单击“柱形沉头孔”按钮。

②在“标准”列表中选择“GB”选项。

③在“类型”列表中选择“内六角圆柱头螺钉”选项。

④在“孔规格”组的“大小”列表中选择“M6”选项。

⑤在“终止条件”组中,从“终止条件”列表中选择“完全贯穿”选项。

⑥选择“位置”选项卡,用鼠标智能捕捉凸台的中心确定孔位置,单击“确定”按钮 ✓,生成沉头孔。

⑦在 FeatureManager 设计树中展开刚建立的孔特征,选择孔的草图轮廓,单击“编辑草图”按钮,对草图轮廓进行编辑,如图 3.34 所示,编辑完成后,退出草图,结果如图 3.35 所示。

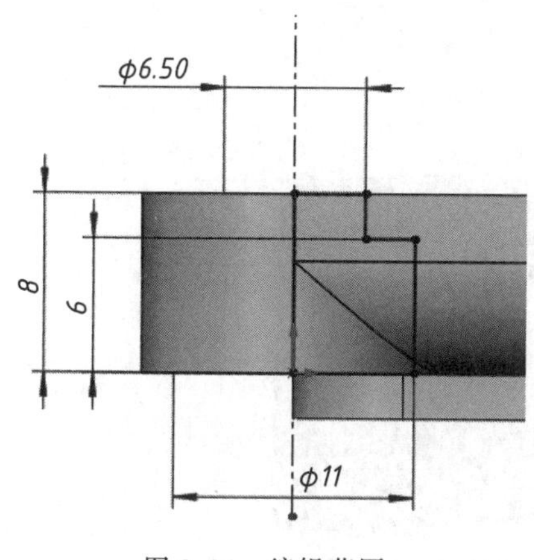

图 3.34 编辑草图

图 3.35 创建沉头孔

(2)单击“特征”工具栏中的“线性阵列”按钮,出现“线性阵列”属性管理器。

①在“方向 1”组中激活“阵列方向〈边线 1〉”列表,在图形区选择竖直边线为方向 1。

②在“间距”文本框中输入 90.00 mm。

③在“实例”文本框中输入 2。

④在“方向 2”组中激活“阵列方向〈边线 2〉”列表,在图形区选择水平边线为方向 1。

⑤在“间距”文本框中输入 102.00 mm。

⑥在“实例”文本框中输入 2。

⑦在“要阵列的特征”组中激活“要阵列的特征”列表,在 FeatureManager 设计树中选择“内六角圆柱头螺钉孔”。

单击“确定”按钮 ✓,结果如图 3.36 所示。

图 3.36 阵列孔

(3)选择矩形凸台的上表面,单击"特征"工具栏中的"异形孔向导"按钮 ,出现"异形孔向导"属性管理器,选择"类型"选项卡。

①在"孔类型"组中,单击"直螺纹孔"按钮。

②在"标准"列表中选择"GB"选项。

③在"类型"列表中选择"底部螺纹孔"选项。

④在"孔规格"组的"大小"列表中选择"M4"选项。

⑤在"终止条件"组中,从"终止条件"列表中选择"完全贯穿"选项。

⑥选择"位置"选项卡,确定孔位置,单击"确定"按钮 完成操作,如图 3.37 所示。

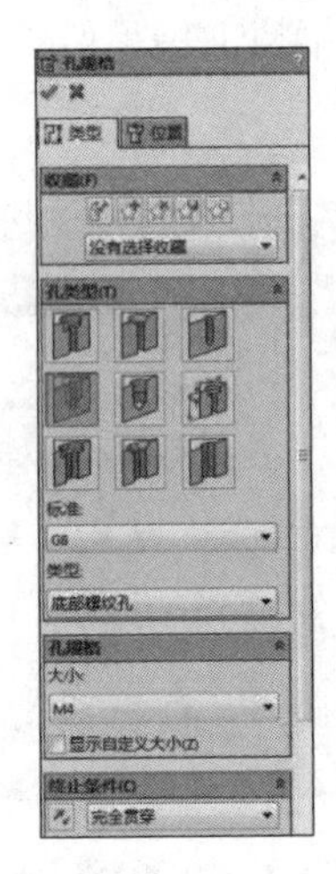

图 3.37　创建直螺纹孔

⑦在 FeatureManager 设计树中展开刚建立的孔特征,选中定位"草图 9",从快捷工具栏中单击"编辑草图"按钮 ,进入"草图绘制"环境,设定孔的圆心位置,如图 3.38 所示,单击"结束草图"按钮 ,退出"草图"环境,结果如图 3.39 所示。

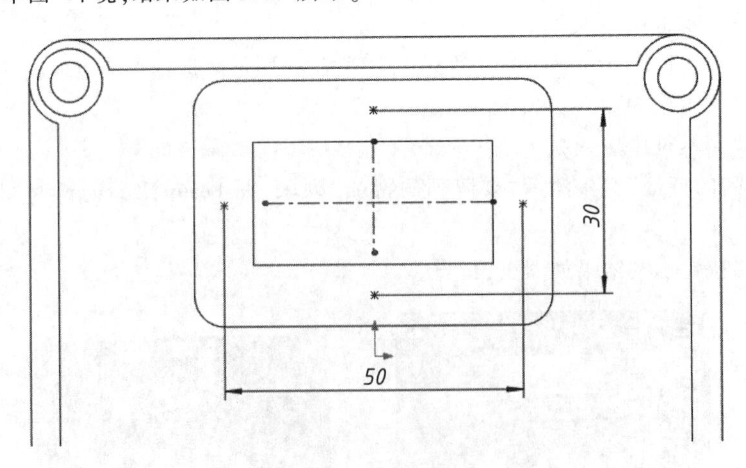

图 3.38　编辑孔位置

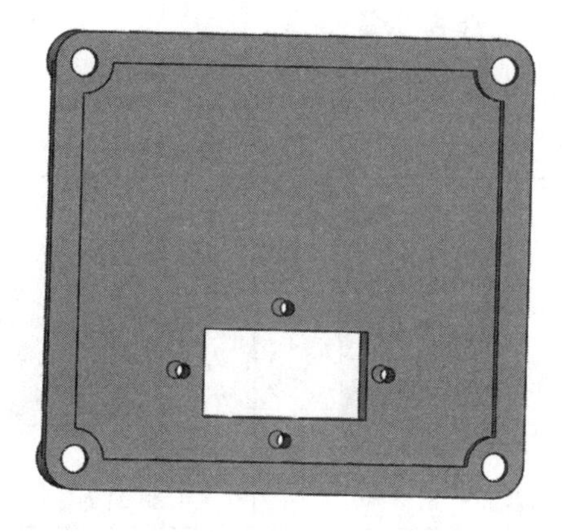

图 3.39　箱盖

5)存盘

选择“文件”|“保存”命令,保存“箱盖 . sldprt”文件。

叉架类零件设计

 3.4　叉架类零件设计

支架如图 3.40 所示,它由空心半圆柱带凸耳的安装部分、T 形连接板和支承轴的空心圆柱等构成。

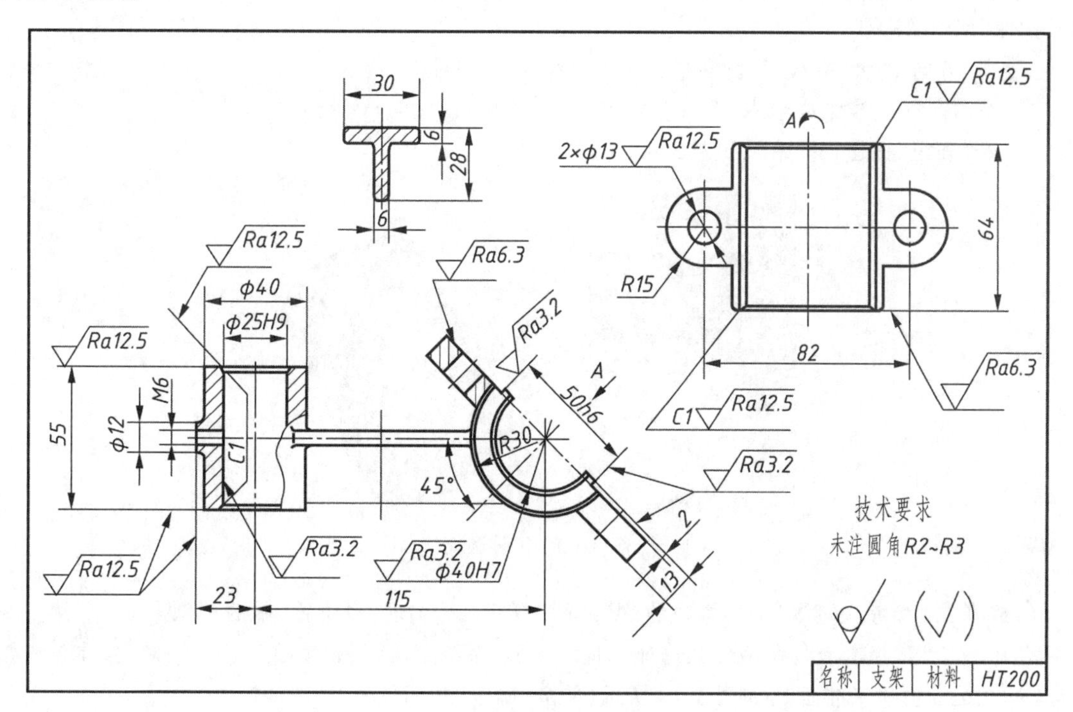

图 3.40　支架

1. 建模步骤

建模步骤见表 3-4。

表 3-4　支架类建模步骤

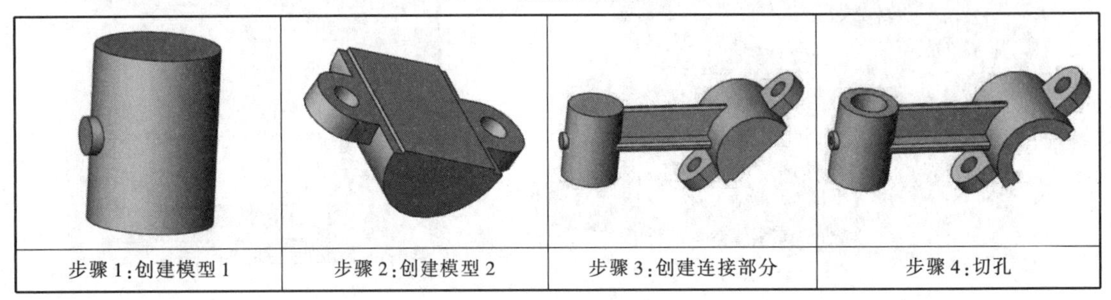

步骤 1:创建模型 1	步骤 2:创建模型 2	步骤 3:创建连接部分	步骤 4:切孔

2. 操作步骤

1)新建文件,创建模型支承部分

(1)新建文件“支架 . sldprt”。

(2)选择前视基准面作为草图绘制平面,单击“草图绘制”按钮,进入草图绘制环境。

(3)单击“草图”工具栏中的“圆”按钮,绘制草图轮廓,然后单击“智能尺寸”按钮 进行标注,如图 3.41 所示。

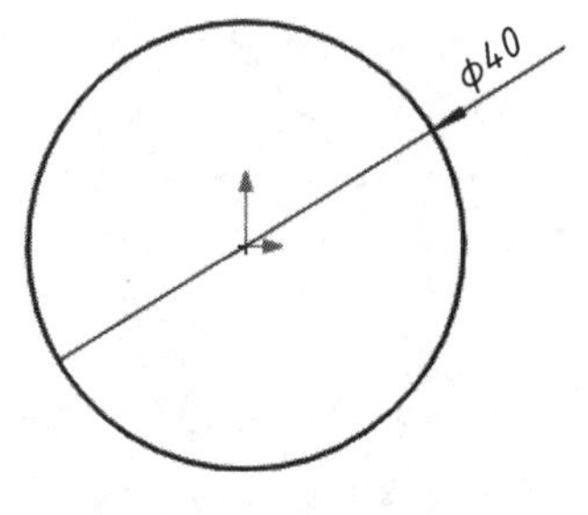

图 3.41　绘制草图

(4)单击“特征”工具栏中的“拉伸凸台/基体”按钮,出现“凸台-拉伸”属性管理器。

①在“方向 1”组中,从“终止条件”列表中选择“两侧对称”选项。

②在“深度”文本框中输入 55 mm。

单击“确定”按钮,结果如图 3.42 所示。

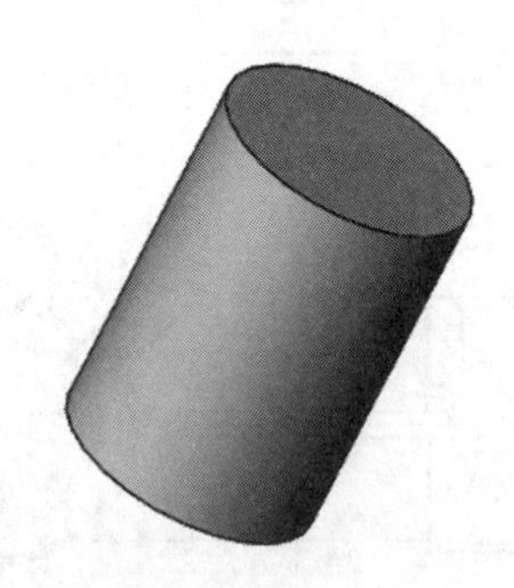

图 3.42　拉伸圆筒

(5)单击“参考几何体”工具栏中的“基准面”按钮,出现“基准面”属性管理器。在“第一参考”组中激活“第一参考”,在图形区选择上视基准面,系统默认“平行”,在“偏移距离”文本框中输入 23.00 mm,创建基准面 1,如图 3.43 所示,单击“确定”按钮。

(6)选择上面创建的基准面 1 作为草图绘制平面,单击“草图绘制”按钮,进入草图绘制环境,单击“视图定向”工具栏中的“正视于”按钮 正视于草图绘制平面,单击“草图”工具栏中的“圆”按钮,绘制草图轮廓,如图 3.44 所示。

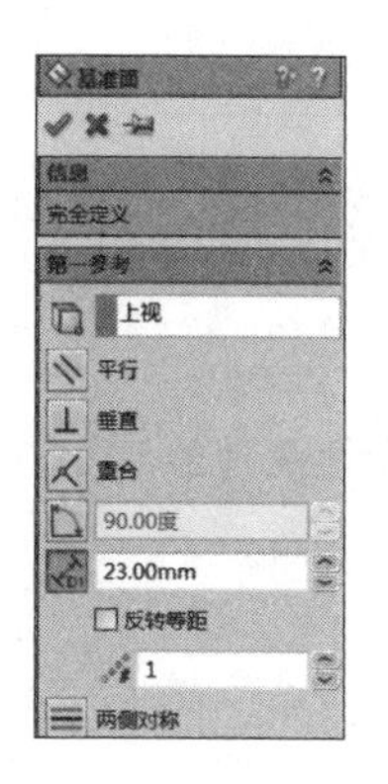

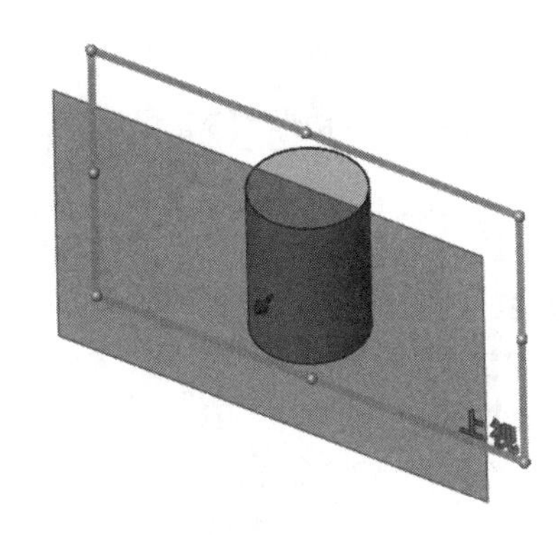

图 3.43　创建基准面

图 3.44　绘制草图

(7)单击“特征”工具栏中的“拉伸凸台/基体”按钮 ，出现“凸台-拉伸”属性管理器。

①在“方向 1”组中，从“终止条件”列表中选择“成形到一面”选项。

②在“面/平面”选项后选择“圆柱外表面”。

如图 3.45 所示，单击“确定”按钮 。

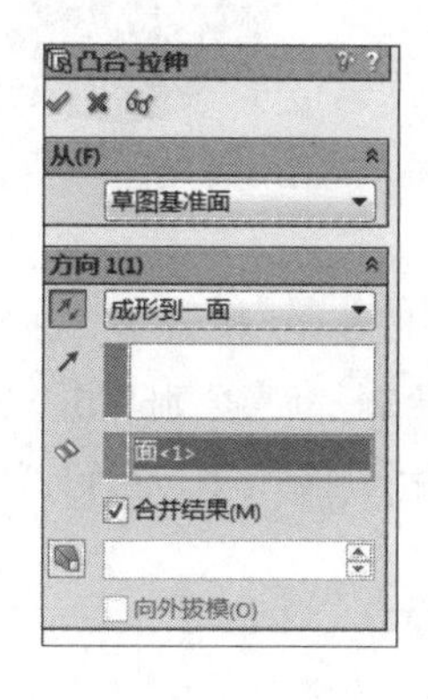

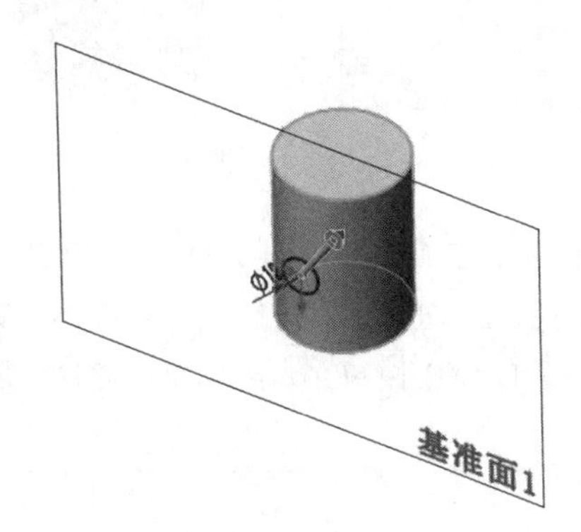

图 3.45　拉伸圆柱

2)创建模型安装部分

(1)在右视基准面绘制草图，单击“草图绘制”按钮 ，进入草图绘制环境，单击“视图定向”工具栏中的“正视于”按钮 正视于草图绘制平面，分别单击“草图”工具栏中的 “圆”按钮 和“直线”按钮 ，绘制草图轮廓，使用“智能尺寸”进行标注，如图 3.46 所示。

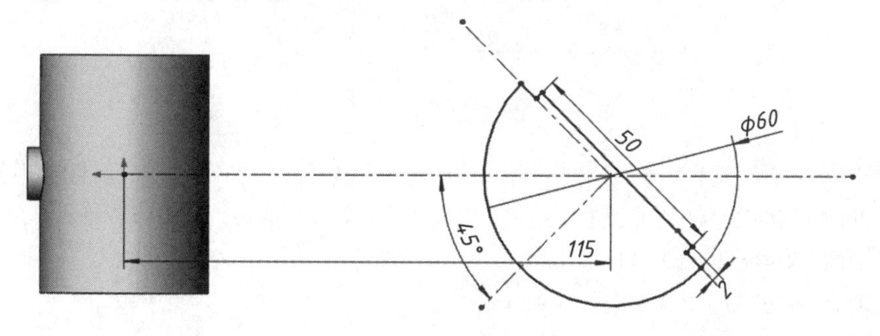

图 3.46　绘制草图

提示

正视于草图时有时候不是我们想要的方向，这时可按【Alt + 方向键】旋转视图，以方便观察绘制图形。

(2)单击“特征”工具栏中的“拉伸凸台/基体”按钮，出现“凸台-拉伸”属性管理器。

①在“方向 1”组中，从“终止条件”列表中选择“两侧对称”选项。

②在“深度”文本框中输入 64.00 mm。

单击“确定”按钮，如图 3.47 所示。

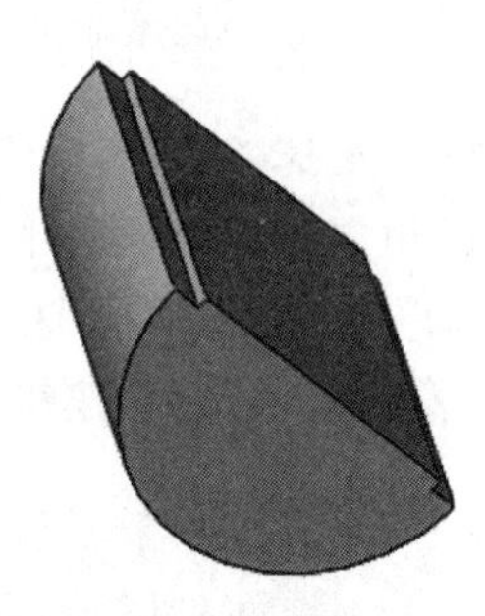

图 3.47 拉伸凸台

(3)选择半圆柱的上表面作为草图绘制平面，单击“草图绘制”按钮，进入草图绘制环境，单击“视图定向”工具栏中的“正视于”按钮正视于草图绘制平面，分别单击“草图绘制”工具栏中的“直槽口”按钮和“圆”按钮，绘制草图轮廓，使用“智能尺寸”进行标注，如图 3.48 所示。

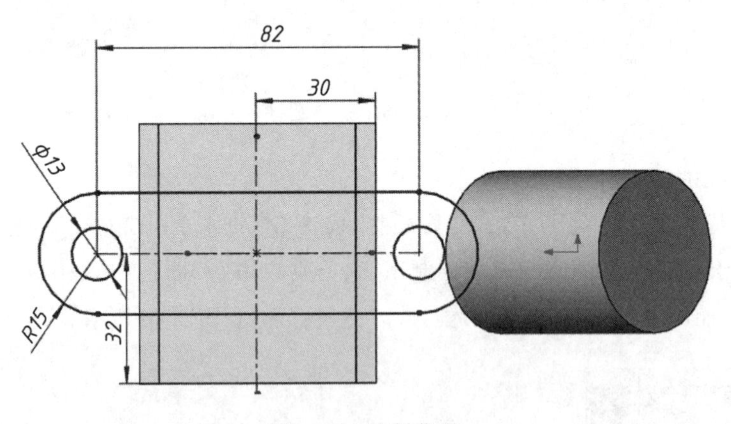

图 3.48 绘制草图

(4)单击“特征”工具栏中的“拉伸凸台/基体”按钮，出现“凸台-拉伸”属性管理器。

①在“方向 1”组中，从“终止条件”列表中选择“给定深度”选项。

②在“深度”文本框中输入 11.00 mm。

单击“确定”按钮，结果如图 3.49 所示。

3)创建模型连接部分

(1)选择上视基准面作为草图绘制平面，单击“草图绘制”按钮，进入草图绘制环境，单击

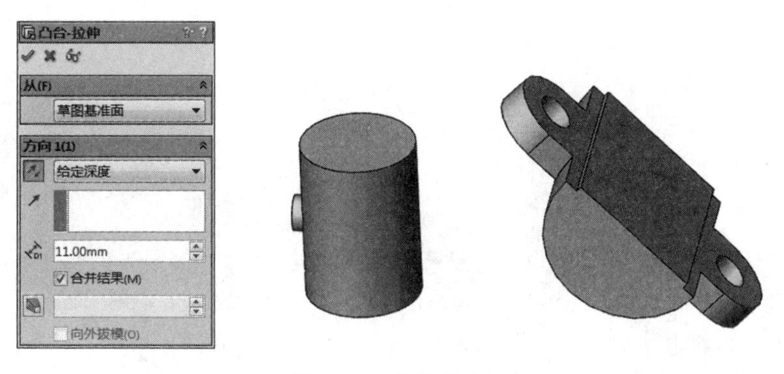

图 3.49　拉伸凸台

“视图定向”工具栏中的“正视于”按钮 正视于草图绘制平面，分别单击“草图绘制”工具栏中的“直线”按钮 和“中心线”按钮 ，绘制草图轮廓，单击“绘制圆角”按钮 进行倒圆角，并使用“智能尺寸”进行标注，如图 3.50 所示。

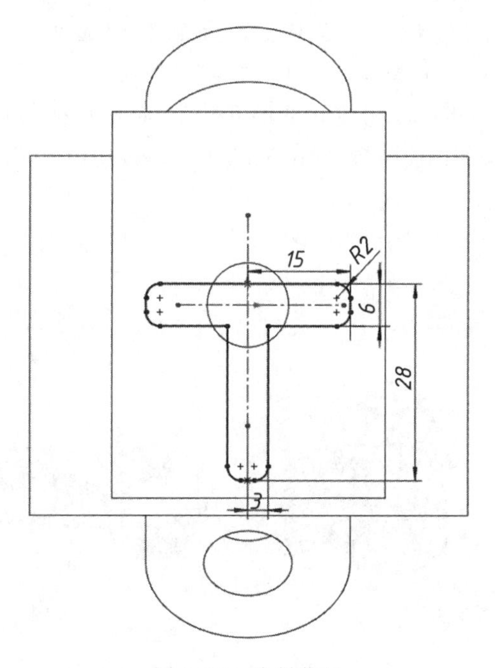

图 3.50　绘制草图

绘制草图时要灵活使用草图编辑命令和“显示/删除几何关系”工具栏中的“添加几何关系”对草图进行位置控制。

(2)单击“特征”工具栏中的“拉伸凸台/基体”按钮 ，出现“凸台-拉伸”属性管理器。

①在“方向 1”组中，从“终止条件”列表中选择“成形到实体”选项，在图形区选择凸台-拉伸 5。

②在“特征范围”组中，选中“所有实体”单选按钮。

单击“确定”按钮 ，如图 3.51 所示。

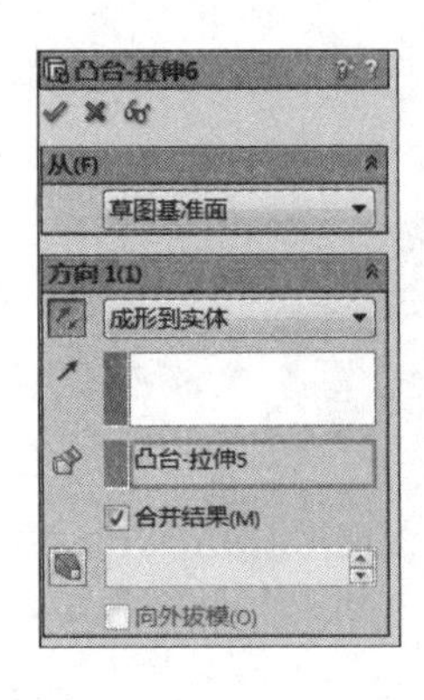

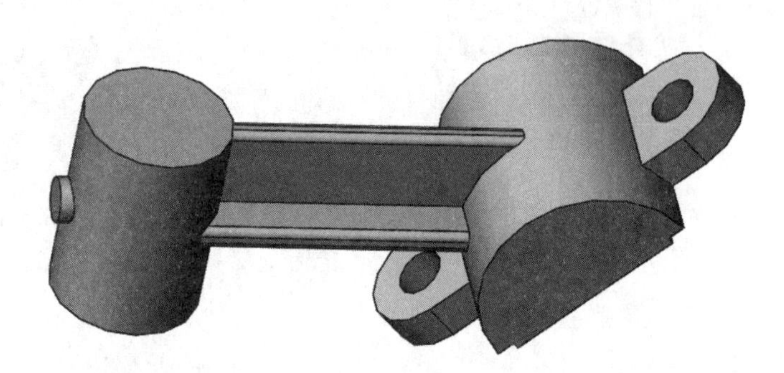

图 3.51　拉伸凸台

4)切孔

(1)选择“插入”|“特征”|“孔”|“简单孔”命令,出现“孔”属性管理器。

①在图形区中选择凸台的顶端平面作为放置平面。

②在“方向 1”组中,从“终止条件”列表中选择“完全贯穿”选项。

③在“直径”文本框中输入 25.00 mm,单击“确定”按钮 ✓。

④在 FeatureManager 设计树中单击刚建立的孔特征,单击快捷工具栏中的“编辑草图”按钮 ,进入“草图”环境,设定孔的圆心位置,如图 3.52 所示,单击“结束草图”按钮 ,退出“草图”环境,结果如图 3.53 所示。

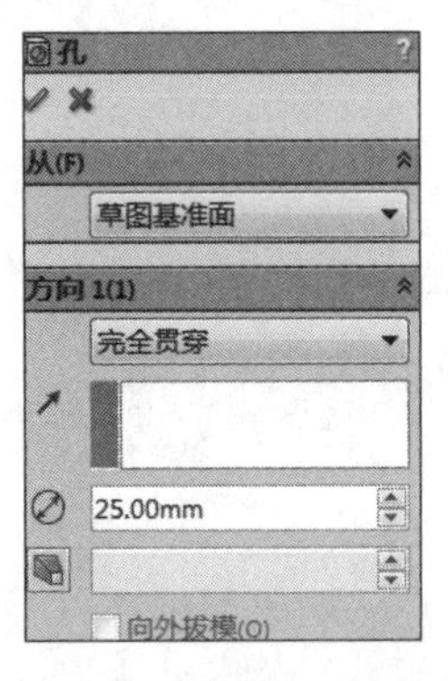

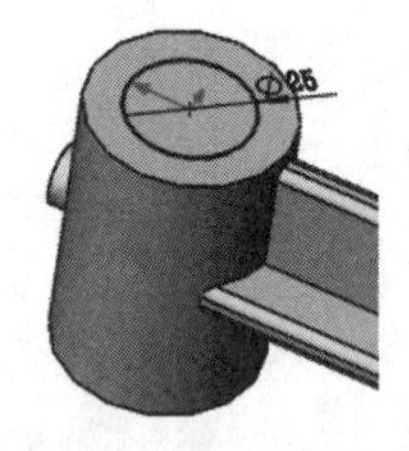

图 3.52　设置简单直孔

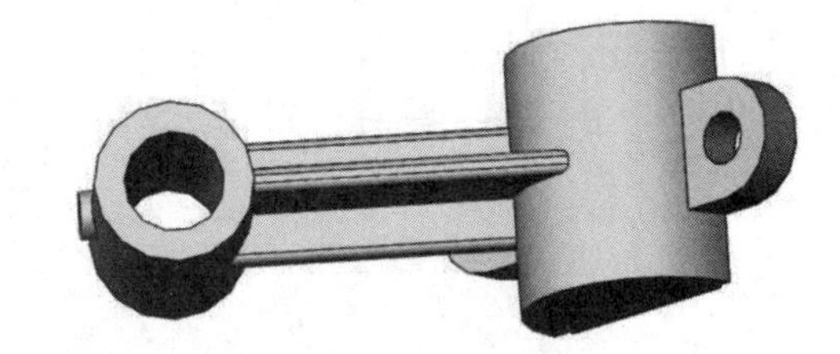

图 3.53　切孔后

(2)选择小圆柱的表面作为孔的放置平面,单击“特征”工具栏中的“异形孔向导”按钮 ,出现“异形孔向导”属性管理器,选择“类型”选项卡。

①在“孔类型”组中,单击“直螺纹孔”按钮。

②在“标准”列表中选择“GB”选项。

③在“类型”列表中选择“底部螺纹孔”选项。

④在“孔规格”组的“大小”列表中选择“M6”选项。

⑤在“终止条件”组中,从“终止条件”列表中选择“成形到下一面”选项。

⑥选择“位置”选项卡,用鼠标捕捉圆弧的中心确定孔位置,单击“确定”按钮 ✓ 完成操作,结果如图 3.54 所示。

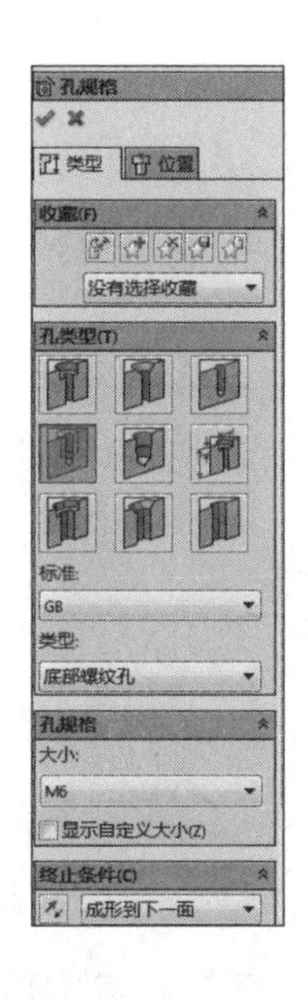

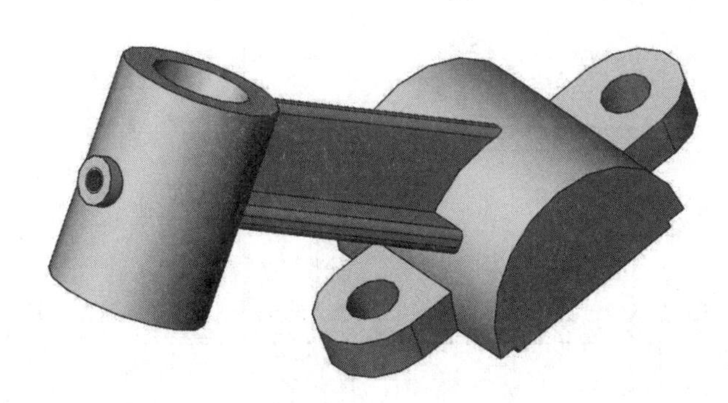

图 3.54　切螺纹孔

(3)选择“插入”|“特征”|“孔”|“简单孔”命令,出现“孔”属性管理器。

①在图形区中选择凸台的右端平面作为放置平面。

②在“方向 1”组中,从“终止条件”列表中选择“完全贯穿”选项。

③在“直径”文本框中输入 40.00 mm,单击“确定”按钮 ✔。

④在 FeatureManager 设计树中单击刚建立的孔特征,单击快捷工具栏中的“编辑草图”按钮 ,进入“草图”环境,添加几何关系,设定孔的圆心位置和圆柱“同心”,如图 3.55 所示,单击“结束草图”按钮 ,退出“草图”环境。

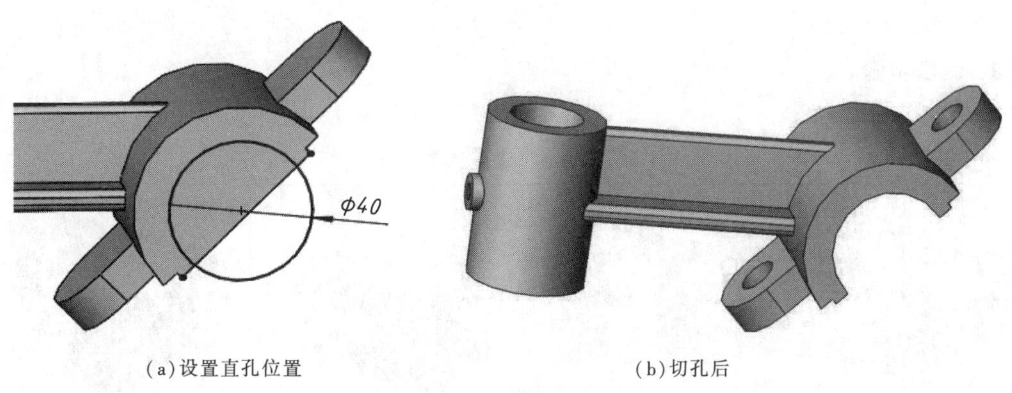

(a)设置直孔位置　　(b)切孔后

图 3.55　插入孔

5)存盘

选择“文件”|“保存”命令,保存“支架.sldprt”文件。

视频

箱体类零件设计

3.5 箱体类零件设计

铣刀头座体如图 3.56 所示,座体大致由安装底板、连接板和支承轴孔组成。

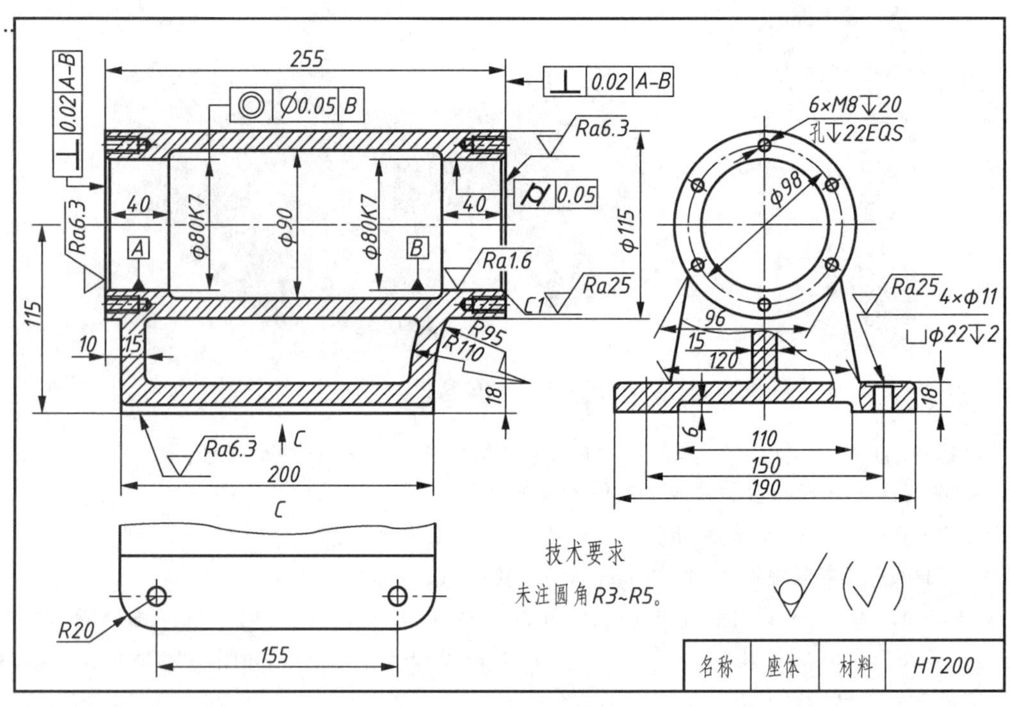

图 3.56 铣刀头座体

1. 建模步骤

建模步骤见表 3-5。

表 3-5 建模步骤

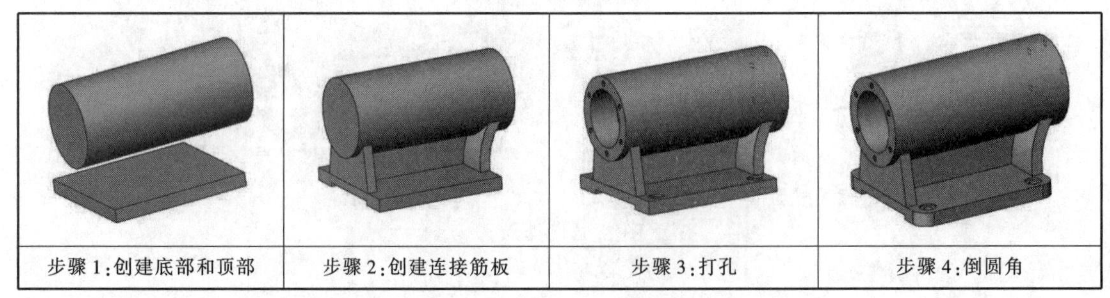

步骤 1:创建底部和顶部	步骤 2:创建连接筋板	步骤 3:打孔	步骤 4:倒圆角

2. 操作步骤

1)新建文件,创建模型底板和顶部

(1)新建文件“座体 . sldprt”。

(2)选择上视基准面作为草图绘制平面,单击“草图绘制”按钮 ,进入草图绘制环境。

(3)单击“草图”工具栏中的“中心矩形”按钮 ,绘制草图轮廓,然后单击“智能尺寸”按钮进行标注,如图 3. 57 所示。

(4)单击“特征”工具栏中的“拉伸凸台/基体”按钮,出现“凸台-拉伸”属性管理器。

①在“方向 1”组中,从“终止条件”列表中选择“给定深度”选项。

②在“深度”文本框中输入 18. 00 mm。

单击“确定”按钮,结果如图 3. 58 所示。

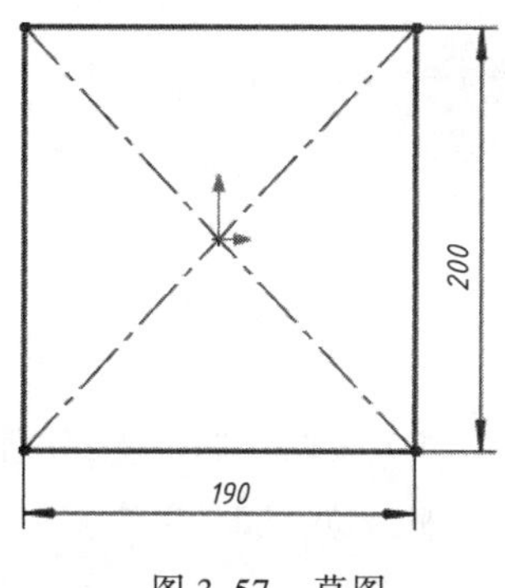

图 3. 57　草图

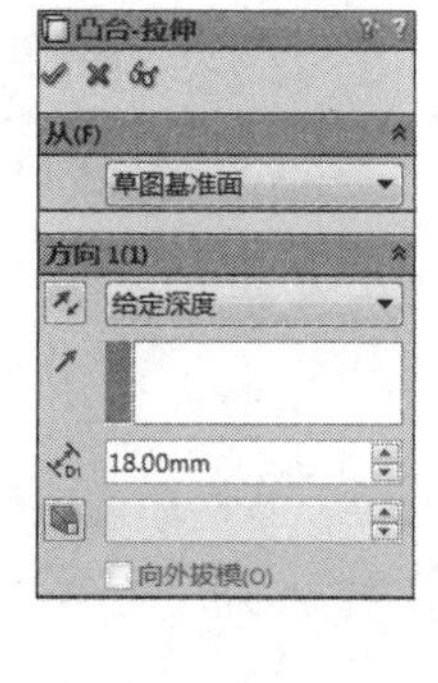

图 3. 58　建立基体

(5)单击“参考几何体”工具栏中的“基准面”按钮,出现“基准面”属性管理器。在“第一参考”组中激活“第一参考”,在图形区选择基体的左端面,系统默认平行,在“偏移距离”选项后输入 10. 00 mm,如图 3. 59 所示,单击“确定”按钮,建立基准面 1。

图 3. 59　建立基准面 1

(6)选择基准面 1 作为草图绘制平面,单击“草图绘制”按钮,进入草图绘制环境,单击“草图绘制”工具栏中的“直线”按钮,绘制草图轮廓,后单击“智能尺寸”按钮进行标注,如图 3. 60 所示。

(7)单击“特征”工具栏中的“拉伸凸台/基体”按钮,出现“凸台-拉伸”属性管理器。

①在“方向 1”组中,从“终止条件”列表中选择“给定深度”选项。

②在“深度”文本框中输入 225. 00 mm。

单击“确定”按钮,结果如图 3. 61 所示。

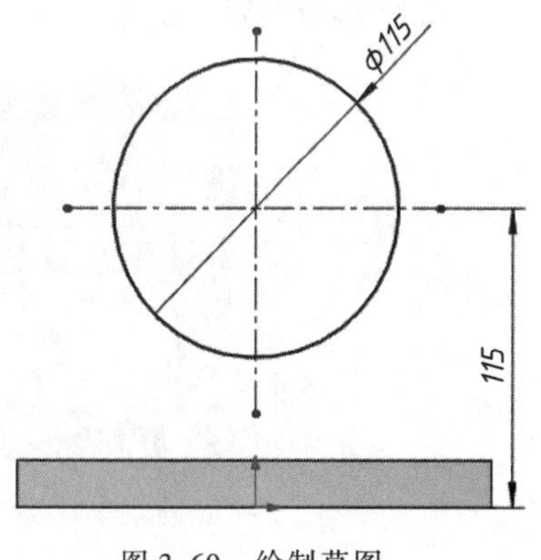

图 3. 60　绘制草图

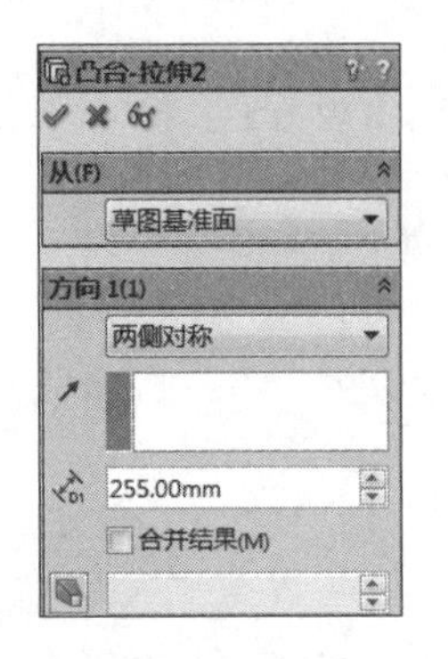

图 3.61　拉伸凸台

2)创建连接筋板

(1)选择右视基准面作为草图绘制平面,单击“草图绘制”按钮,进入草图绘制环境,分别单击“草图绘制”工具栏中的“直线”按钮 和“圆”按钮,绘制草图轮廓,然后单击“智能尺寸”按钮 进行标注,如图 3.62 所示。

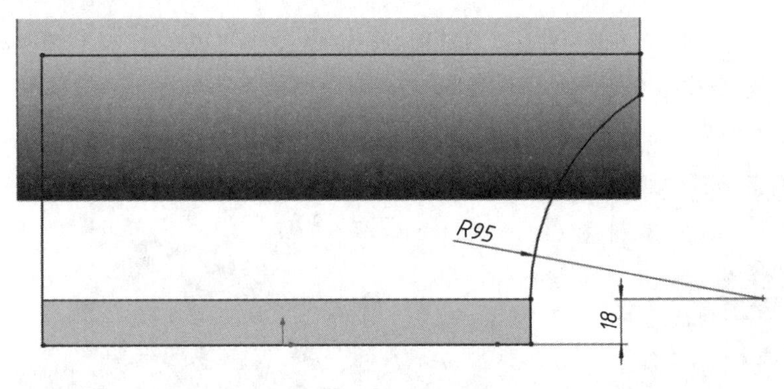

图 3.62　绘制草图

(2)单击“特征”工具栏中的“拉伸凸台/基体”按钮,出现“凸台-拉伸”属性管理器。

①在“方向 1”组中,从“终止条件”列表中选择“两侧对称”选项。

②在“深度”文本框中输入 190.00 mm。

③取消选择“合并结果”复选框。

单击“确定”按钮,结果如图 3.63 所示。

图 3.63　拉伸凸台

(3)选择上面生成的凸台的前端面作为草图绘制平面,单击“草图绘制”按钮,进入草图绘制环境,分别单击“草图绘制”工具栏中的“直线”按钮和“圆”按钮,绘制草图轮廓,然后单击“智能尺寸”按钮进行标注,如图 3.64 所示。

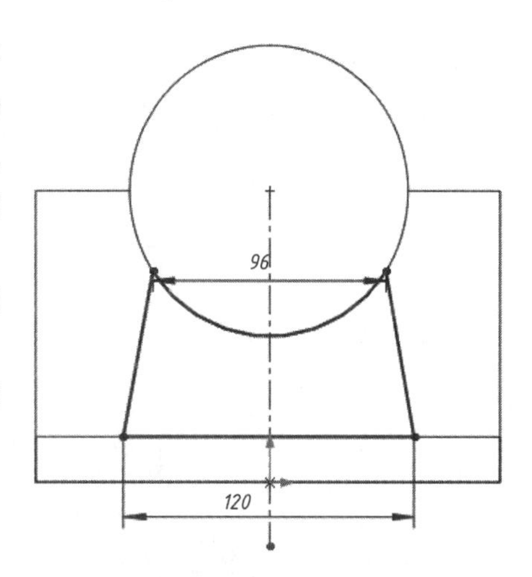

图 3.64　绘制草图

(4)单击“特征”工具栏中的“拉伸凸台/基体”按钮,出现“凸台-拉伸”属性管理器。

①在“方向 1”组中,从“终止条件”列表中选择“给定深度”选项。

②在“深度”文本框中输入 225.00 mm。

③取消选择“合并结果”复选框。

如图 3.65 所示,单击“确定”按钮。

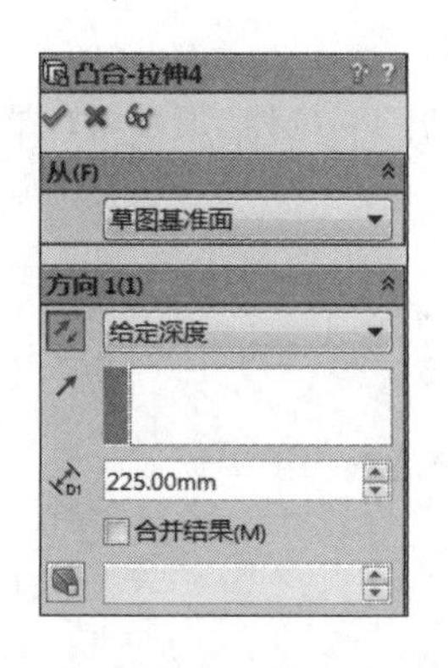

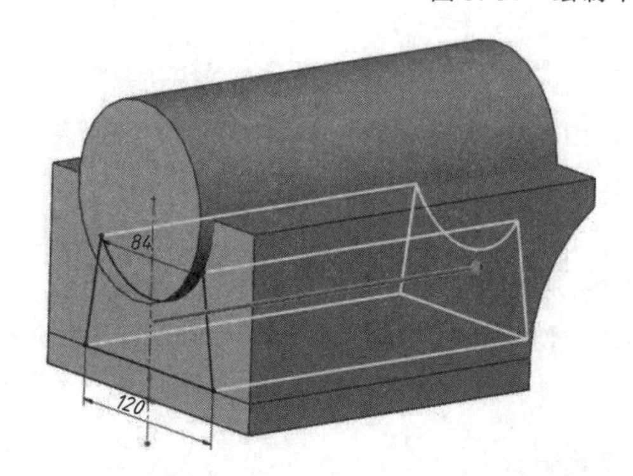

图 3.65　拉伸凸台

(5)选择“插入”|“特征”|“组合”命令,出现“组合”属性管理器。

①在“操作类型”组中,选择“共同”单选按钮。

②在“要组合的实体”组中激活“实体”列表,在图形区选择凸台_拉伸 4 和凸台_拉伸 3。

单击“确定”按钮,结果如图 3.66 所示。

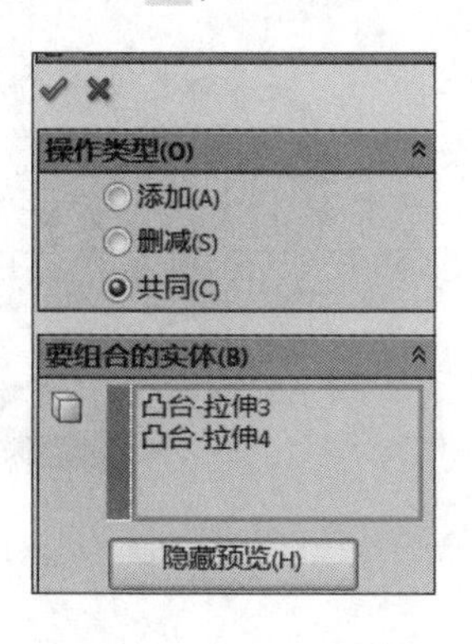

图 3.66　组合

(6)选择右视基准面作为草图绘制平面,单击“草图绘制”按钮,进入草图绘制环境,分别单击“草图绘制”工具栏中的“直线”按钮和“圆”按钮,绘制草图轮廓,然后单击“智能尺寸”按

钮 进行标注，如图 3.67 所示。

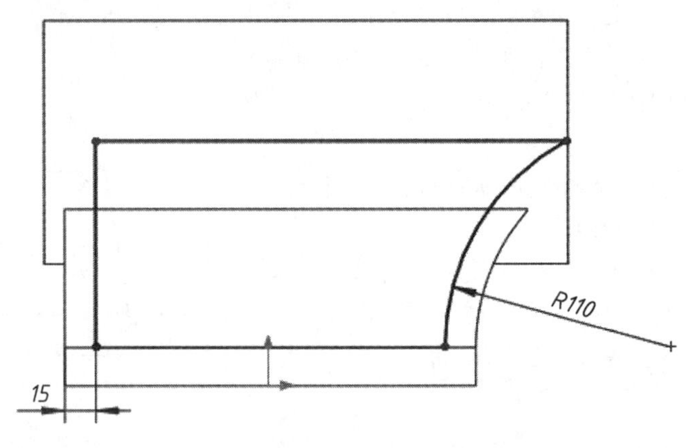

图 3.67　绘制草图

(7)单击“特征”工具栏中的“拉伸切除”按钮，出现“切除－拉伸”属性管理器。

①在“从”组中，从“开始条件”列表中选择“等距”选项。

②在“等距值深度”文本框中输入 7.50 mm。

③在“方向 1”组中，从“终止条件”列表中选择“完全贯穿”选项。

④在“特征范围”组中，选中“所选实体”单选按钮。

⑤激活“受影响的实体”列表，在 FeatureManager 设计树中选择“组合 1”。

如图 3.68 所示，单击“确定”按钮，结果如图 3.69 所示。

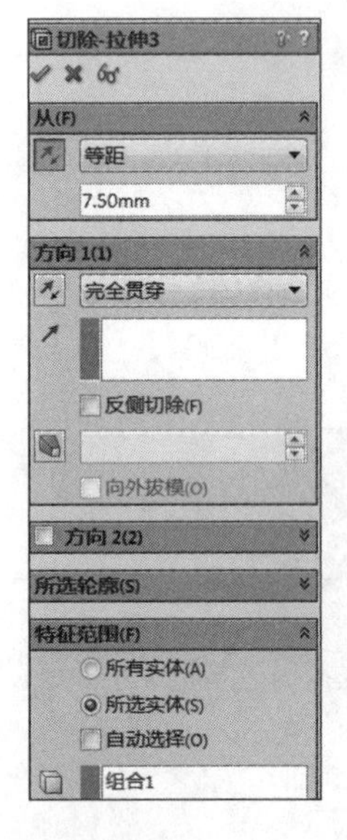

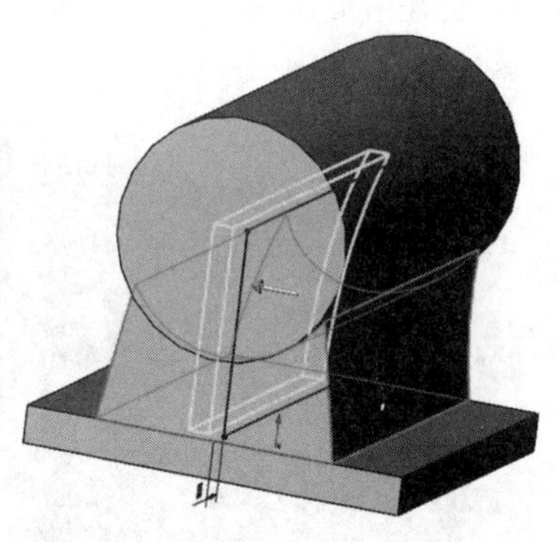

图 3.68　切除

图 3.69　切除后

(8)选择右视基准面作为草图绘制平面，单击“草图绘制”按钮，进入草图绘制环境，将上述步骤(6)中的“草图 7”设置成可见，单击“草图绘制”工具栏中的“转换实体引用”按钮，单击选择“草图 7”的轮廓线，将其完全复制到右视基准面上，如图 3.70 所示。

(9)与上述步骤(7)相同，进行“拉伸切除”实体，结果如图 3.71 所示。

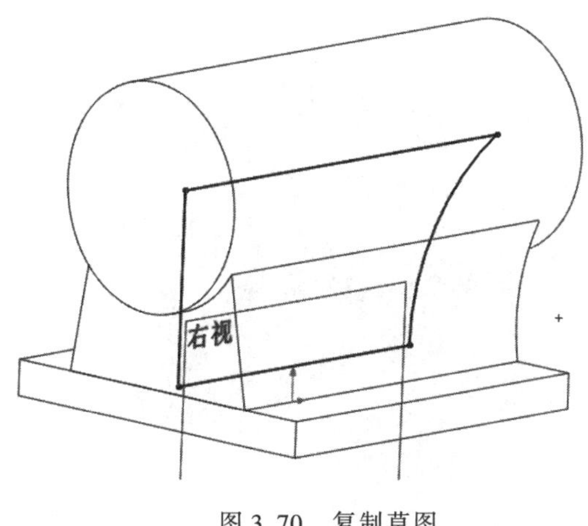

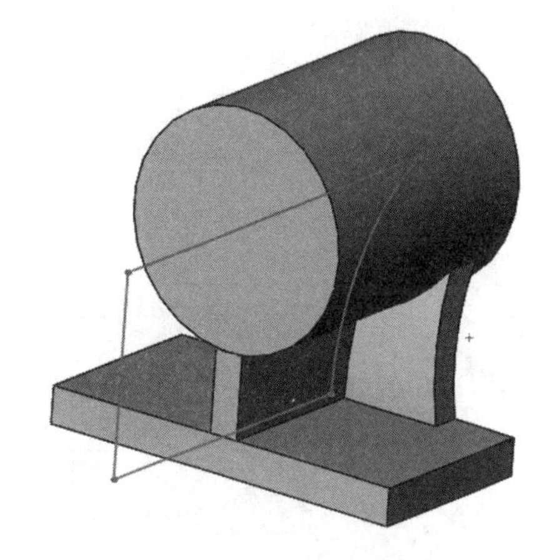

图 3.70 复制草图

图 3.71 切除后实体

(10)选择底板的前端面作为草图绘制平面,单击“草图绘制”按钮,进入草图绘制环境,单击“草图绘制”工具栏中的“直线”按钮,绘制草图轮廓,然后单击“智能尺寸”按钮进行标注,如图 3.72 所示。

(11)单击“特征”工具栏中的“拉伸切除”按钮,出现“切除-拉伸”属性管理器。在“方向 1”组中,从“终止条件”列表中选择“完全贯穿”选项,单击“确定”按钮,结果如图 3.73 所示。

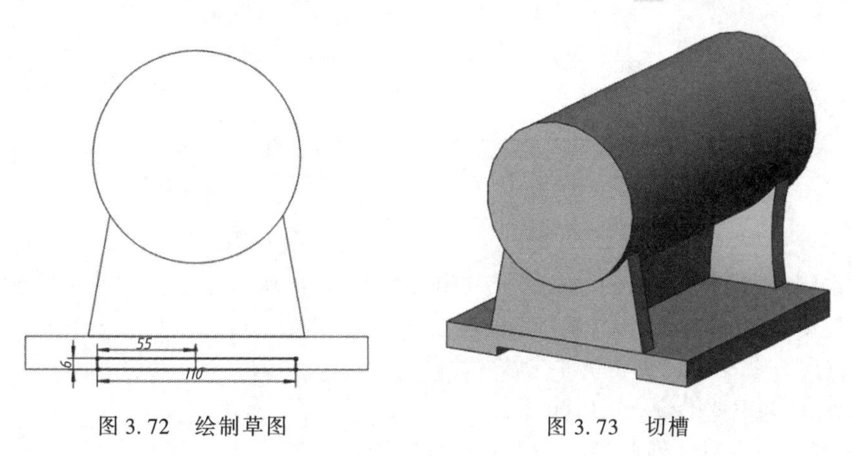

图 3.72 绘制草图

图 3.73 切槽

(12)选择“插入”|“特征”|“组合”命令,出现“组合”属性管理器。

①在“操作类型”组中,选择“添加”单选按钮。

②在“要组合的实体”组中激活“实体”列表,在图形区选择切除-拉伸 3、凸台_拉伸 1 和拉伸_拉伸 2。

如图 3.74 所示,单击“确定”按钮。

3)打轴承孔

(1)选择右视基准面作为草图绘制平面,单击“草图绘制”按钮,进入草图绘制环境,单击“草图绘制”工具栏中的“直线”按钮,绘制草图轮廓,然后单击“智能尺寸”按钮进行标注,如图 3.75 所示。

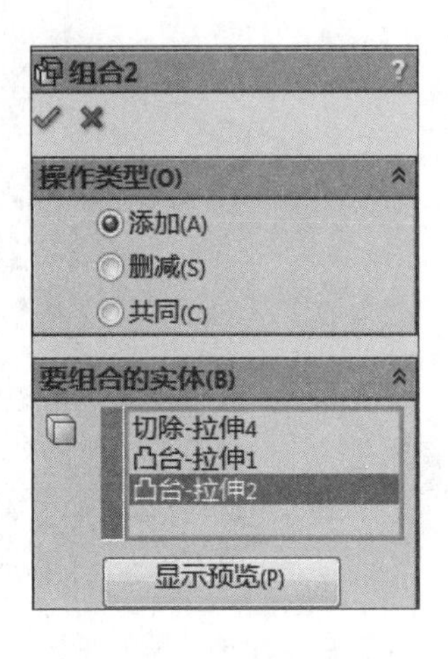

图 3.74　组合

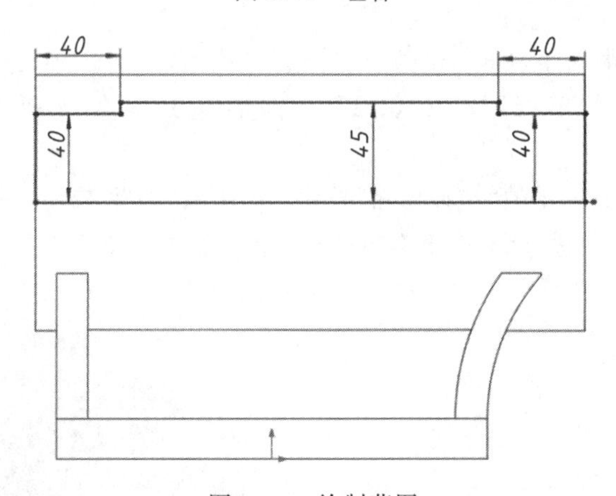

图 3.75　绘制草图

(2)单击“特征”工具栏中的“旋转凸台/基体”按钮，出现“切除-旋转”属性管理器。

①在“旋转轴”组中激活“旋转轴”列表,在图形区选择“直线 11”。

②在“方向 1”组中,从“终止条件”列表中选择“给定深度”选项。

③在“角度”文本框中输入 360.00 度。

如图 3.76 所示,单击“确定”按钮，完成操作。

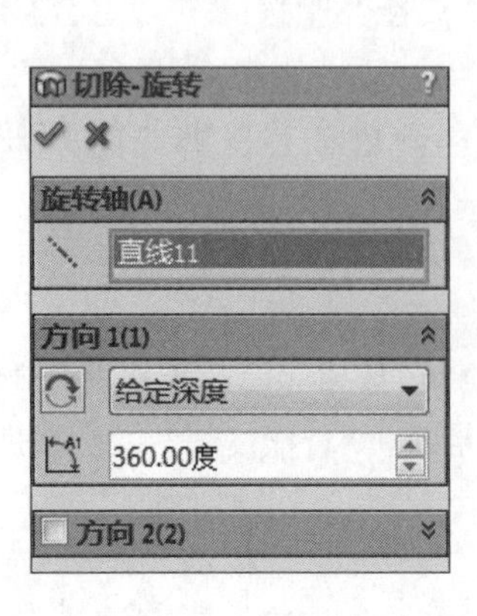

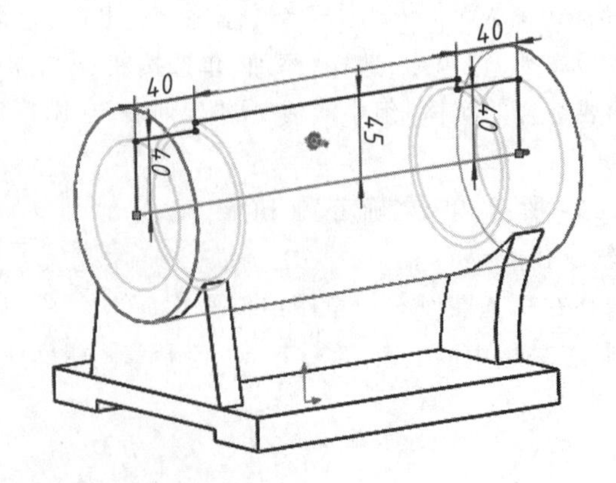

图 3.76　切轴承孔

4)打安装孔

(1)选择圆筒的端面作为孔的放置面,单击“特征”工具栏中的“异形孔向导”按钮,出现“异形孔向导”属性管理器,选择“类型”选项卡。

①在“孔类型”组中,单击“直螺纹孔”按钮。

②在“标准”列表中选择“GB”选项。

③在“类型”列表中选择“底部螺纹孔”选项。

④在“孔规格”组的“大小”列表中选择“M8”选项。

⑤打开“位置”选项卡,在端面设定孔的圆心位置。

如图 3.77 所示,单击“确定”按钮。

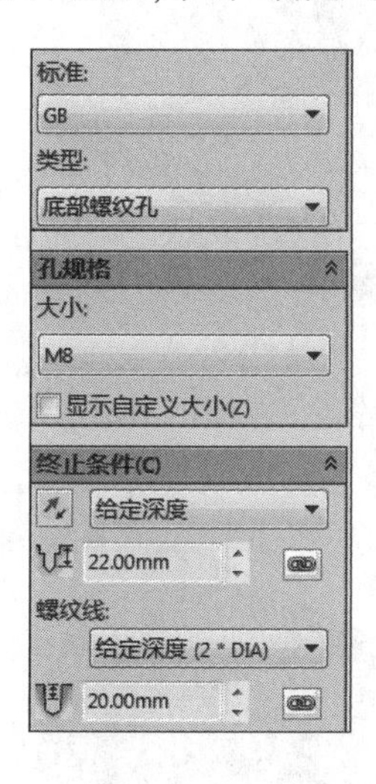

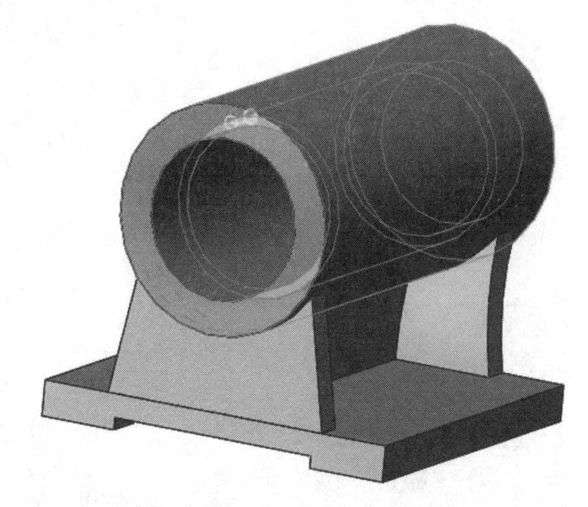

图 3.77　切安装孔

⑥在 FeatureManager 设计树中展开刚建立的孔特征,选中“草图 11”,单击快捷工具栏中的“编辑草图”按钮,进入“草图”环境,设定孔的圆心位置,如图 3.78 所示,单击“结束草图”按钮,退出“草图”环境。

(2)单击“特征”工具栏中的“圆周阵列”按钮,出现“圆周阵列”属性管理器。

①在“参数”组中激活“阵列轴”列表,在图形区选择外圆面。

②在“实例”文本框中输入 6。

③选中“等间距”复选框。

④在“要阵列的特征”组中激活“要阵列的特征”列表,在 FeatureManager 设计树中选择“M8 螺纹孔 1”,如图 3.79 所示,单击“确定”按钮。

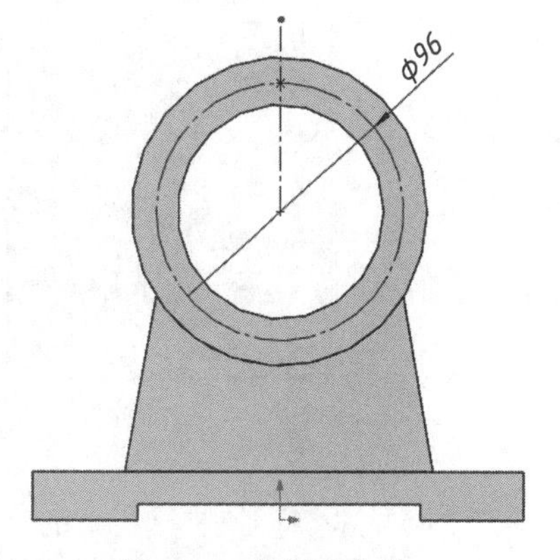

图 3.78　编辑孔位置

(3)单击“参考几何体”工具栏中的“基准面”按钮,出现“基准面”属性管理器。

①在“第一参考”组中激活“第一参考”,在图形区选择圆筒的一个端面。

②在“第二参考”组中激活“第二参考”,在图形区选择圆筒的另一个端面。

如图 3.80 所示,单击“确定”按钮,建立基准面 2。

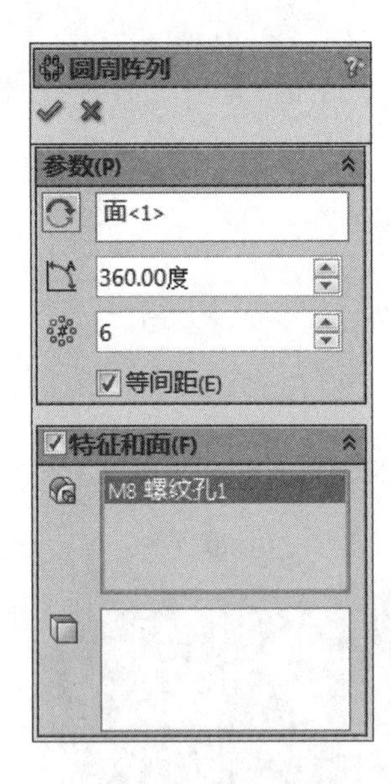

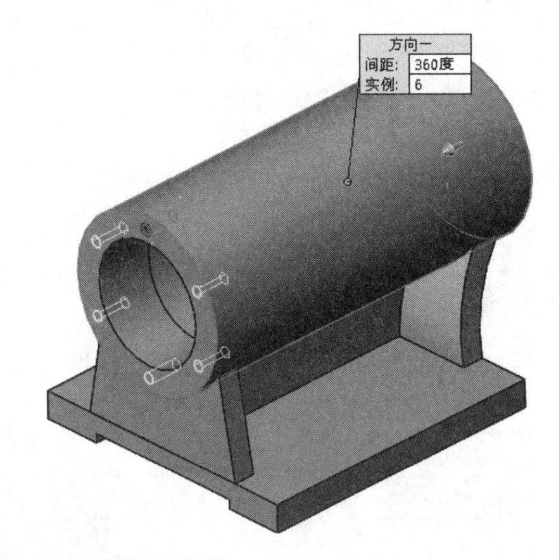

图 3.79　螺纹孔阵列

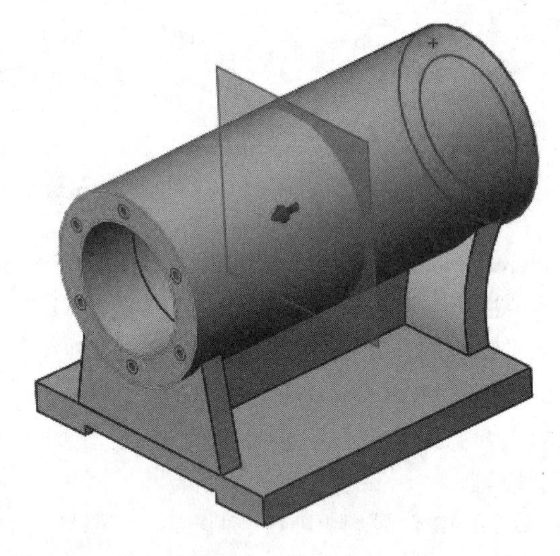

图 3.80　建立基准面

(4)单击"特征"工具栏中的"镜向"按钮 ,出现"镜向"属性管理器。

①在"镜向面/基准面"组中激活"镜向面"列表,在 FeatureManager 设计树中选择"基准面 2"。

②在"要镜向的特征"组中激活"要镜向的特征"列表,在 FeatureManager 设计树中选择"阵列(圆周 1)",如图 3.81 所示,单击"确定"按钮 。

5)打底脚孔

(1)选择底板的上表面作为放置面,单击"特征"工具栏中的"异形孔向导"按钮 ,出现"异形孔向导"属性管理器,选择"类型"选项卡。

①在"孔类型"组中,单击"柱形沉头孔"按钮。

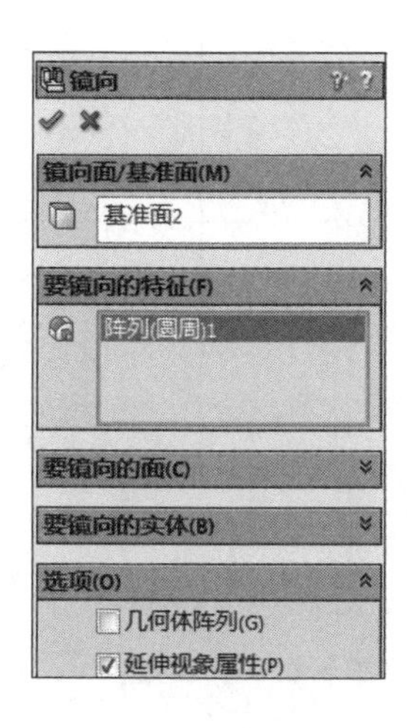

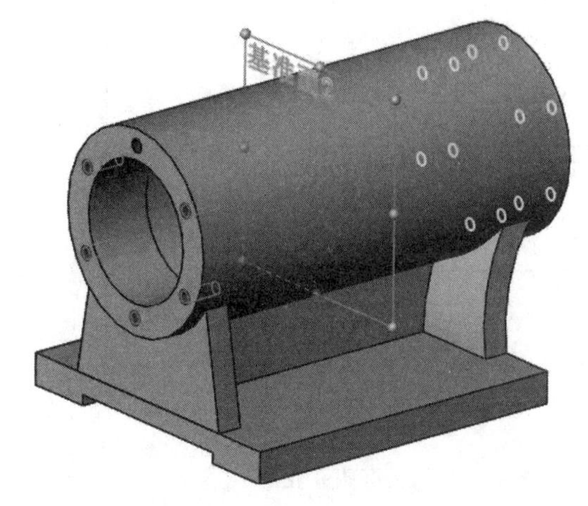

图 3.81 镜像螺纹孔

②在“标准”列表中选择“GB”选项。

③在“类型”列表中选择“六角头螺栓 C 级 GB/T 5780”选项。

④在“孔规格”组的“大小”列表中选择“M10”选项。

⑤在“配合”列表中选择“正常”选项。

⑥在“终止条件”组中,从“终止条件”列表中选择“完全贯穿”选项。

⑦选择“位置”选项卡,在支座底面设定孔的圆心位置,如图 3.82 所示。

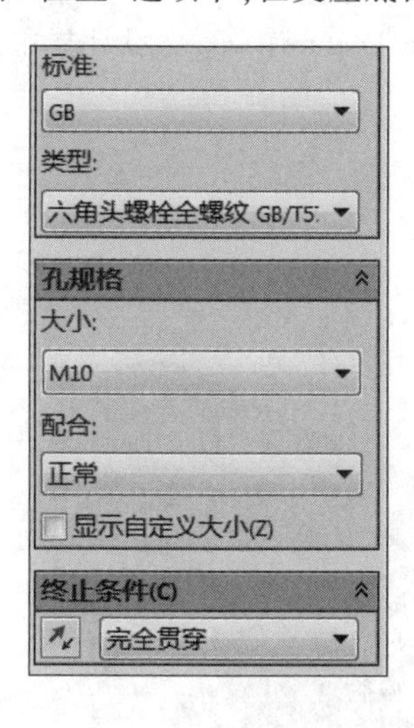

图 3.82 切沉头孔

⑧在 FeatureManager 设计树中展开刚建立的孔特征,选中“草图 13”,单击快捷工具栏中的“编辑草图”按钮,进入“草图”环境,编辑草图轮廓,如图 3.83 所示,单击“结束草图”按钮,退出“草图”环境。

⑨在 FeatureManager 设计树中展开刚建立的孔特征,选中“草图 13”,单击快捷工具栏中的“编辑草图”按钮,进入“草图”环境,设定孔的圆心位置,如图 3.84 所示,单击“结束草图”按钮,退出“草图”环境。

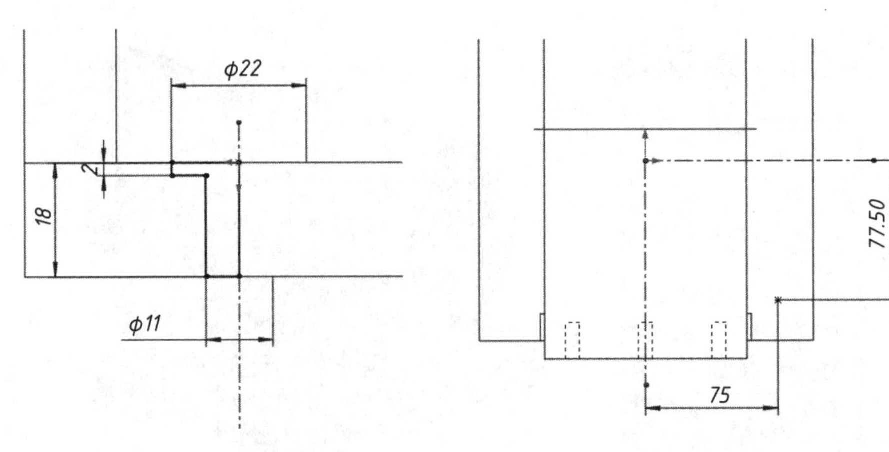

图 3.83　编辑沉头孔轮廓　　　　图 3.84　编辑沉头孔位置

(3)单击“特征”工具栏中的“线性阵列”按钮 ,出现“线性阵列”属性管理器。

①在“方向 1”组中激活“阵列方向〈边线 1〉”列表,在图形区选择水平边线为方向 1。

②在“间距”文本框中输入 155. 00 mm。

③在“实例”文本框中输入 2。

④在“方向 2”组中激活“阵列方向〈边线 2〉”列表,在图形区选择竖直边线为方向 1。

⑤在“间距”文本框中输入 150. 00 mm。

⑥在“实例”文本框中输入 2。

⑦在“要阵列的特征”组中激活“要阵列的特征”列表,在 FeatureManager 设计树中选择“打孔尺寸(% 根据六角头螺栓)全螺纹的类型 1”。

如图 3. 85 所示,单击“确定”按钮 。

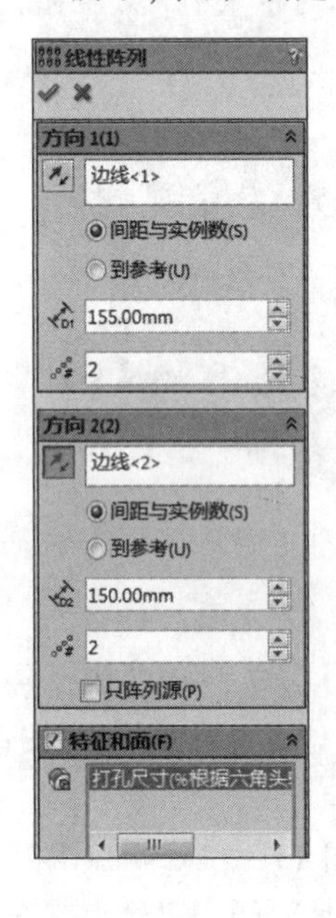

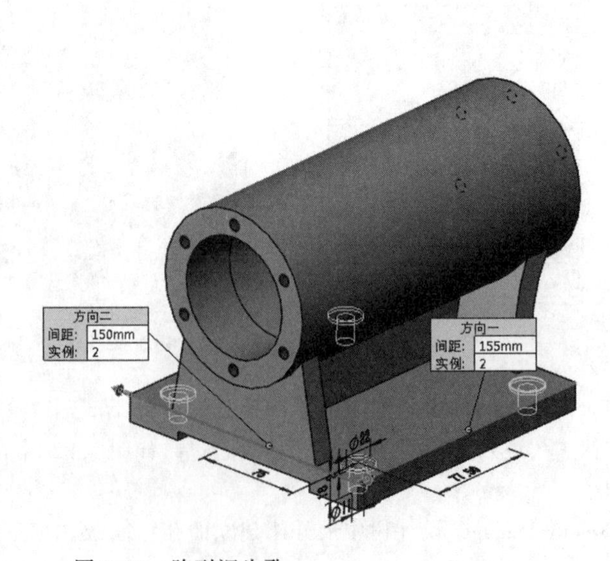

图 3. 85　阵列沉头孔

6)倒圆角

单击“特征”工具栏中的“圆角”按钮 ,出现“圆角”属性管理器。

①在“圆角类型”组中,选中“恒定大小圆角”单选按钮 。
②在“圆角参数”组的“半径”文本框中输入 20.0 mm。
③激活“圆角项目”列表,在图形区选择需倒圆角的边线。
如图 3.86 所示,单击“确定”按钮 ,生成圆角。

图 3.86 倒圆角

7)存盘
选择“文件”|“保存”命令,保存“座体.sldprt”文件。

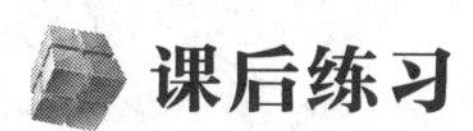

课后练习

1. 用基本特征相关命令建立图 3.87 所示三维模型。

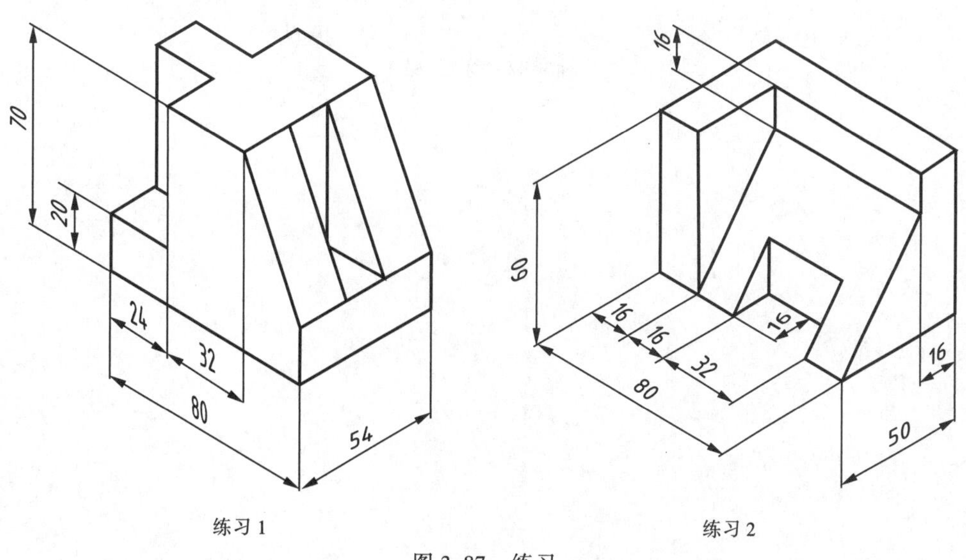

图 3.87 练习

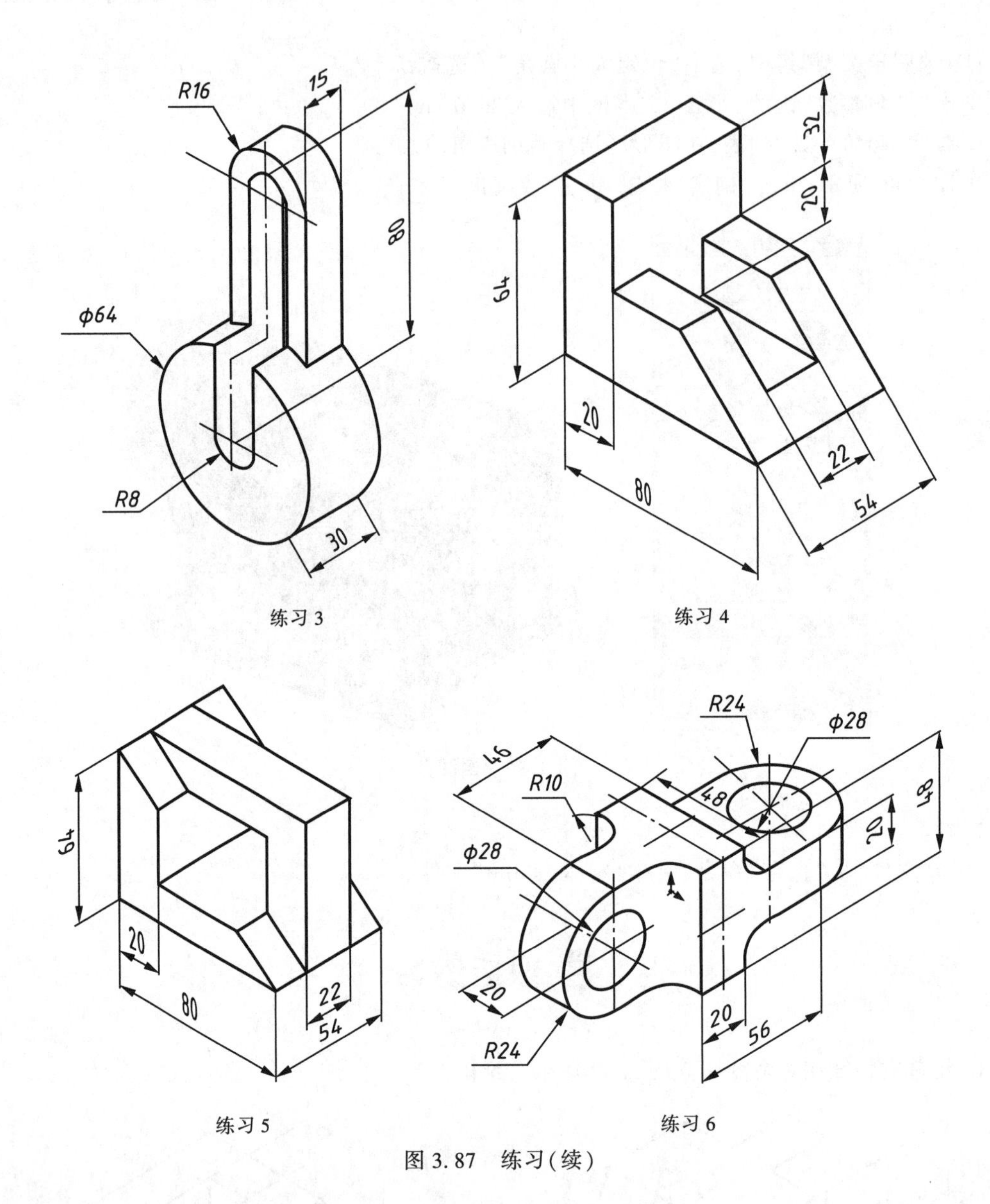

练习 3

练习 4

练习 5

练习 6

图 3.87　练习(续)

视频

支脚

2. 用基本特征相关命令建立图 3.88 所示支脚零件的三维模型。

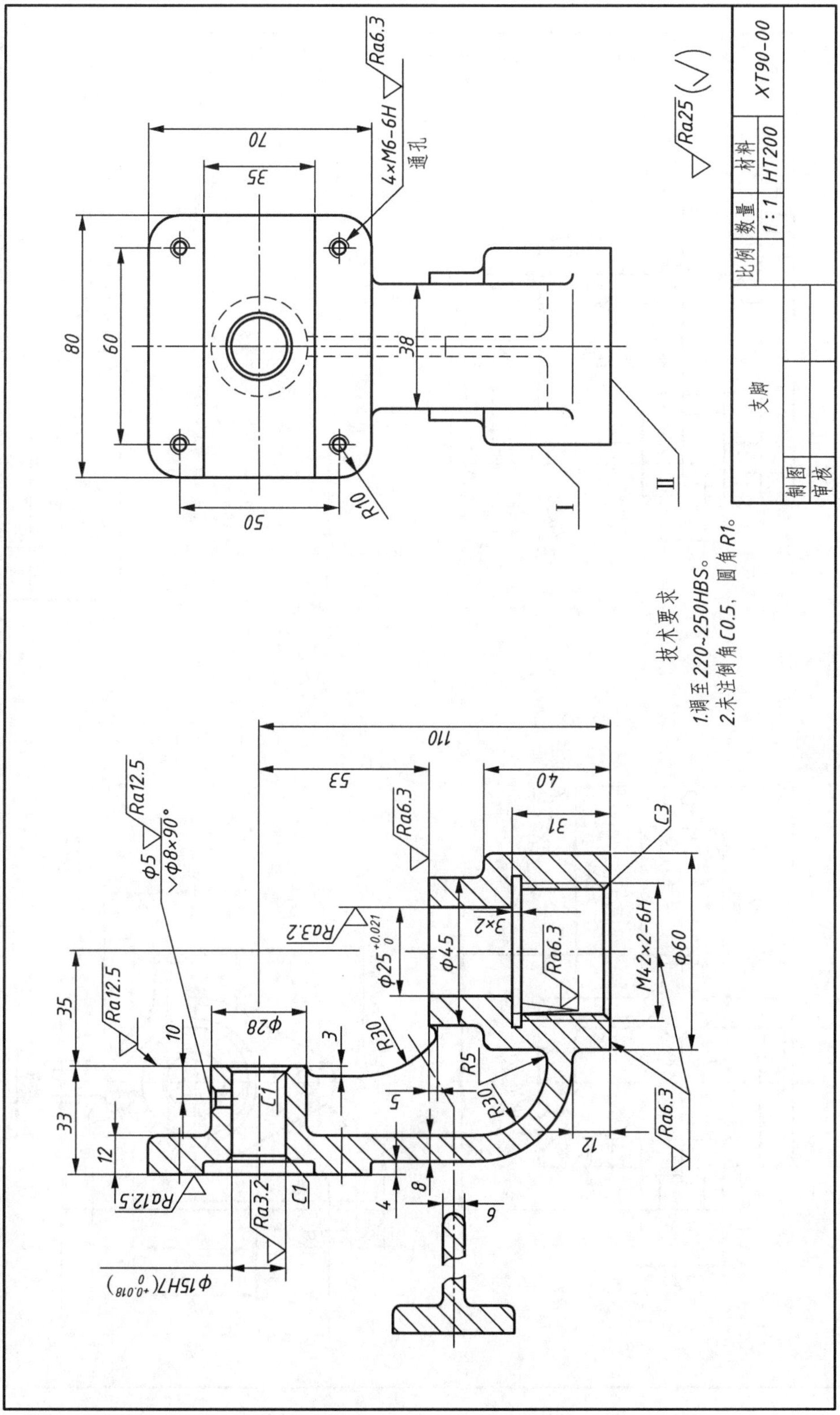

技术要求

1.调至220~250HBS。

2.未注倒角C0.5，圆角R1。

支脚	比例	数量	材料	XT90-00
	1:1		HT200	
制图				
审核				

图 3.88　支脚

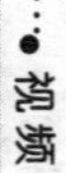

3. 用基本特征相关命令建立图 3. 89 所示阀体零件的三维模型。

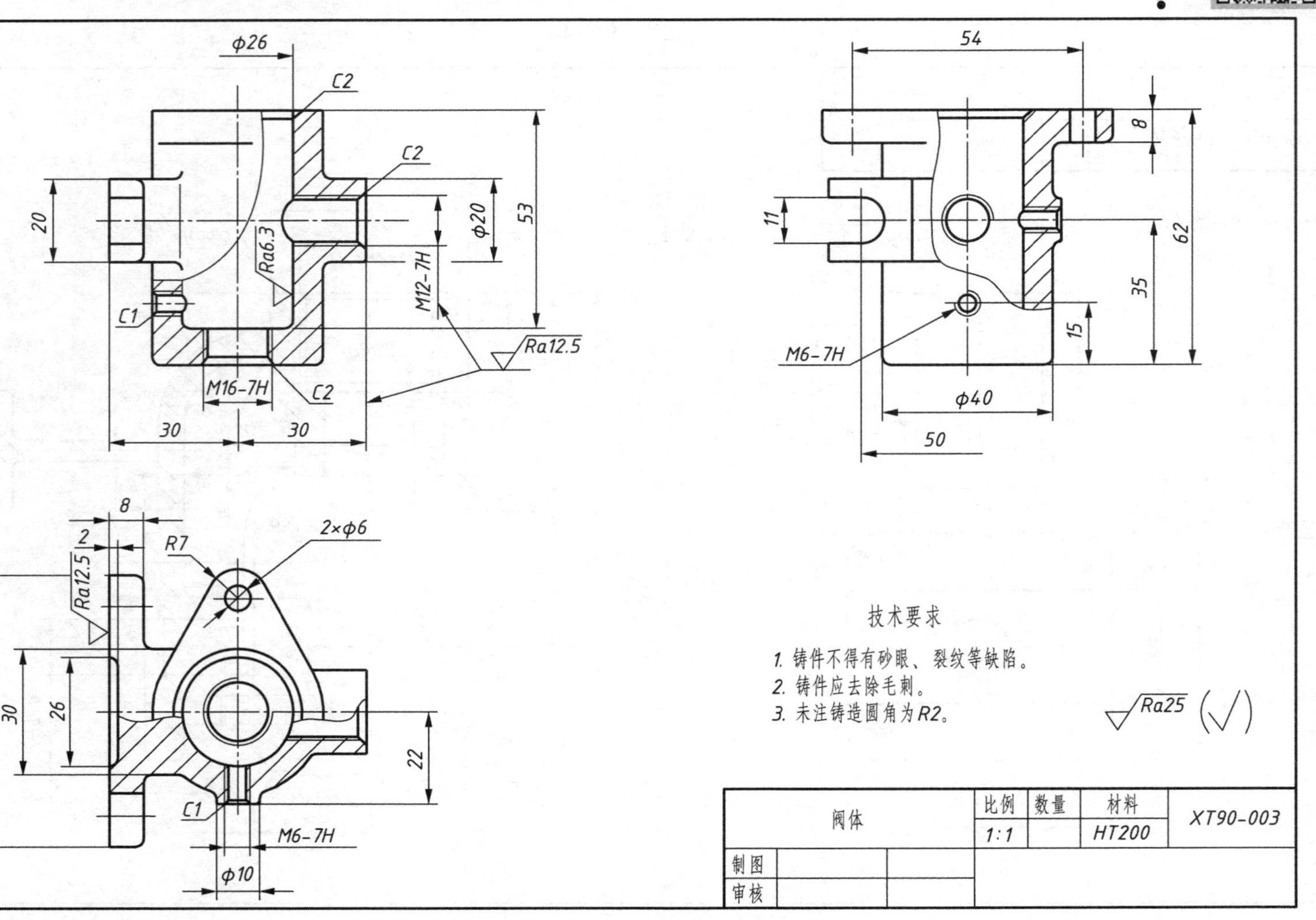

图 3. 89　阀体

4. 用基本特征相关命令建立图 3.90 所示支座零件的三维模型。

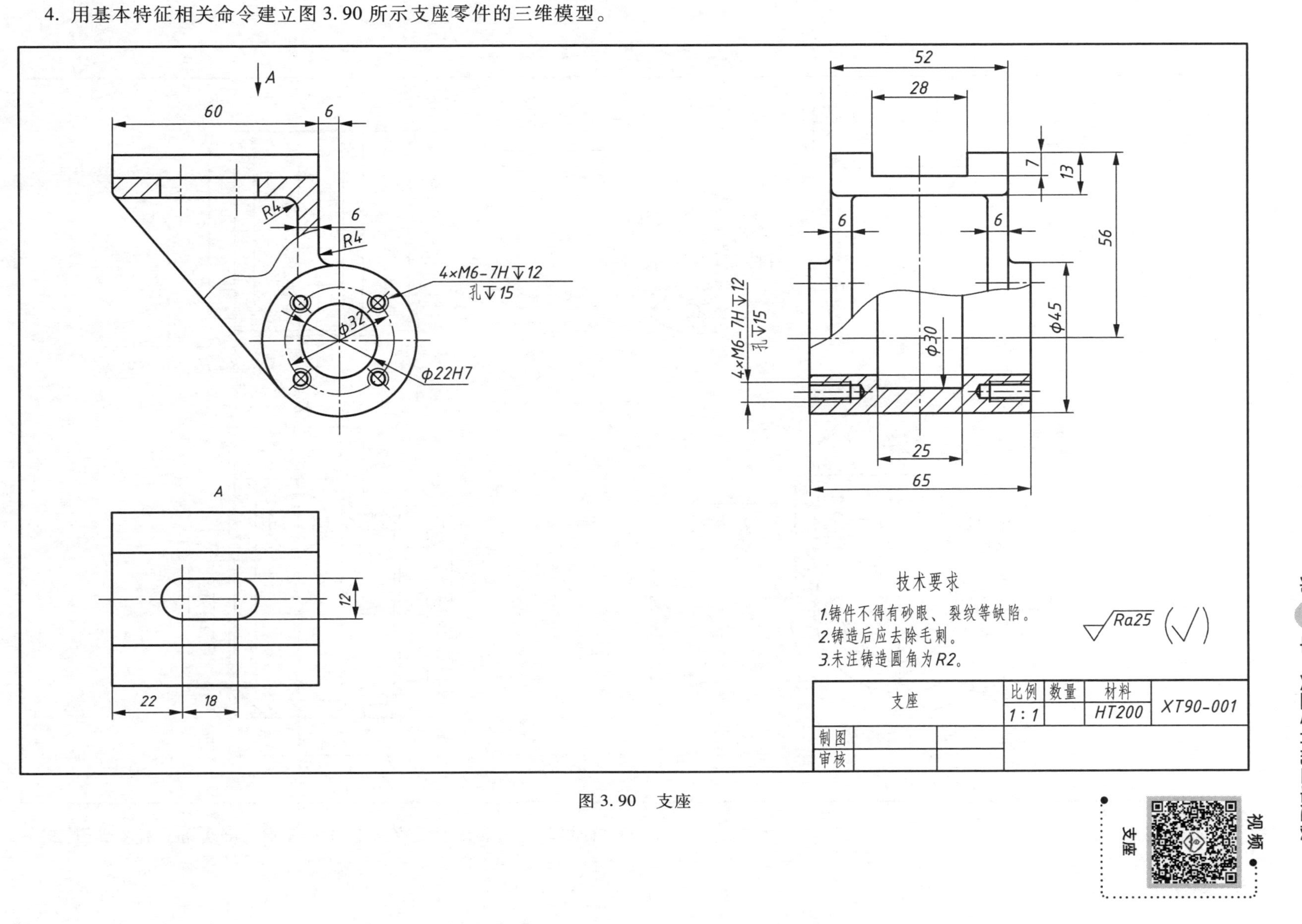

图 3.90 支座

视 频

箱体

5. 用基本特征相关命令建立图 3.91 所示箱体零件的三维模型。

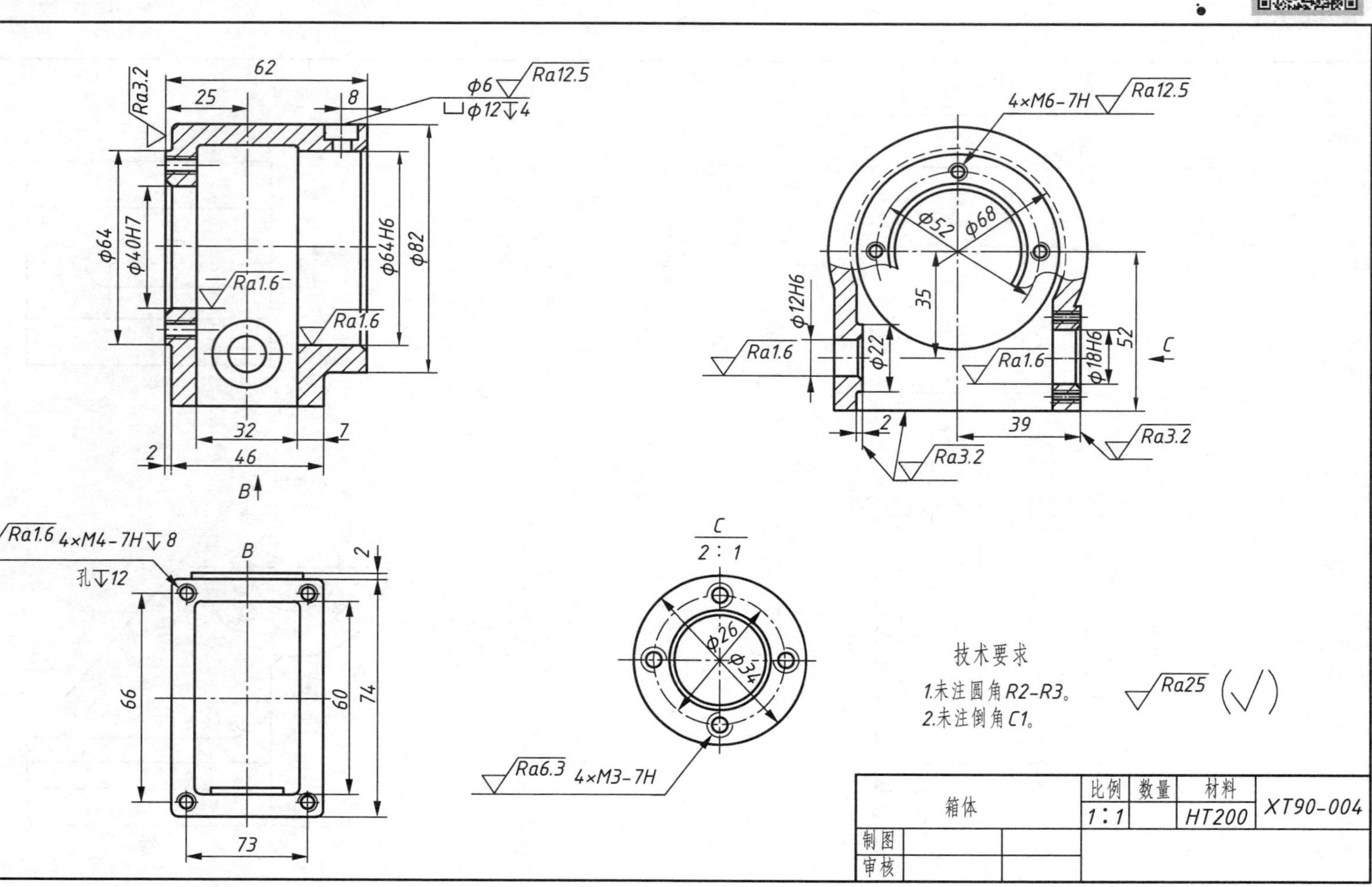

图 3.91 箱体

第4章 安全阀各零件的三维建模

安全阀是一种安装在输油(液体)管路中的安全装置。工作时,阀门靠弹簧的预紧力处于关闭状态,油(液体)从阀体的左端孔流入,经下端孔流出。当油压超过额定压力时,阀门被顶开,过量油(液体)就从阀体和阀门开启后的缝隙经阀体右端孔管道流回油箱,从而使管路中的油压保持在额定范围内,起到安全保护的作用。

调整螺杆可调整弹簧预紧力。为防止螺杆松动,其上端用螺母锁紧。

视频

创建垫片、阀帽、阀门、托盘

4.1 创建垫片

(1)创建工作文件夹——安全阀。

垫片如图4.1所示,从该零件的制作过程能够学到草图绘制的方法和拉伸基本特征的使用方法等。

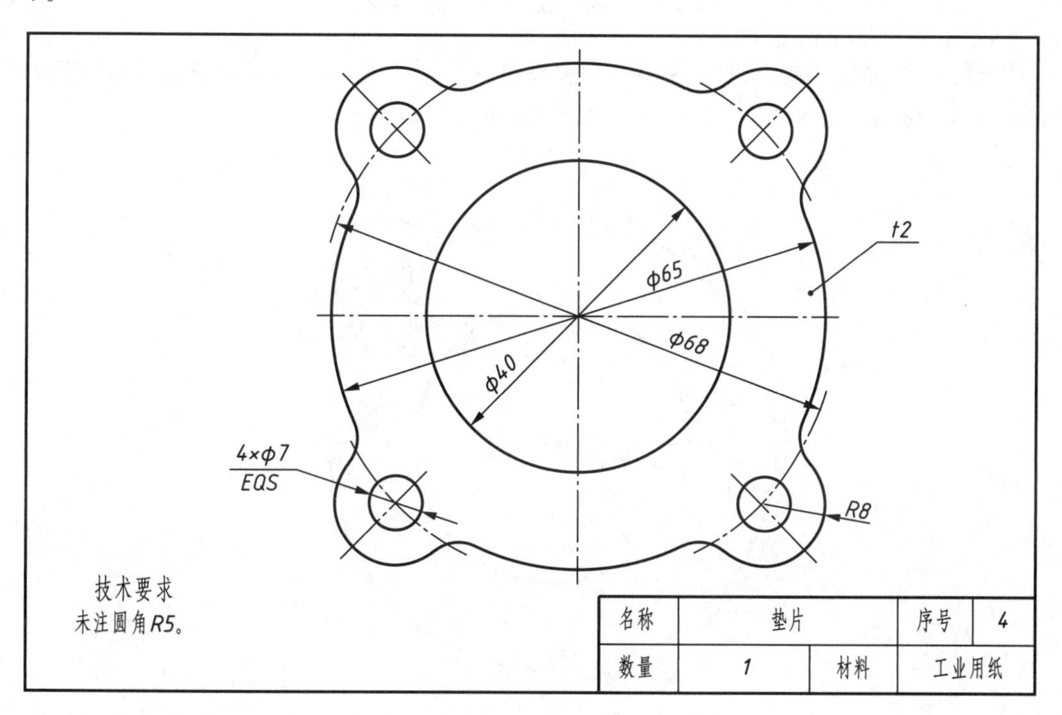

图4.1　垫片

(2)运行 SolidWorks,单击工具栏中的“新建文件”按钮或选择“文件”|“新建”命令,弹出“新建

SolidWorks 文件”对话框,单击“零件”按钮,然后单击“确定”按钮,打开 SolidWorks 工作界面。

(3)选择前视基准面作为草绘平面,单击工具栏中的“草图”按钮,再单击“草图”工具栏的“草图绘制”按钮 进入草图绘制状态,单击“正视于”按钮 ,如图 4.2 所示。

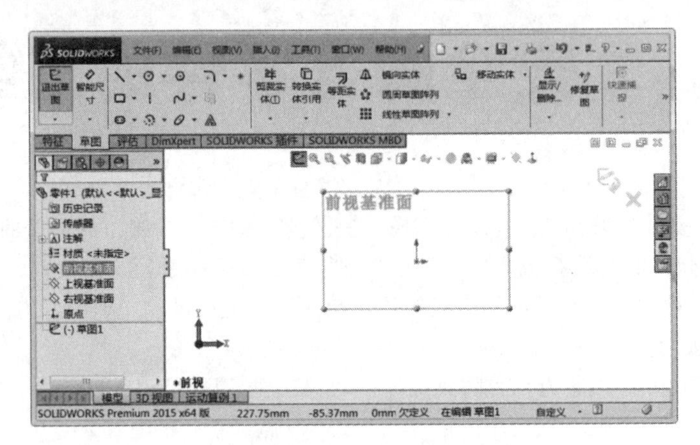

图 4.2 “草图绘制”界面

(4)绘制垫片的草图,草图绘制工具栏如图 4.3 所示。

图 4.3 SolidWorks 草图绘制工具栏

①分别单击“草图绘制”工具栏中的“直线”按钮 、“圆”按钮 、“剪裁实体”(剪裁到最近端)按钮 和“智能尺寸”按钮 ,绘制草图,如图 4.4 所示。

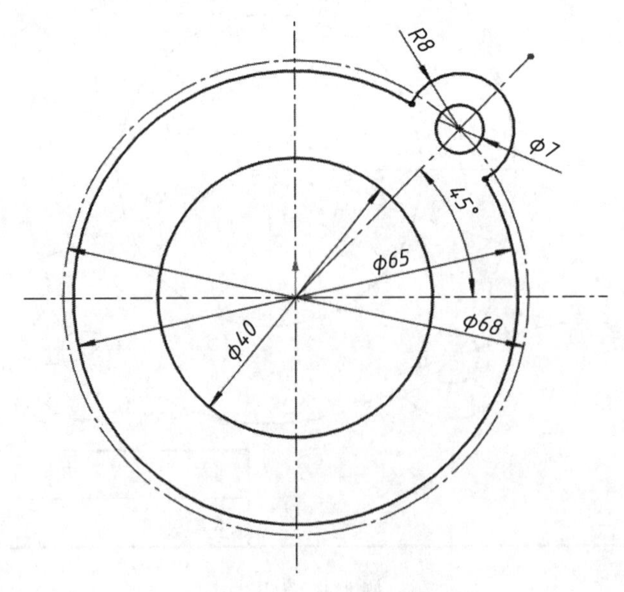

图 4.4 垫片草图绘制

②单击“草图绘制”工具栏中的“圆周阵列”按钮，出现“圆周阵列”属性管理器。

- 激活“阵列中心”列表，选择“圆心”作为阵列中心。
- 在“间距”文本框中输入 360 度，选中“等间距”复选框。
- 在“实例数”文本框中输入“4”，选中“显示实例记数”复选框。
- 激活“要阵列的实体”列表，选择“圆弧 4”和“圆弧 5”及其中心线。

属性对话框设置如图 4. 5 所示，草图预览如图 4. 6 所示。

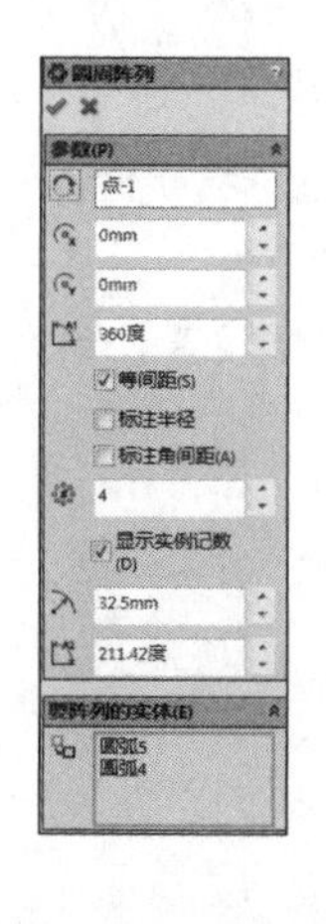

图 4. 5　圆周阵列

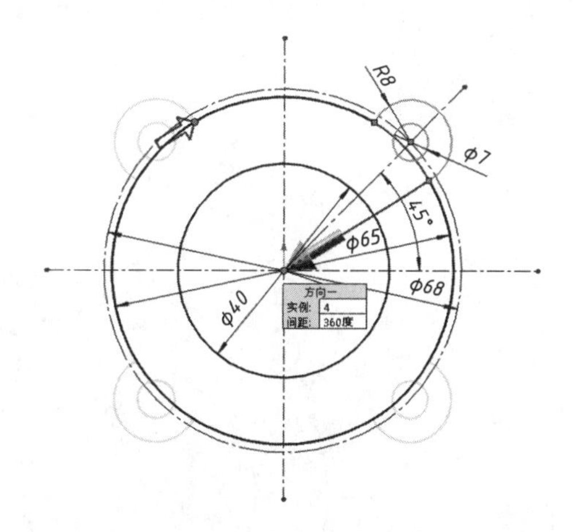

图 4. 6　圆周阵列草图预览

单击“圆周阵列”属性管理器中的“确定”按钮，绘图区草图如图 4. 7 所示，单击“剪裁实体”按钮，使用“剪裁到最近端”选项将草图修剪成图 4. 8 所示效果。

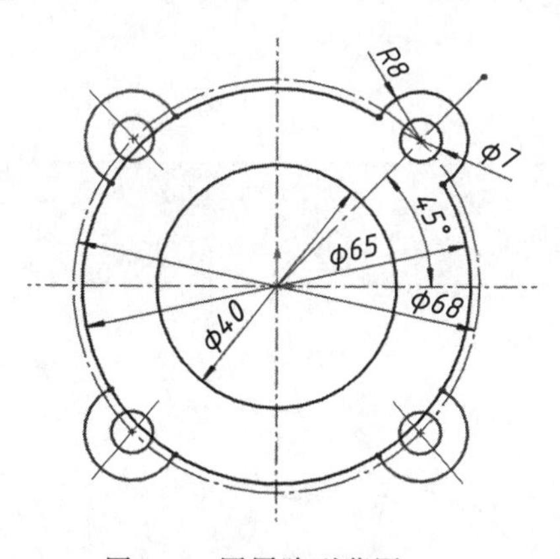

图 4. 7　圆周阵列草图

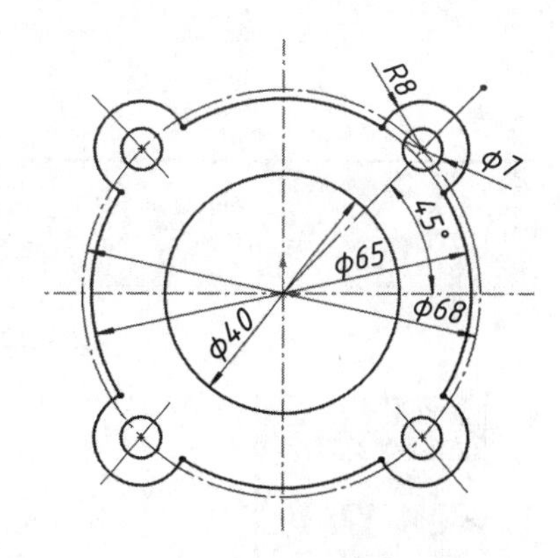

图 4. 8　剪裁后的草图

③单击“绘制圆角”按钮，出现图 4. 9 所示的“绘制圆角”属性管理器，设置圆角半径为 5 mm，连续选择所要生成圆角的圆弧，如图 4. 10 所示。

单击“确定”按钮，绘图区草图如图 4. 11 所示。

④单击“特征”工具栏，如图 4. 12 所示。

单击“拉伸凸台/基体”按钮，出现图 4. 13 所示的“凸台-拉伸”属性管理器，选择画好的草图轮廓，设置拉伸深度是 2 mm，预览效果如图 4. 14 所示。

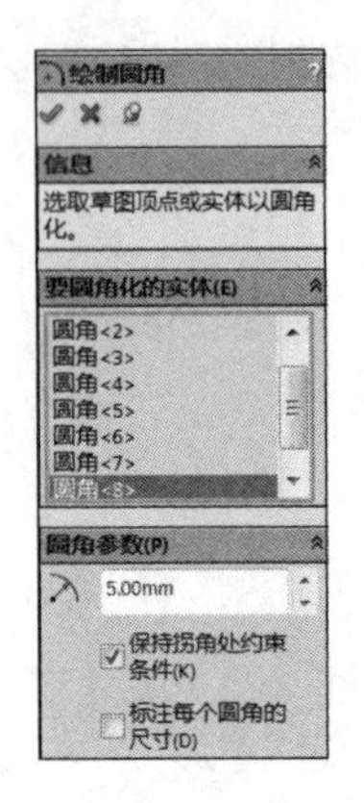

图 4.9 绘制圆角

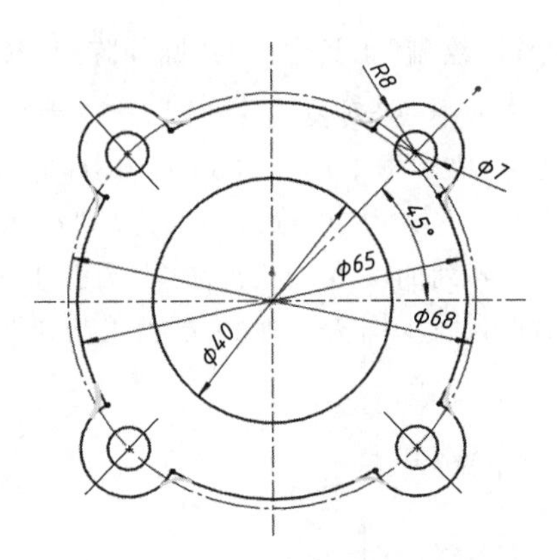

图 4.10 绘制圆角草图预览

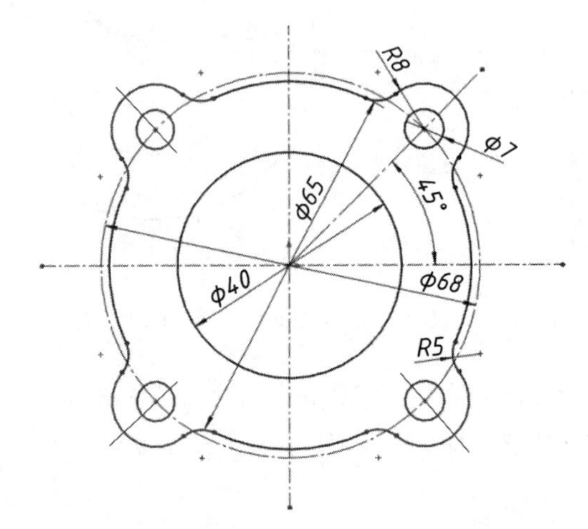

图 4.11 垫片草图

图 4.12 "特征"工具栏

图 4.13 凸台-拉伸

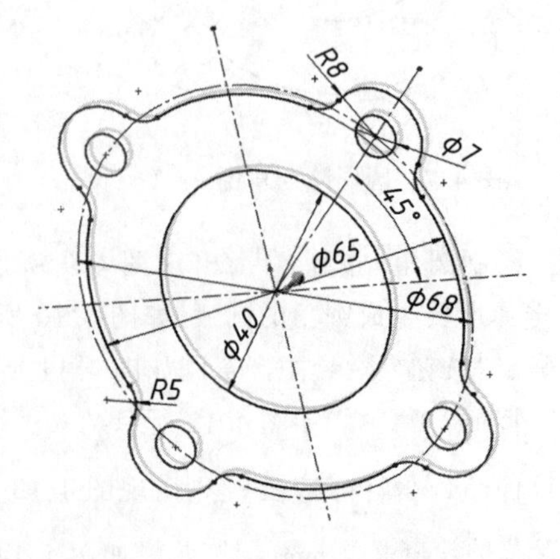

图 4.14 凸台-拉伸预览

单击“确定”按钮 ,出现垫片的三维造型,如图 4.15 所示。

(5)将文件命名为“垫片”保存到开始制作的“安全阀”文件夹中,如图 4.16 所示,单击“保存”按钮保存文件。

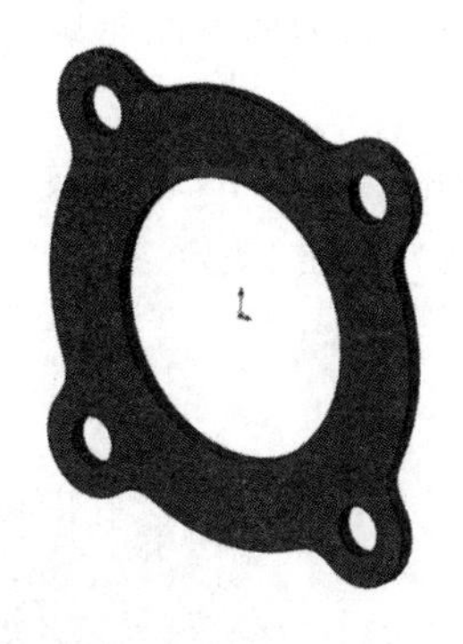

图 4.15 垫片三维造型

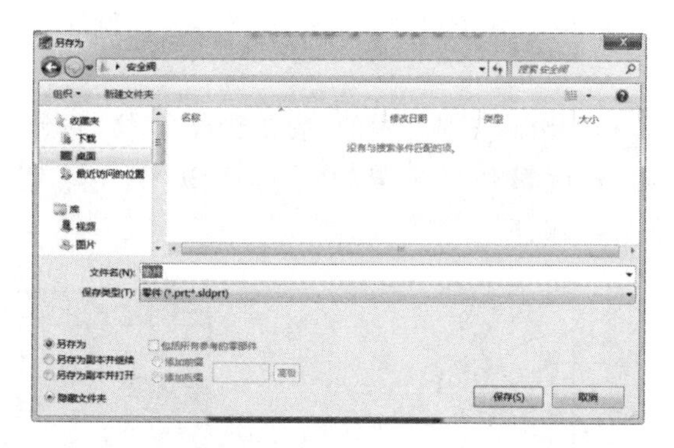

图 4.16 保存垫片文件

4.2 创建阀帽

阀帽如图 4.17 所示,从该零件的制作过程能够学到旋转等基础特征的创建方法以及孔和倒圆角等专用特征的创建方法等。

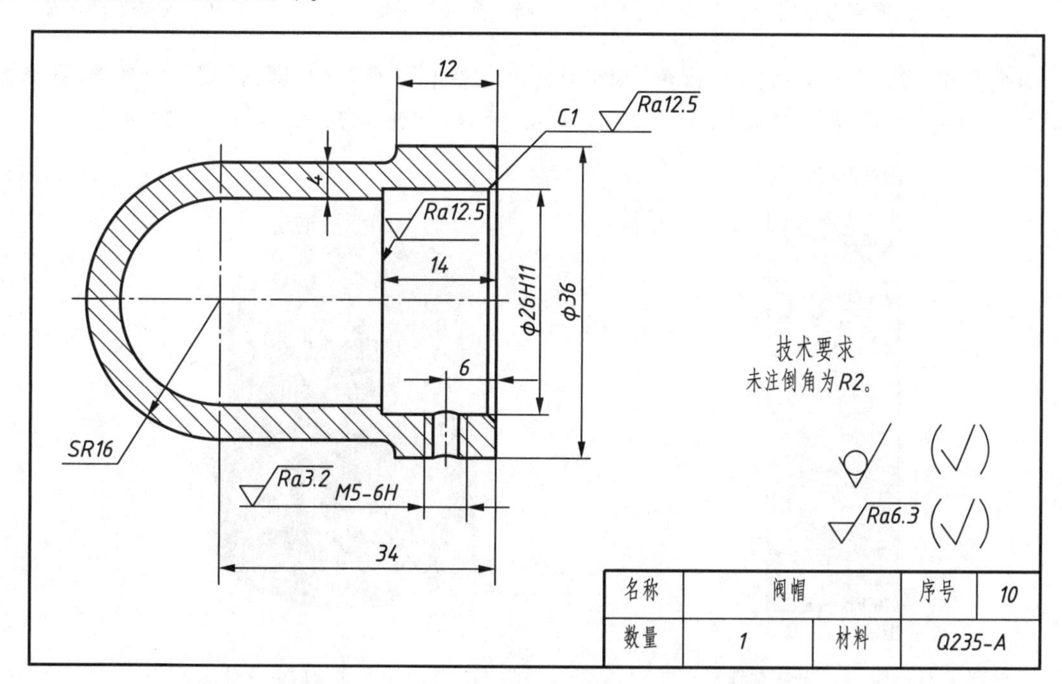

图 4.17 阀帽

(1)运行 SolidWorks,单击工具栏中的“新建文件”按钮或选择“文件”|“新建”命令,弹出“新建 SolidWorks 文件”对话框,单击“零件”按钮,然后单击“确定”按钮,打开 SolidWorks 工作界面。

(2)选择前视基准面作为草绘平面,单击工具栏中的"草图"按钮,然后单击"草图绘制"按钮进入草图绘制状态。

(3)分别单击"草图绘制"工具栏中的"直线"按钮、"圆"按钮、"剪裁实体"(剪裁到最近端)按钮、"智能尺寸"按钮和"绘制圆角"按钮绘制封闭的草图轮廓,如图4.18所示。

(4)单击"特征"工具栏中的"旋转凸台/基体"按钮,出现图4.19所示的"旋转"属性管理器,选择对称中心线作为"旋转轴",方向默认"给定深度"和"360度",单击"确定"按钮,旋转后的实体如图4.20所示。

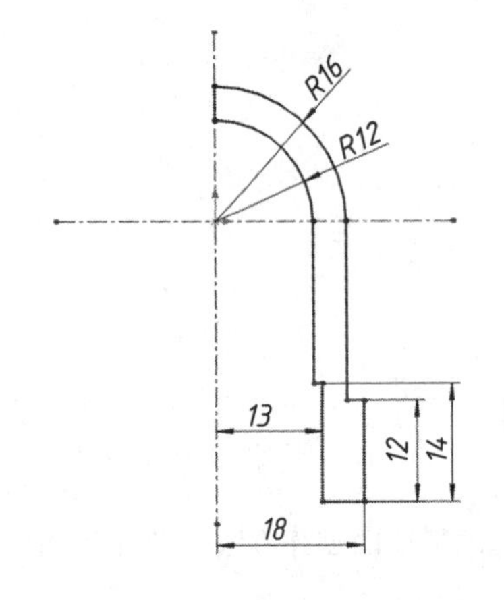

图4.18　阀帽部分草图

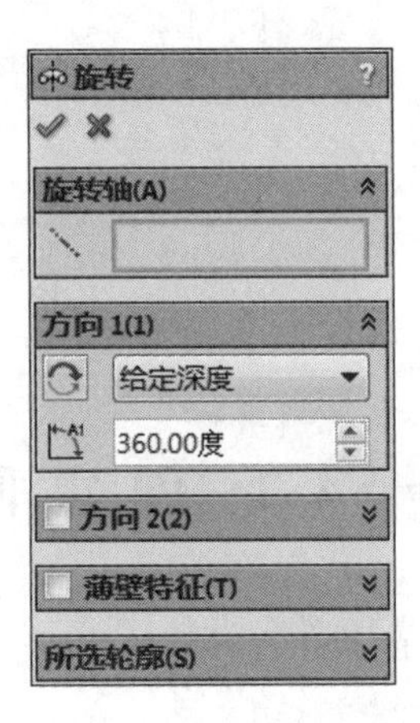

图4.19　"旋转"属性管理器

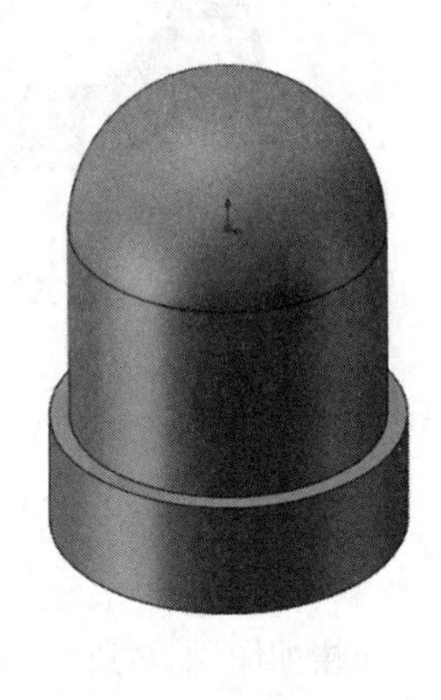
图4.20　旋转后的实体

(5)单击"特征"工具栏中的"圆角"按钮,出现图4.21所示的"圆角"属性管理器,选择要倒圆角的边线,设置"圆角参数"半径为2 mm,单击"确定"按钮后,实体如图4.22所示。

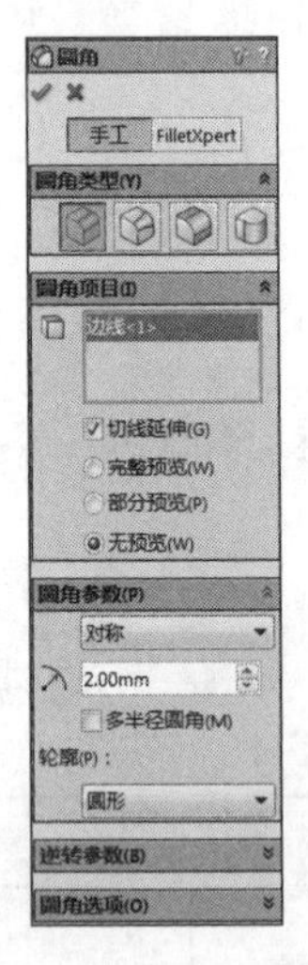

图4.21　"圆角"属性管理器

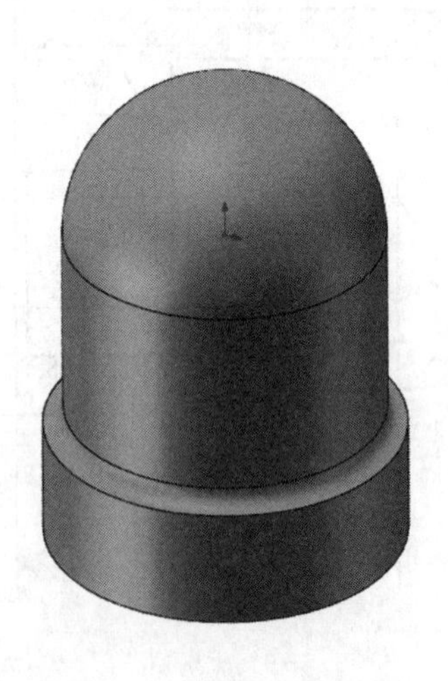
图4.22　倒圆角后的实体

(6)选择"插入"|"参考几何体"|"基准面"命令,出现图4.23所示的"基准面"属性管理器,创建距离"前视基准面"18 mm的基准面,如图4.24所示,再单击"确定"按钮,创建的基准面如图4.25所示。

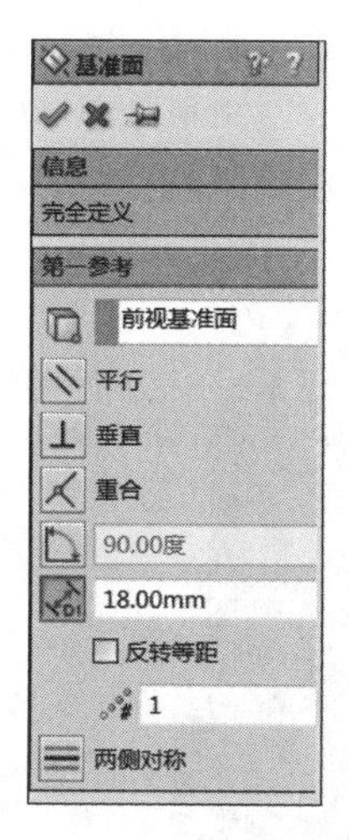

图 4.23　“基准面”属性管理器

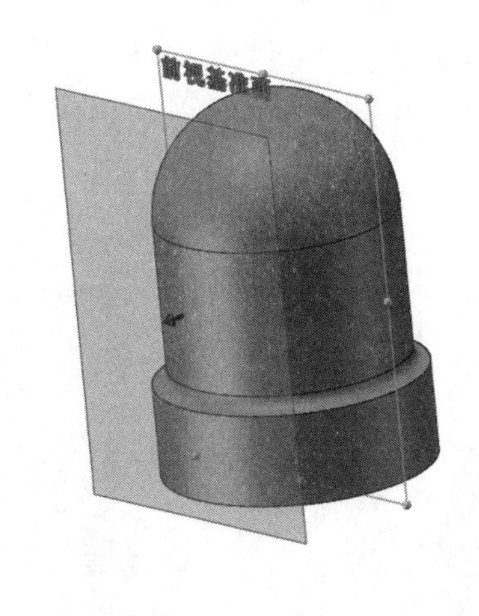

图 4.24　创建基准面

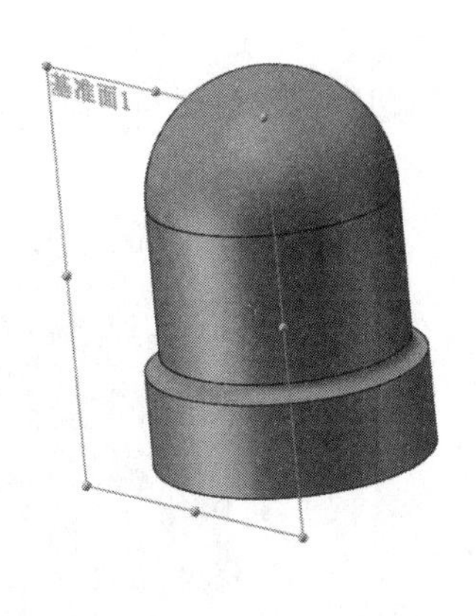

图 4.25　创建基准面 1

(7)选择“基准面 1”作为孔的放置面,单击“特征”工具栏中的“异形孔向导”按钮,显示图 4.26 所示的“孔规格”属性管理器,选择“类型”选项卡。

①在“孔类型”组中,单击“直螺纹孔”按钮。

②在“标准”列表中选择“GB”选项。

③在“类型”列表中选择“底部螺纹孔”选项。

④在“孔规格”组的“大小”列表中选择“M5”选项。

⑤在“配合”列表中选择“正常”选项。

⑥在“终止条件”组中,从“终止条件”列表中选择“给定深度”选项。

⑦选择“位置”选项卡,在支座底面设定孔的圆心位置。

如图 4.26 所示,单击“确定”按钮,结果如图 4.27 所示。

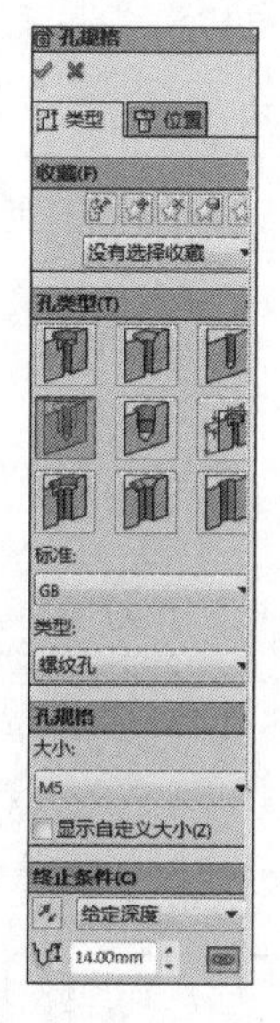

图 4.26　“孔规格”属性管理器

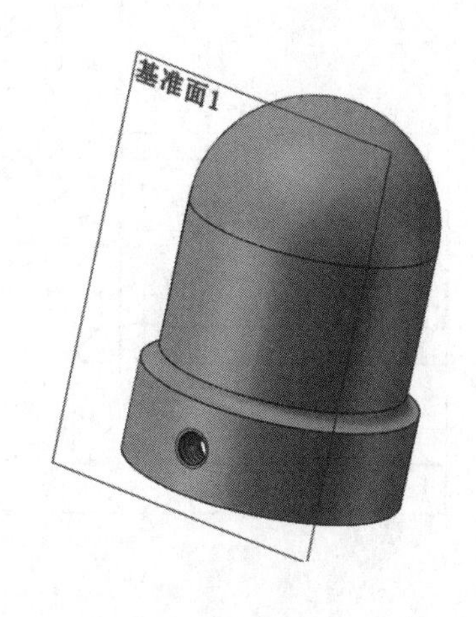

图 4.27　孔的初始位置

⑧在 FeatureManager 设计树中展开刚建立的孔特征，选中“草图 2”，单击快捷工具栏中的“编辑草图”按钮，进入“草图”环境，设定孔的圆心位置，如图 4.28 所示，单击“结束草图”按钮，退出“草图”环境，隐藏基准面 1，结果如图 4.29 所示。

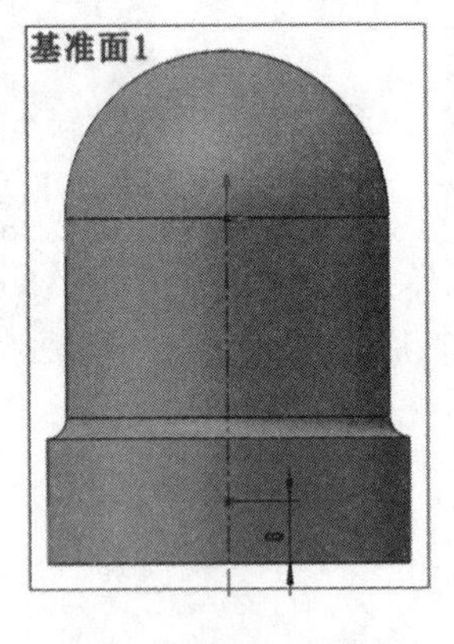

图 4.28　编辑孔的位置

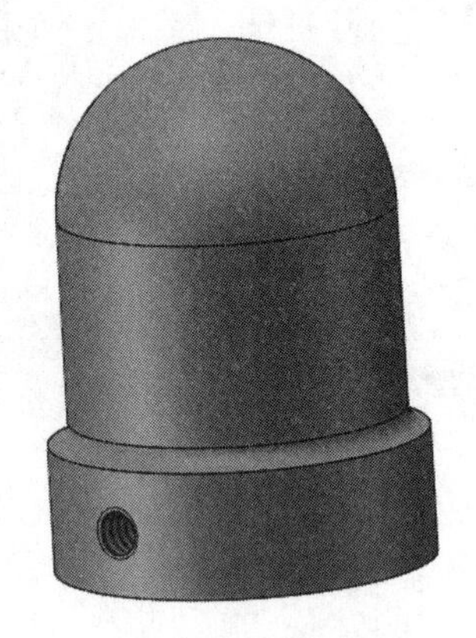

图 4.29　阀帽

(8)选择“文件”|“保存”命令，保存“阀帽 .sldprt”文件。

4.3　创建阀门

阀门如图 4.30 所示，从该零件的制作过程能够学到旋转、拉伸 – 切除等基础特征的创建方法以及孔和倒角等专用特征的创建方法等。

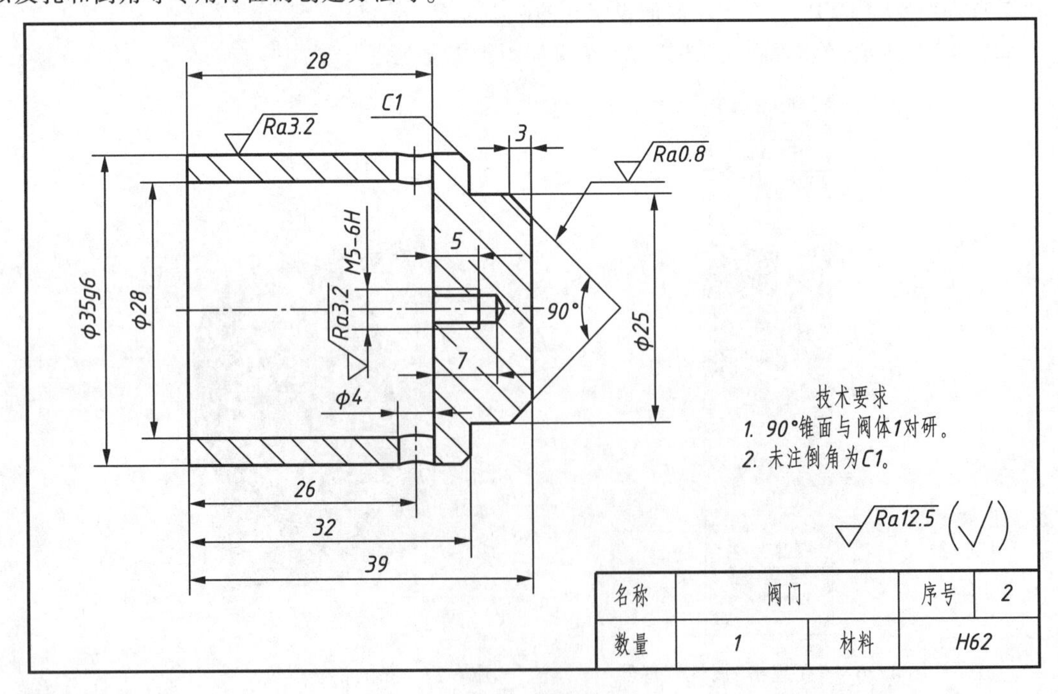

名称	阀门		序号	2
数量	1	材料	H62	

图 4.30　阀门

绘制草图前新建文件和选择相应的基准面这里不再赘述，下面直接从绘制草图讲解。

(1)绘制草图。分别单击“草图绘制”工具栏中的“直线”按钮 、“剪裁实体”按钮 、“智能尺寸”按钮 和“绘制圆角”按钮 绘制封闭的草图轮廓，如图 4.31 所示。

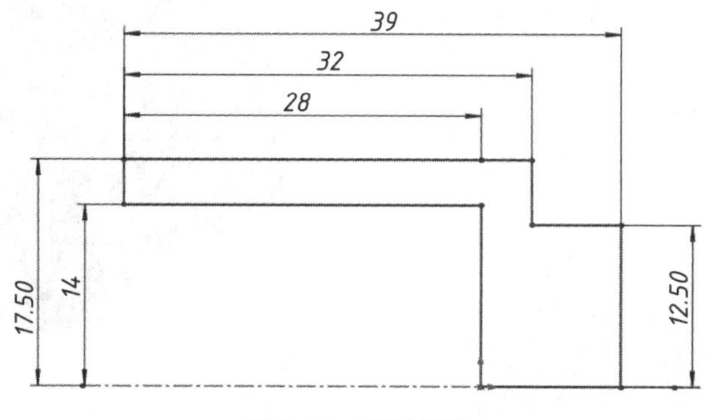

图 4.31　阀门草图

(2)单击“特征”工具栏中的“旋转凸台/基体”按钮 ，出现图 4.32 所示的“旋转”属性管理器，选择对称中心线作为“旋转轴”，方向默认“给定深度”和“360 度”，单击“确定”按钮 ，旋转后的实体如图 4.33 所示。

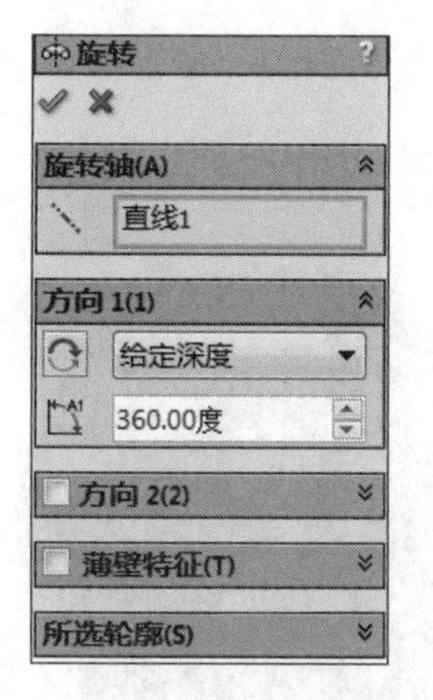

图 4.32　“旋转”属性管理器

图 4.33　旋转后实体

(3)单击“特征”工具栏中的“圆角” 下面的 按钮，选择“倒角”按钮 ，显示图 4.34 所示的“倒角”属性管理器，根据要求选择“角度距离”单选按钮，分别设置“倒角参数”距离是 1 mm 和 3 mm，分别选择 2 次倒角的边，再单击“确定”按钮 ，实体如图 4.35 所示。

(4)放置 M5-6H 的螺纹孔。

①选择 M5-6H 螺纹孔放置的平面，单击“特征”工具栏中的“异形孔向导”按钮 ，显示图 4.36 所示的“孔规格”属性管理器，选择“类型”选项卡。

- 在“孔类型”组中，单击“直螺纹孔”按钮 。
- 在“标准”列表中选择“GB”选项。
- 在“类型”列表中选择“底部螺纹孔”选项。
- 在“孔规格”组的“大小”列表中选择“M5”选项。
- 在“配合”列表中选择“正常”选项。

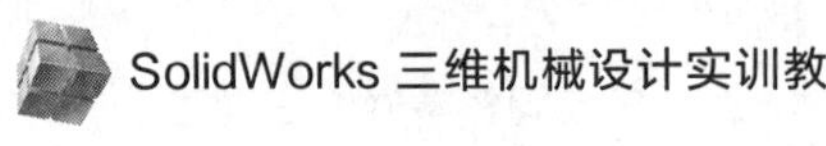

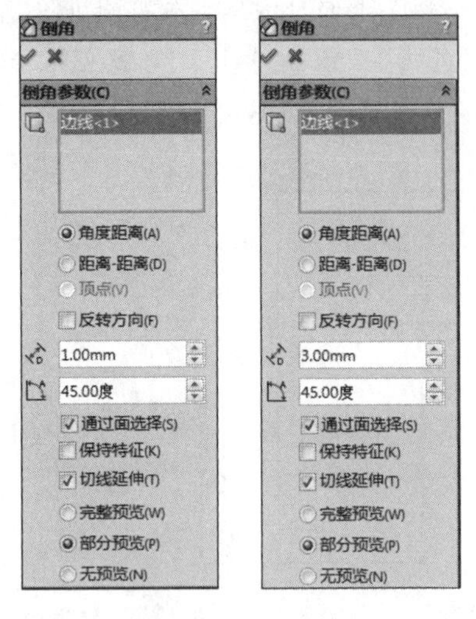

图 4.34 “倒角”属性管理器

图 4.35 倒角后实体

● 在“终止条件”组中，从“终止条件”列表中选择“给定深度”选项，深度设置分别为 7 mm 和 5 mm。

● 选择“位置”选项卡，在支座底面设定孔的圆心位置。

②单击“孔规格”对话框的“位置”选项，单击螺纹孔放置平面的中心点位置，出现螺纹孔预览后，单击“确定”  按钮后，放置的螺纹孔如图 4.37 所示。

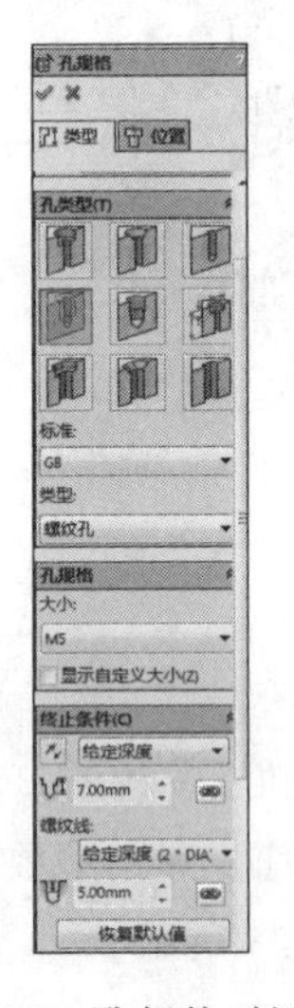

图 4.36 孔规格对话框

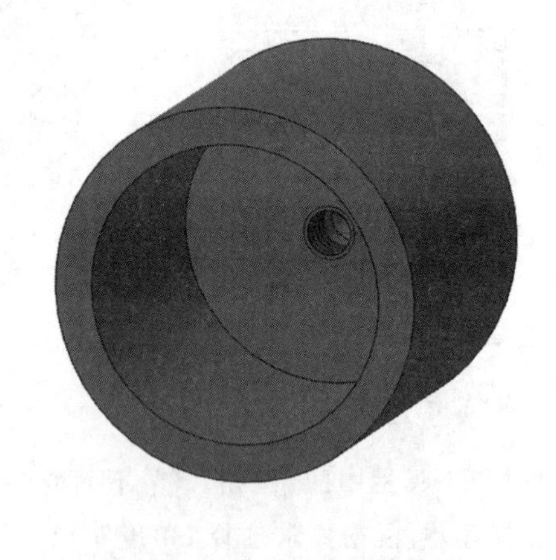

图 4.37 放置孔后的实体

(5)放置 $\phi4$ 孔(方法一)。

①选择“插入”|“参考几何体”|“基准面”命令，出现图 4.38 所示的“基准面”属性管理器，单击“设计树”按钮，“第一参考”选择“前视基准面”，“距离”设置为 17.5 mm，单击“确定”按钮，创建的基准面如图 4.39 所示。

②选择“基准面 1”作为孔的放置面，单击“特征”工具栏中的“异形孔向导”按钮，显示图 4.40 所示的“孔规格”属性管理器，选择“类型”选项卡。

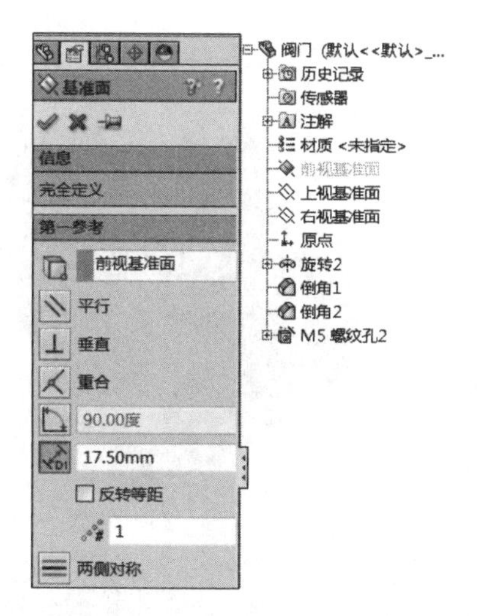

图 4.38 “基准面”属性管理器

图 4.39 创建基准面 1

- 在“孔类型”组中，单击“孔”按钮 。
- 在“标准”列表中选择“GB”选项。
- 在“类型”列表中选择“暗销孔”选项。
- 在“孔规格”组的“大小”列表中选择“ϕ4”选项。
- 在“配合”列表中选择“标称”选项。
- 在“终止条件”组中，从“终止条件”列表中选择“完全贯穿”选项。
- 选择“位置”选项卡，在基准面 1 上初定孔的圆心位置。

单击“确定”按钮 ，结果如图 4.41 所示。

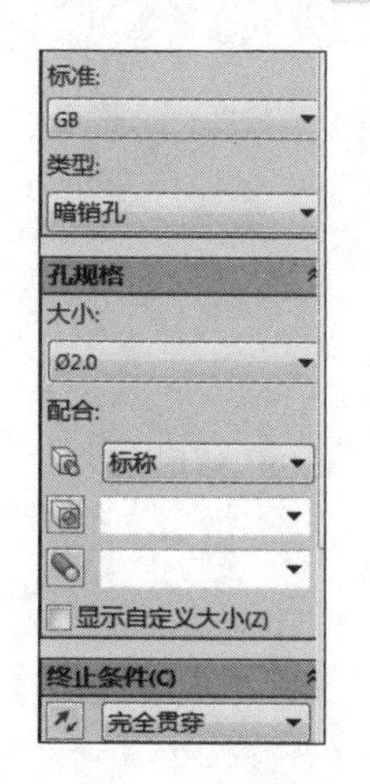

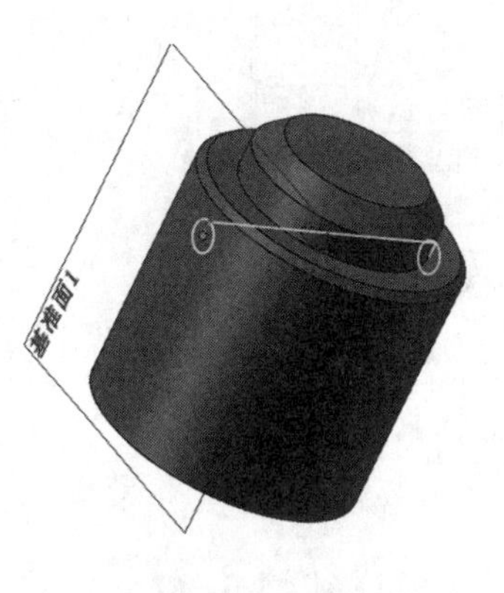

图 4.40 放置孔设置

图 4.41 生成孔

③在 FeatureManager 设计树中展开刚建立的孔特征，选中“草图 2”，单击快捷工具栏中的“编辑草图”按钮 ，进入“草图”环境，设定孔的圆心位置，如图 4.42 所示，单击“结束草图”按钮 ，退出“草图”环境，隐藏基准面 1，结果如图 4.43 所示。

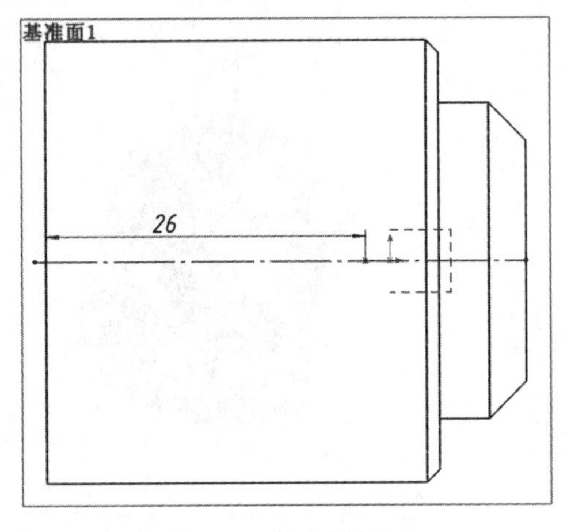

图 4.42　修改孔位置

图 4.43　切孔结果

(6)放置 $\phi 4$ 孔(方法二)。

①单击“上视基准面”进入“草图绘制”界面,单击“正视于”按钮,在“上视基准面”绘制 $\phi 2$ 的圆,再用“智能尺寸”标注圆的位置,改变显示效果,如图 4.44 所示。

②单击“特征工具栏”中的“拉伸切除”按钮,出现“切除-拉伸”属性管理器,设置“方向”为“两侧对称”,“深度”大于 17.5 mm,如图 4.45 所示,再单击“确定”按钮,如图 4.46 所示。

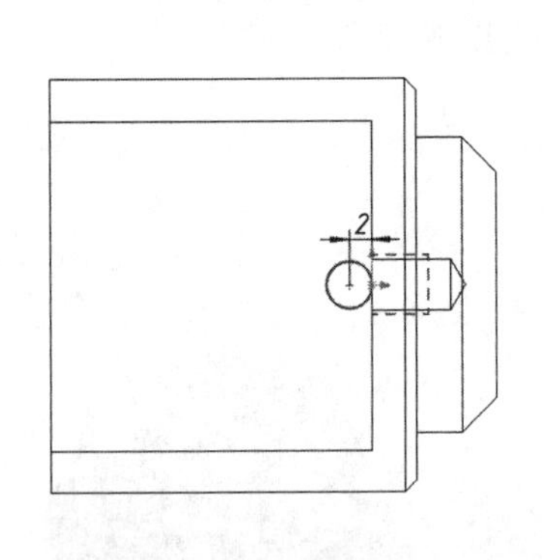

图 4.44　绘制圆

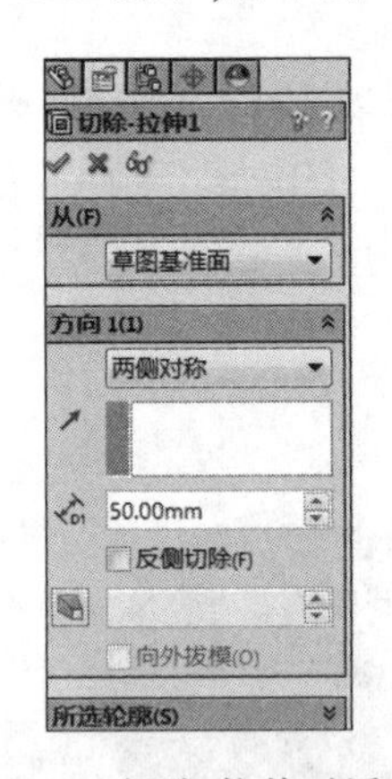

图 4.45　切除-拉伸对话框

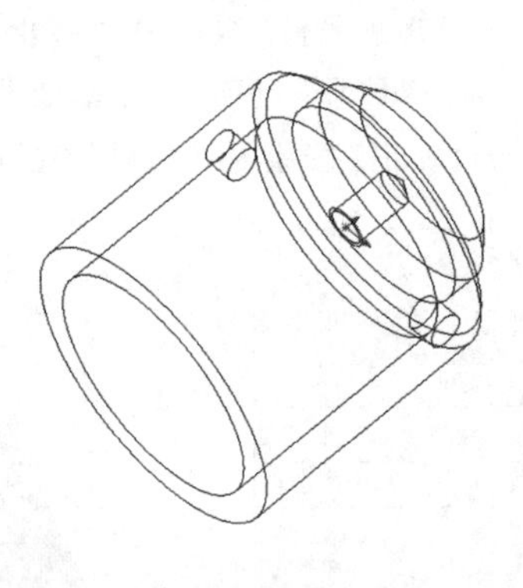

图 4.46　阀门

(7)选择“文件”|“保存”命令,保存“阀门 . sldprt”文件。

4.4　创建托盘

托盘如图 4.47 所示,从该零件的制作过程能够学到旋转、旋转—切除等基础特征的创建方法和倒角等专用特征的创建方法等。

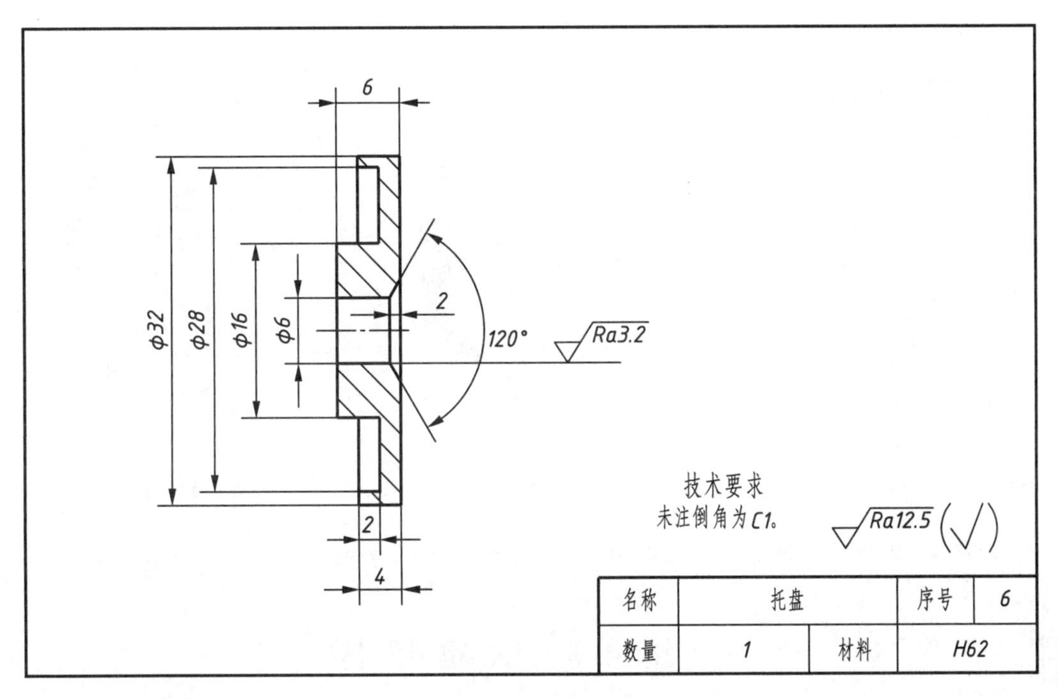

图 4.47　托盘

(1)绘制草图。选择“前视基准面”,分别单击“草图绘制”工具栏中的“直线”按钮 、“剪裁实体”按钮 和“智能尺寸”按钮 绘制封闭的草图轮廓,如图 4.48 所示。

(2)单击“特征”工具栏中的“旋转凸台/基体”按钮 ,出现图 4.49 所示的“旋转”属性管理器,设置“旋转轴”为“中心线”,旋转 360 度,单击“确定”按钮 ,实体如图 4.50 所示。

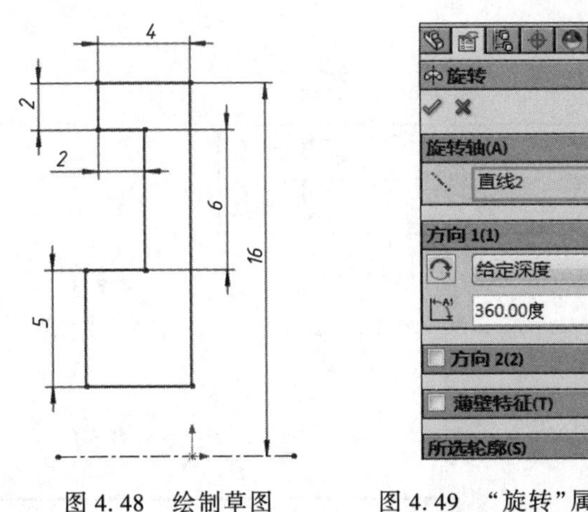

图 4.48　绘制草图

旋转
旋转轴(A)
直线2
方向 1(1)
给定深度
360.00度
方向 2(2)
薄壁特征(T)
所选轮廓(S)

图 4.49　“旋转”属性管理器

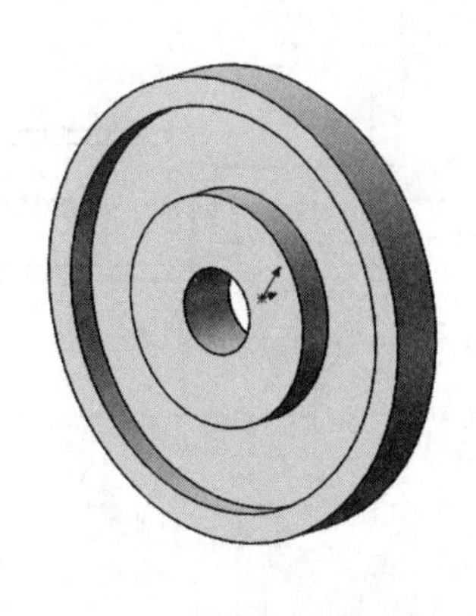

图 4.50　旋转后实体

(3)单击“特征”工具栏中的“倒角”按钮 ,显示图 4.51 所示的“倒角”属性管理器,选择“角度-距离”单选按钮,单击孔的边线倒角,设置参数“距离”是 2 mm,“角度”是 60 度,如图 4.52 所示,单击“确定”按钮 ,托盘实体如图 4.53 所示。

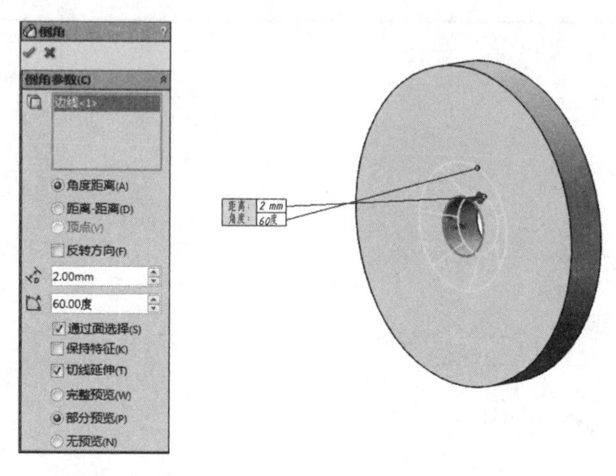

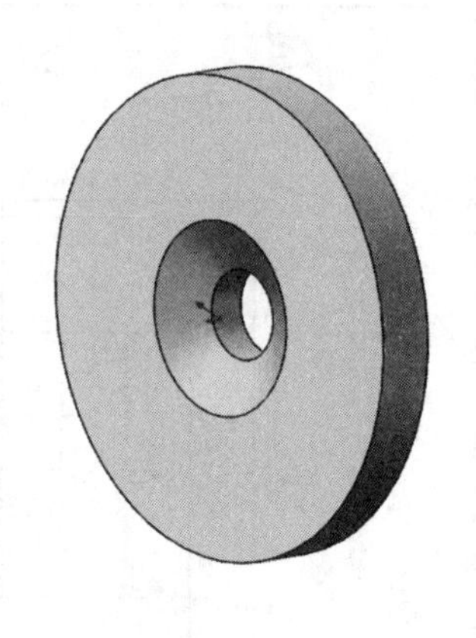

图 4.51 “倒角”属性管理器　　图 4.52 倒角设置　　图 4.53 托盘

(4)选择“文件”|“保存”命令,保存“托盘.sldprt”文件。

4.5 创建螺杆

螺杆如图 4.54 所示,从该零件的制作过程能够学到旋转、拉伸等基础特征的创建方法和倒角、装饰螺纹线等专用特征的创建方法等。

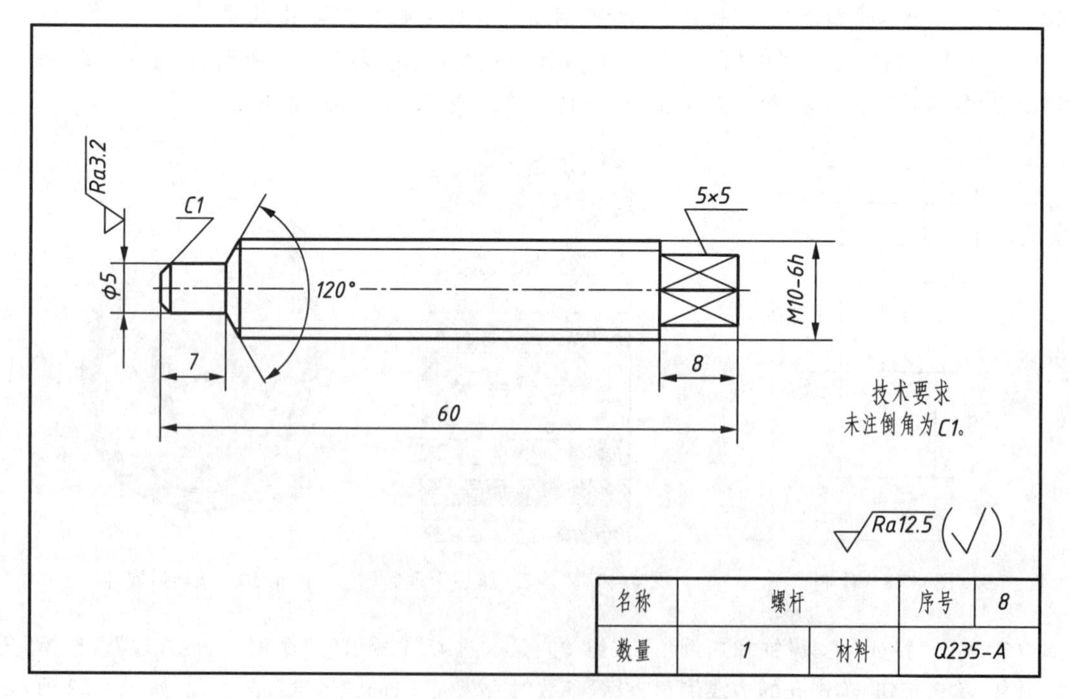

图 4.54 螺杆

1. 绘制草图

选择“前视基准面”,分别单击“草图绘制”工具栏中的“直线”按钮 、“剪裁实体”按钮 和“智能尺寸”按钮 绘制封闭的草图轮廓,如图 4.55 所示。

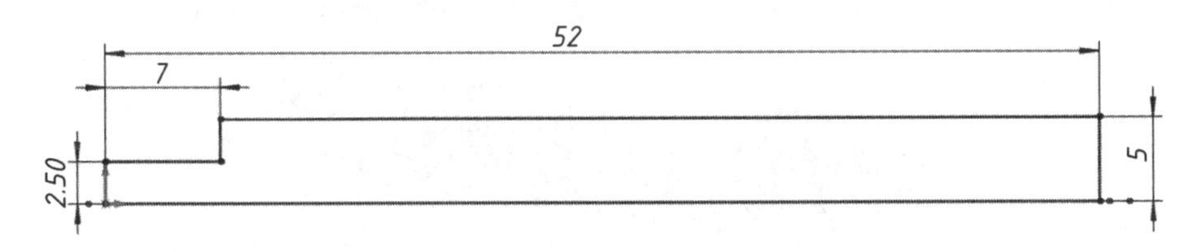

图 4.55 绘制的草图

2. 创建旋转特征

单击“特征”工具栏中的“旋转凸台/基体”按钮 ,出现“旋转”属性管理器,旋转中心轴线为“旋转轴”,“方向”设置为 360 度, 单击“所选轮廓”出现蓝色,选择绘制的草图轮廓,单击“确定”按钮 ,旋转后的实体如图 4.56 所示。

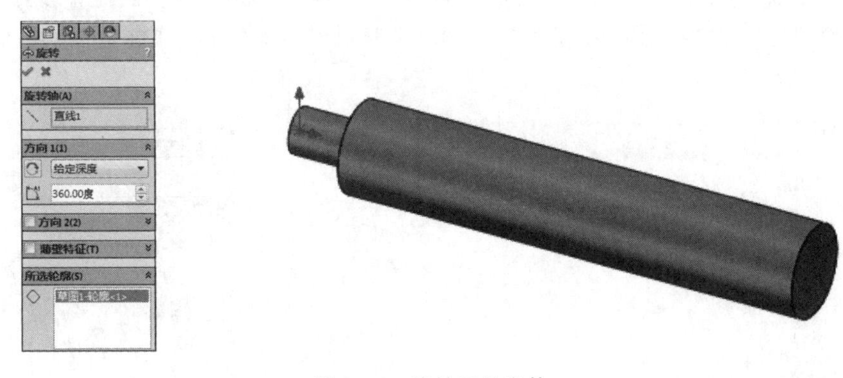

图 4.56 旋转后的实体

3. 创建四棱柱

(1)选择四棱柱放置的表面作为“草绘基准面”,进入“草图绘制”界面后,单击“边角矩形”按钮 ,单击其中的“中心矩形”按钮 ,绘制四边形并标注尺寸,如图 4.57 所示。

(2)单击“特征”工具栏中的“拉伸凸台/基体”按钮 ,显示“凸台-拉伸”属性管理器,设置“给定深度”为 8 mm,如图 4.58 所示,单击“确定”按钮 ,实体如图 4.59 所示。

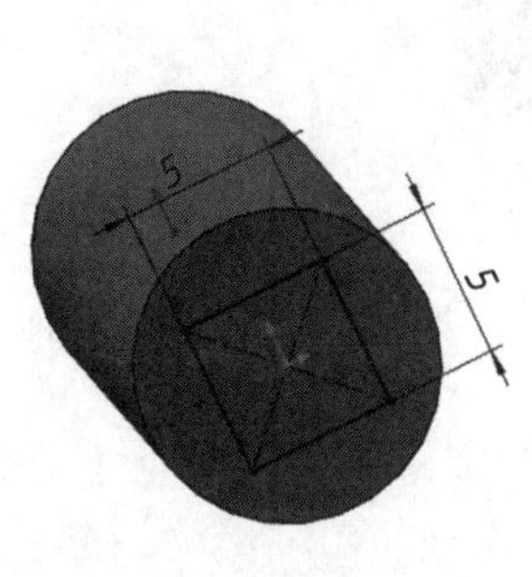

图 4.57 绘制四边形

图 4.58 “凸台-拉伸”属性管理器

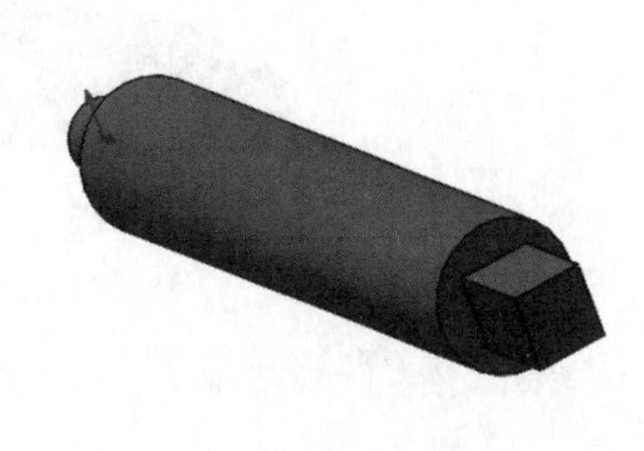

图 4.59 拉伸后实体

4. 倒角

单击“特征”工具栏中的“倒角”按钮 ,显示“倒角”属性管理器,选择“角度距离”选项,设置“倒角角度”为 60 度,“倒角距离”为 1 mm,选择大圆柱的边线后,实体如图 4.60 所示,同理,设置“倒角角度”为 45 度,“倒角距离”为 1 mm,选择小圆柱的边线后,实体如图 4.60 所示。

图 4.60 倒角后实体

5. 绘制装饰螺纹线

(1)选择“工具”|“自定义”命令,弹出“自定义”对话框,如图 4.61 所示,选择“命令”选项卡,选择“注解”类别,在对话框右边单击“装饰螺纹线”按钮 ,按住鼠标左键将“装饰螺纹线”按钮 拖动到“特征”工具栏中,单击“确定”按钮退出。

(2)单击“特征”工具栏中的“装饰螺纹线”按钮 ,出现“装饰螺纹线”属性管理器,如图 4.62 所示,在“螺纹设定”中选择圆柱的边线后,选择“成形到下一面”,单击“确定”按钮 ,螺杆如图 4.63 所示。

图 4.61 “自定义”对话框“命令”选项卡

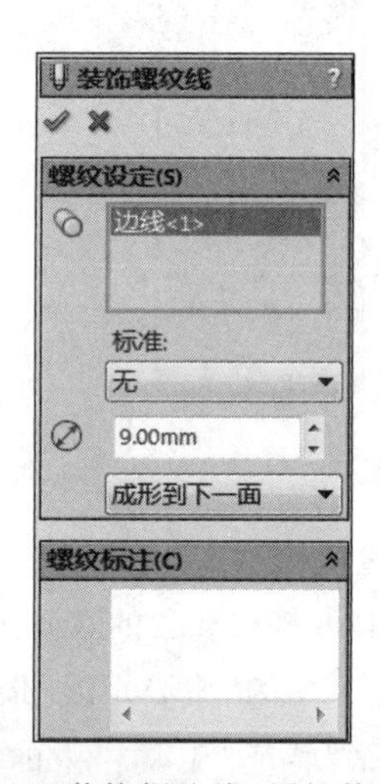

图 4.62 “装饰螺纹线”属性管理器

图 4.63 螺杆

6. 保存文件

选择“文件”|“保存”命令,保存“螺杆.sldprt”文件。

4.6　创建弹簧

弹簧如图 4.64 所示，从该零件的制作过程能够学到扫描等基础特征的创建方法和螺旋线、分割等专用特征的创建方法等。

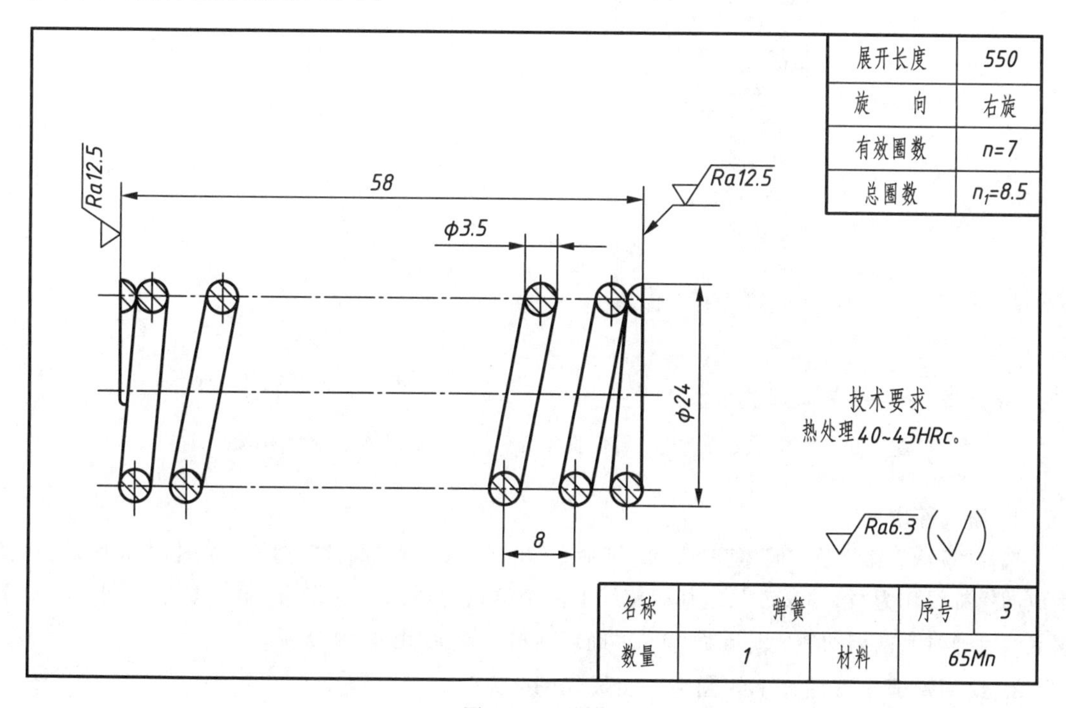

图 4.64　弹簧

方法一：

1. 绘制草图（插入螺旋线——作为扫描的路径）

（1）选择“前视基准面”进入草图绘制状态，单击“草图绘制”工具栏中的“圆”按钮 ⊙ 绘制弹簧所在中径上的圆，直径为 20.5 mm，如图 4.65 所示。

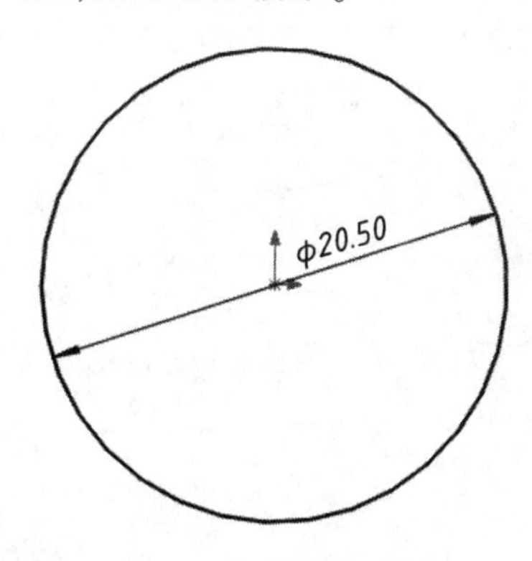

图 4.65　绘制中径圆

(2)选择“插入”|“曲线”|“螺旋线/涡状线”命令,出现“螺旋线/涡状线”属性管理器,如图4.66所示,根据弹簧工程图的已知条件,选择“定义方式”为“螺距和圈数”,“恒定螺距”为8 mm,“圈数”为7,“起始角度”为0度,顺时针方向,单击“确定”按钮 ,插入的螺旋线如图4.67所示。

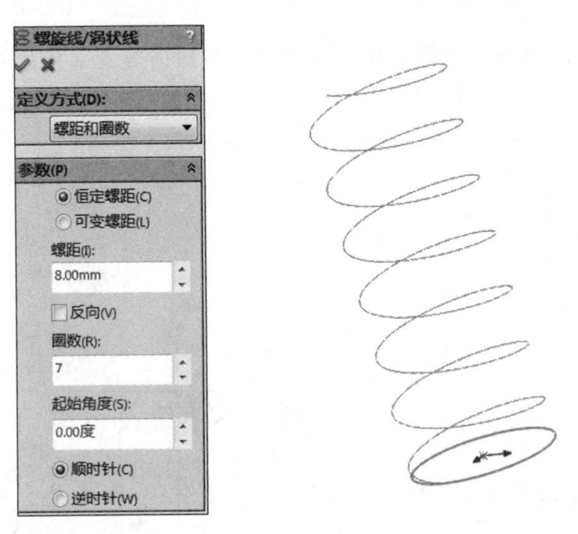

图4.66 “螺旋线/涡状线”属性管理器　　图4.67 插入螺旋线

2. 插入基准面

选择“插入”|“参考几何体”|“基准面”命令,出现“基准面”属性管理器,如图4.68所示,选择生成的螺旋线作为“第一参考”,选择螺旋线上两个端点的任意一点作为“第二参考”,创建垂直于螺旋线且通过其端点的新的基准面,单击“确定”按钮 ,如图4.69所示。

3. 绘制弹簧丝直径大小的圆——生成轮廓

选择“基准面1”作为草图绘制平面,进入草图绘制状态,在螺旋线的端点绘制 $\phi3.5$ 的圆,并单击“退出草图”按钮 退出草图,如图4.70所示。

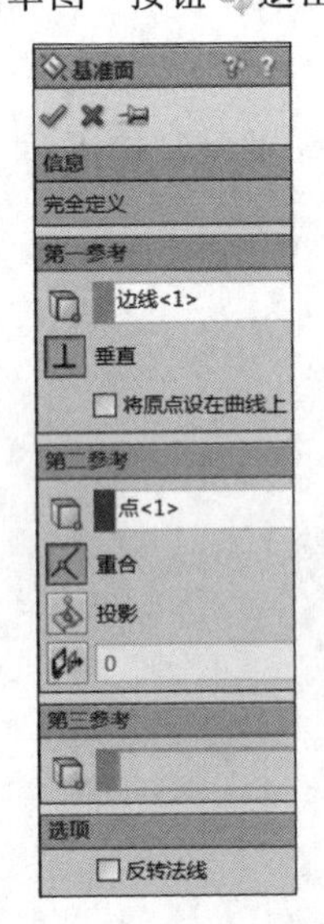

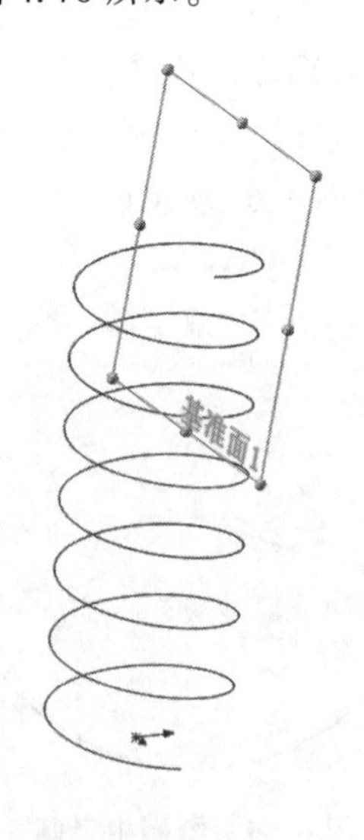

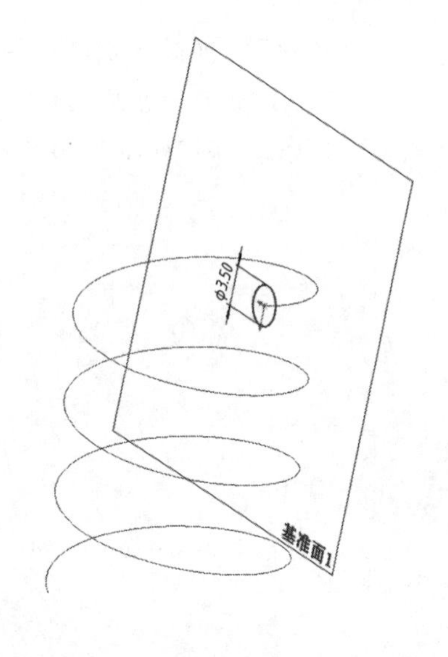

图4.68 “基准面”属性管理器　　图4.69 插入的基准面　　图4.70 生成轮廓

4. 生成扫描特征

单击“特征”工具栏中的“扫描”按钮，出现“扫描”属性管理器，如图 4.71 所示，选择“轮廓”为 ϕ3.5 的圆，“路径”为插入的螺旋线，单击“确定”按钮，生成的扫描实体如图 4.72 所示。

5. 弹簧端部切平

(1)选择“插入”|“参考几何体”|“基准面”命令，插入一个和“前视基准面”相距 56 mm 的“基准面 2”，如图 4.73 所示。

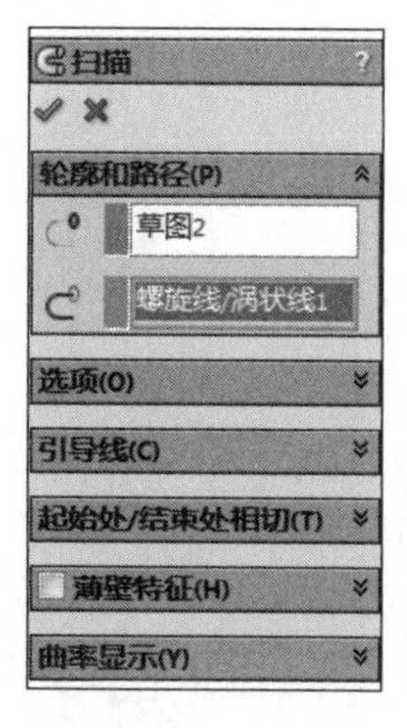

图 4.71 “扫描”属性管理器

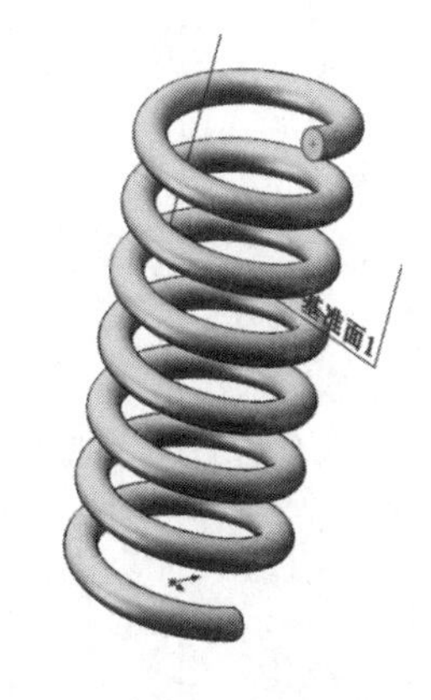

图 4.72 扫描后弹簧

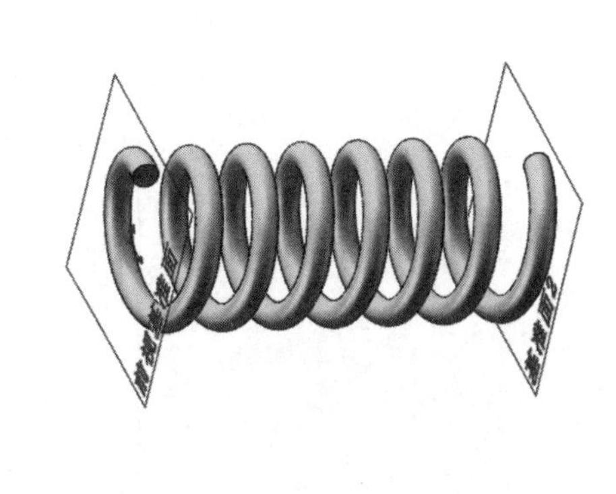

图 4.73 创建基准面 2

(2)选择“插入”|“特征”|“分割”命令，显示图 4.74 所示的“分割”属性管理器，在“剪裁工具”中选择“前视基准面”和“基准面 2”，在“所产生实体”中分别选择弹簧的两端，并选中“消耗切除实体”复选框，如图 4.75 所示，单击“确定”按钮，端部切平的弹簧如图 4.76 所示。

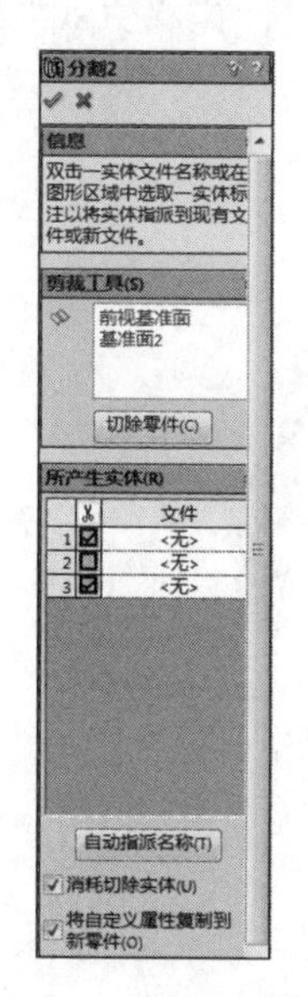

图 4.74 “分割”属性管理器

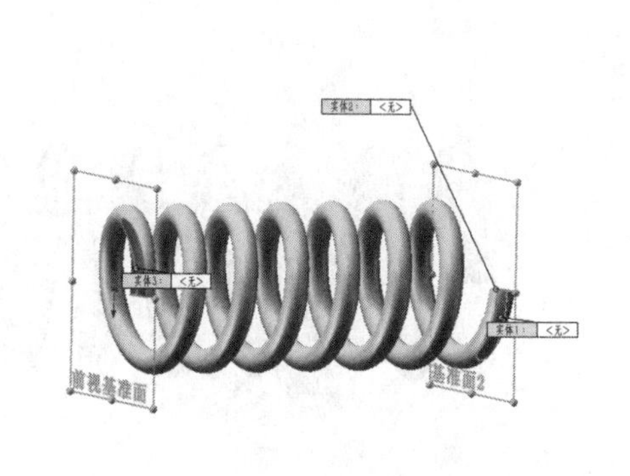

图 4.75 分割时的弹簧

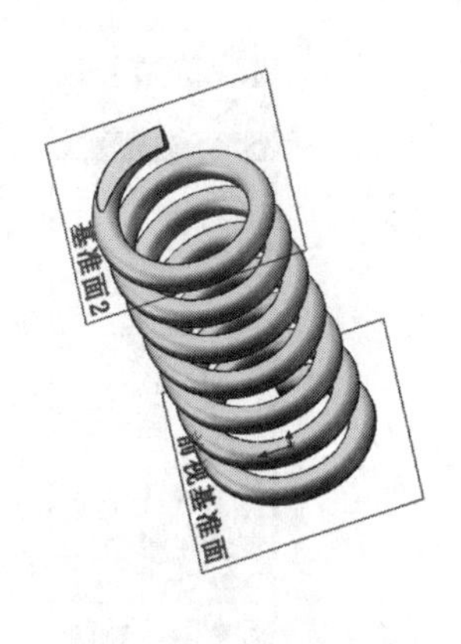

图 4.76 分割后的弹簧

6. 保存文件

选择“文件”|“保存”命令，保存“弹簧.sldprt”文件。

方法二：沿路径扭转扫描生成弹簧

1）绘制草图

（1）选择“前视基准面”作为草图绘制平面，进入草图绘制状态，绘制图4.77所示的直线，并退出草图（此时草图颜色是灰色）。

（2）继续选择“前视基准面”作为草图绘制平面，进入草图绘制状态，绘制图4.78所示的圆，并单击“退出草图”按钮退出草图（此时草图颜色是灰色）。

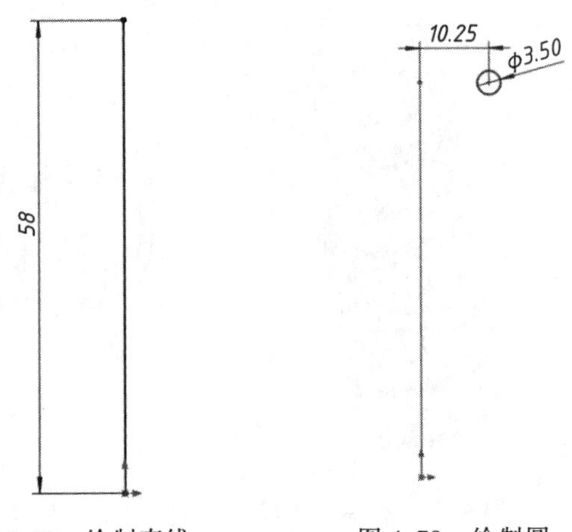

图4.77　绘制直线　　　　图4.78　绘制圆

2）创建扫描特征

单击“特征”工具栏中的“扫描”按钮，出现“扫描”属性管理器，如图4.79所示，选择“轮廓”为 $\phi 3.5$ 的圆，“路径”为绘制的直线，“方向/扭转控制”选择“沿路径扭转”，“定义方式”选择“度数”，输入“360 * 7”，单击“确定”按钮，生成的扫描实体如图4.80所示。

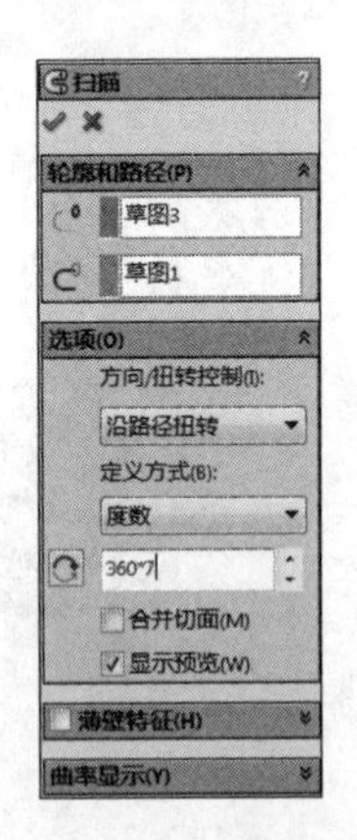

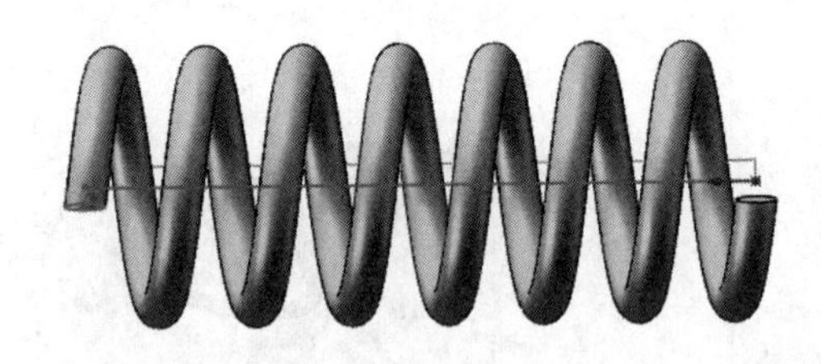

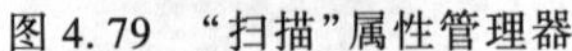

图4.79　“扫描”属性管理器　　　　图4.80　弹簧

方法二生成的弹簧能够方便地改变弹簧长度，在装配时通过改变草图调整直线的长短来调整弹簧的长度。

视频

创建阀盖

4.7　创建阀盖

阀盖零件图如图 4.81 所示，从该零件的制作过程能够学到旋转、旋转切除等基础特征的创建方法和圆周阵列、异形孔等专用特征的创建方法等。

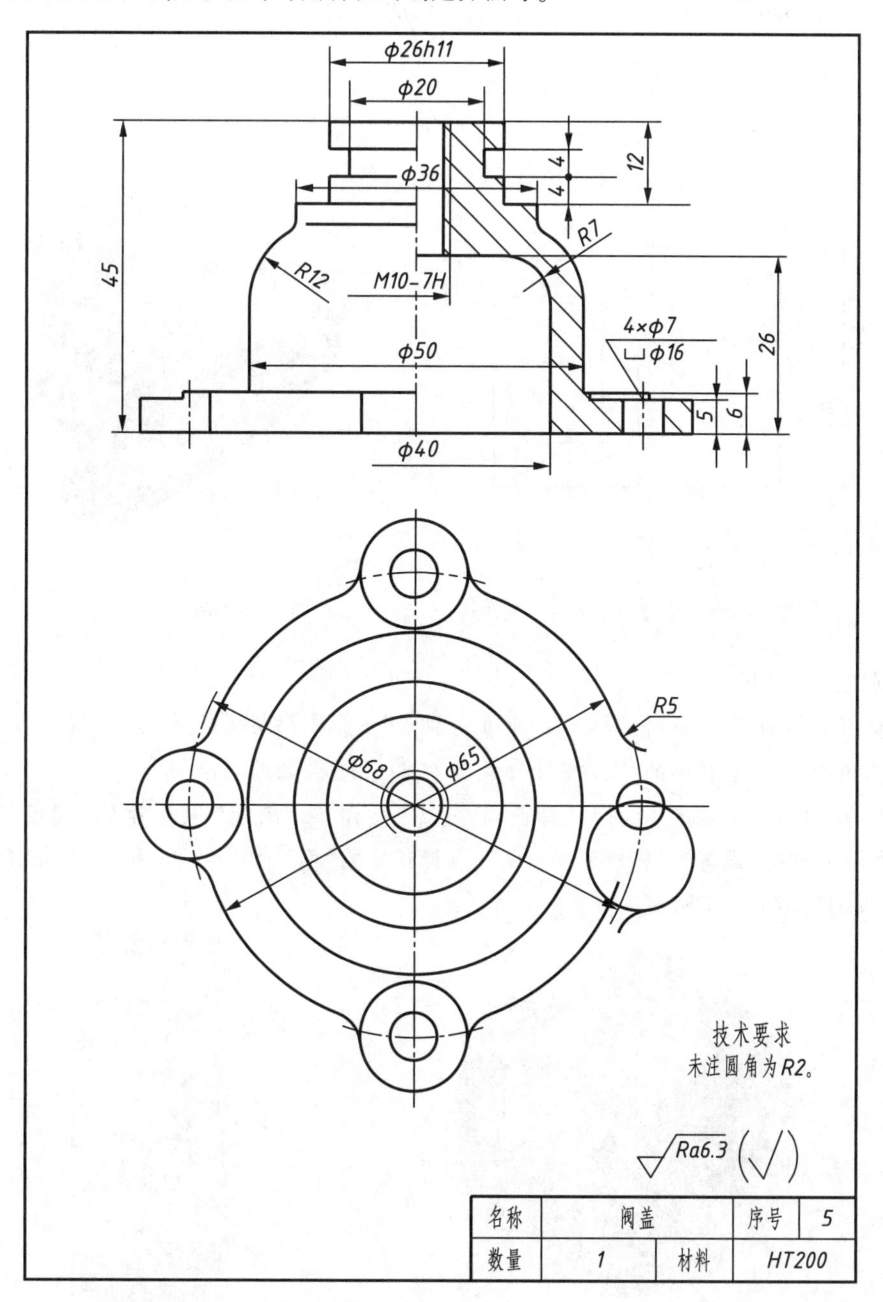

图 4.81　阀盖

1. 绘制草图

选择“前视基准面”，分别单击“草图绘制”工具栏中的“直线”按钮、“圆角”按钮、“剪裁实体”按钮和“智能尺寸”按钮绘制封闭的草图轮廓，如图 4.82 所示。

2. 创建旋转特征

单击“特征”工具栏中的“旋转凸台/基体”按钮，出现“旋转”属性管理器，设置中心线为“旋转轴”，旋转“360 度”，单击“确定”按钮，生成的旋转实体如图 4.83 所示。

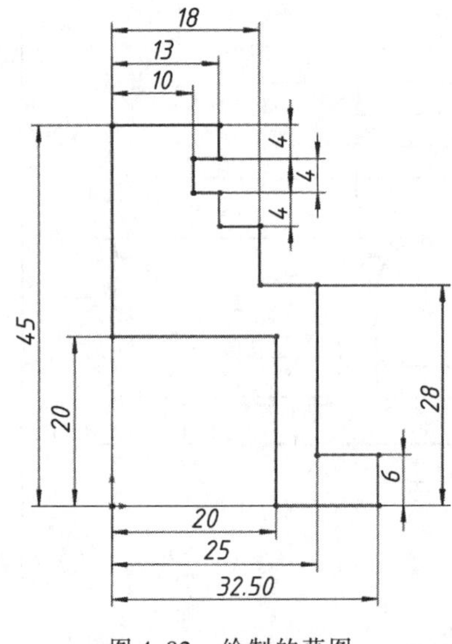

图 4.82　绘制的草图

图 4.83　旋转后实体

3. 创建拉伸特征

(1)选择实体的下底面作为“草图绘制”的平面，进入草图绘制状态，单击“正视于”按钮，然后单击“草图绘制”工具栏中的“圆”按钮，绘制 $\phi16$ 的圆，如图 4.84 所示。

(2)单击“特征”工具栏中的“拉伸凸台/基体”按钮，出现“凸台-拉伸”属性管理器，如图 4.85 所示，“方向”设置为“成形到下一面”，选择指定的“面”，如图 4.86 所示，单击“确定”按钮，生成的实体如图 4.87 所示。

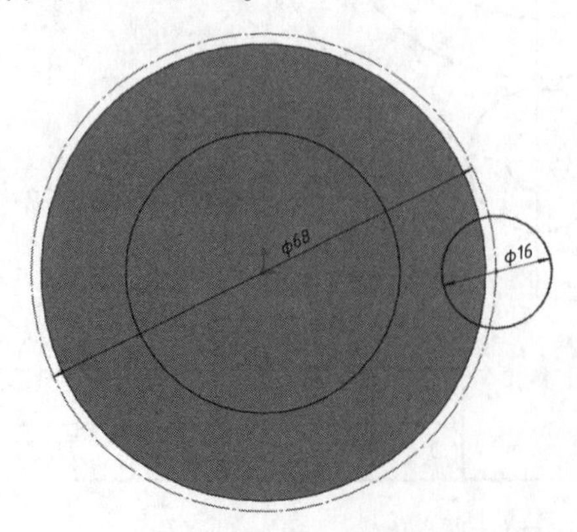

图 4.84　绘制圆

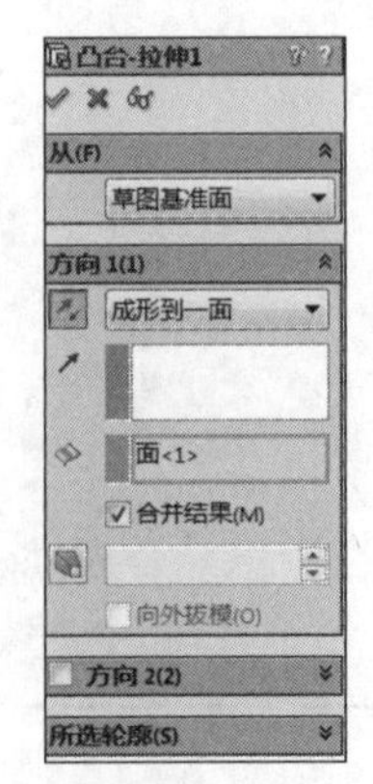

图 4.85　“凸台-拉伸”属性管理器

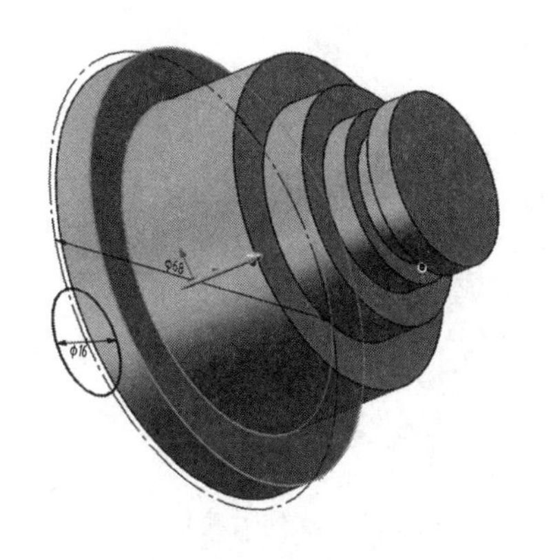

图 4.86 拉伸设置

图 4.87 拉伸后实体

4. 创建旋转切除特征

(1)选择“前视基准面”作为“草图绘制”平面,进入草图绘制状态,单击“正视于”按钮 ,分别单击“草图绘制”工具栏中的“直线”按钮 ,绘制封闭草图,如图 4.88 所示。

(2)单击“特征”工具栏中的“旋转/切除”按钮 ,出现“切除-旋转”属性管理器,选择“中心线”作为“旋转轴”,“方向”设置为“360 度”,单击“确定”按钮 ,生成的阶梯孔如图 4.89 所示。

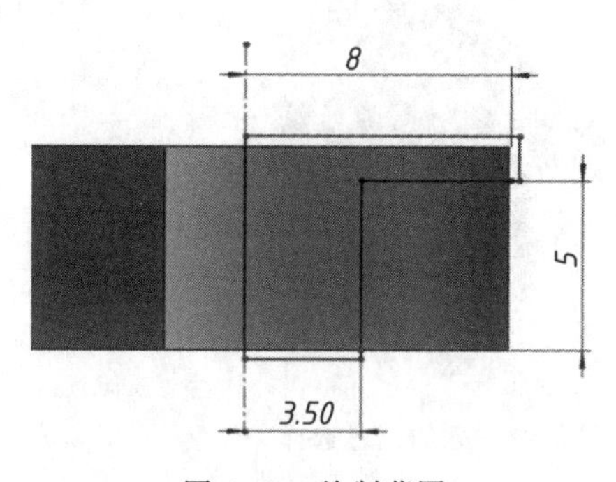

图 4.88 绘制草图

图 4.89 生成阶梯孔

绘制的草图比真实轮廓略大,且部分线条画在轮廓之外更容易做下一步。

5. 圆周阵列

单击“特征”工具栏中的“圆周阵列”按钮 ,出现“圆周阵列”属性管理器,如图 4.90 所示,单击“设计树”按钮 ,设计树将出现在“圆周阵列”属性管理器的右边,在“参数” 后选择阀盖上任意一条圆周边线,“角度” 设置为“90 度”,“阵列数” 设置为 4,“特征和面” 选择设计树中的“凸台-拉伸 1”和“切除-旋转 1”作为要阵列的特征,单击“确定”按钮 ,生成的实体如图 4.91 所示。

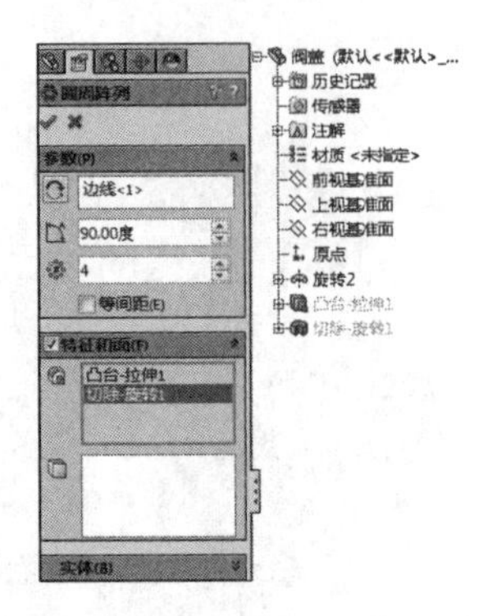

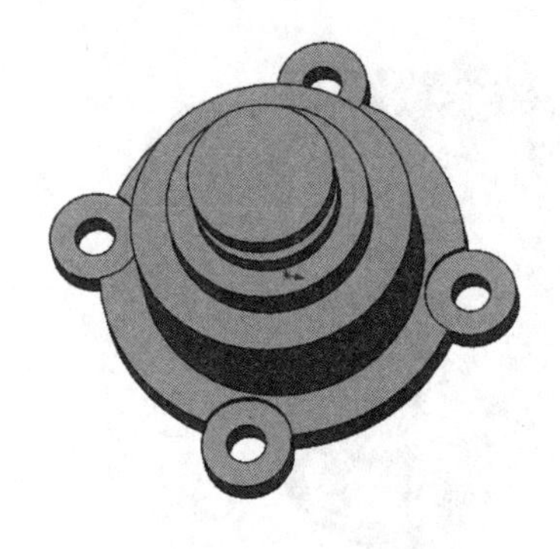

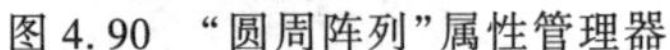
图 4.90 “圆周阵列”属性管理器　　　　图 4.91 阵列后实体

6. 创建孔特征

选择“阀盖”的上端面作为放置孔的面,单击“特征”工具栏中的“异形孔向导” 按钮,出现“孔规格”属性管理器,“类型”选择“直螺纹孔”,如图 4.92 所示,在“位置”选项中单击圆面的中心作为放置孔的位置,如图 4.93 所示,单击“确定” 按钮。

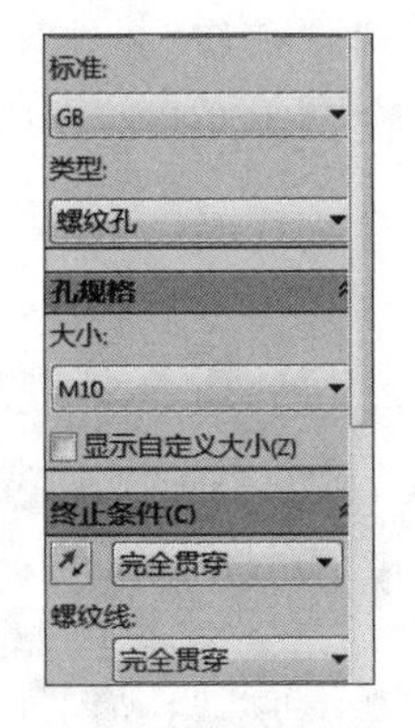

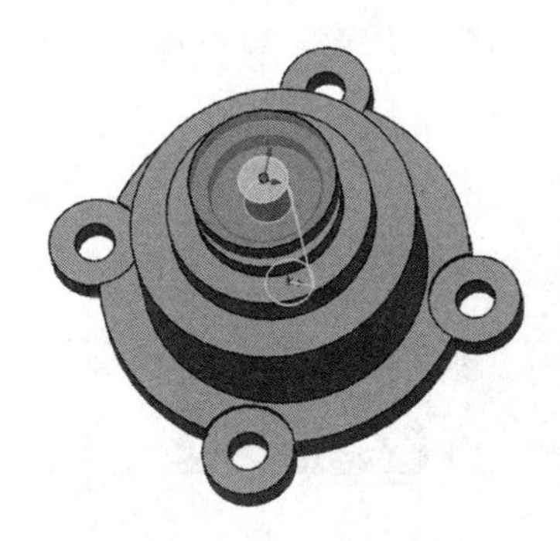

图 4.92 孔类型设置　　　　图 4.93 孔的位置选择

7. 倒圆角

单击“特征”工具栏中的“圆角”按钮,选择要倒圆角的边线,设置“圆角参数”半径分别为“12 mm”和“7.00 mm”,再单击“确定” 按钮,倒圆角后生成的阀盖如图 4.94 所示。

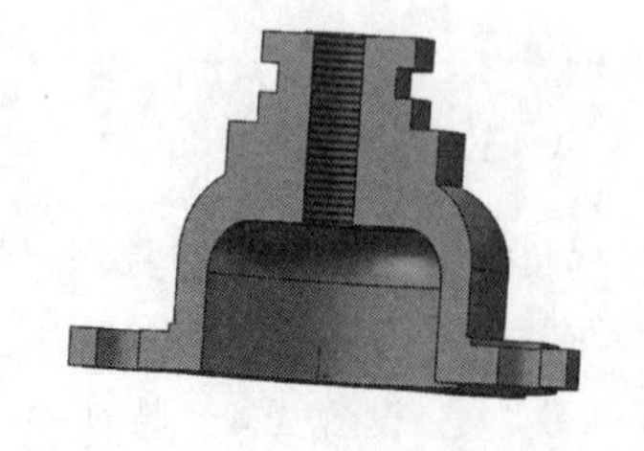

图 4.94 阀盖

8. 保存文件

选择“文件”|“保存”命令,保存“阀盖 . sldprt”文件。

视频

创建阀体

4.8 创建阀体

阀体零件图如图 4.95 所示，从该零件的制作过程能够学到拉伸、拉伸切除等基础特征的创建方法和圆周阵列、镜像、筋等专用特征的创建方法等。

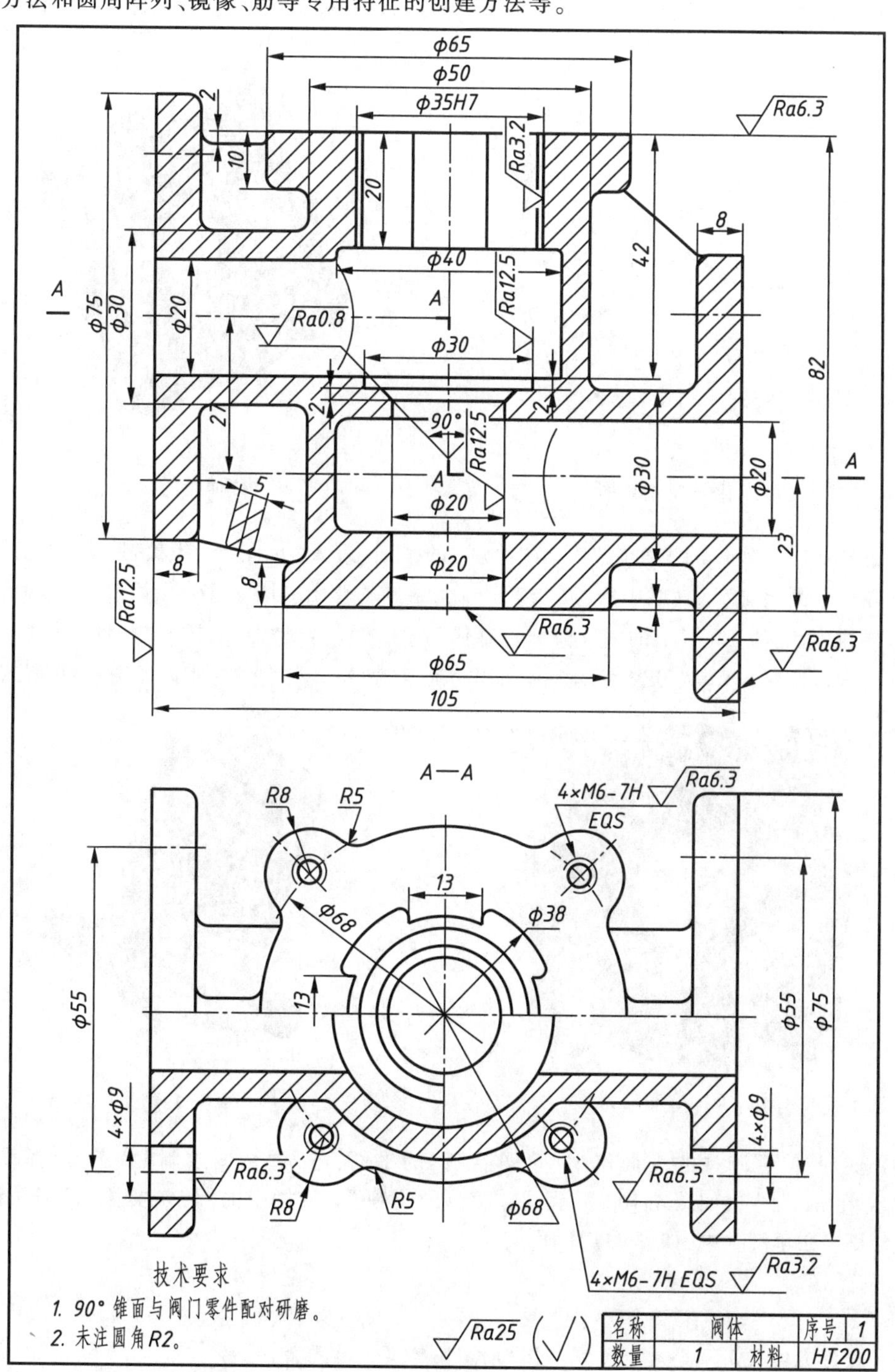

图 4.95　阀体

(1)绘制草图。选择“前视基准面”,进入“草图绘制”状态,分别单击“草图绘制”工具栏中的“直线”按钮、“圆”按钮、“圆角”按钮、“剪裁实体”按钮、“圆周阵列”按钮和“智能尺寸”按钮绘制封闭的草图轮廓,如图 4.96 所示。

(2)单击“特征”工具栏中的“拉伸凸台/基体”按钮,出现“凸台-拉伸”属性管理器,“方向”设置为“给定深度”,“深度”设置为 8 mm,单击“确定”按钮,生成的实体如图 4.97 所示。

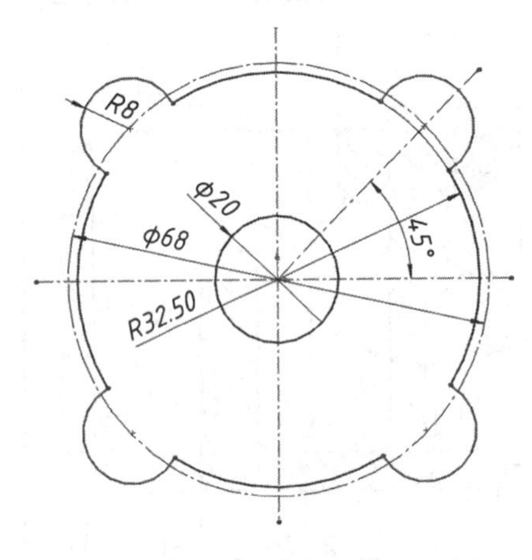

图 4.96 绘制草图

图 4.97 拉伸后的实体

(3)选择拉伸后实体的表面作为“草图绘制”的平面,进入“草图绘制”状态,单击“正视于”按钮,单击“草图绘制”工具栏中的“圆”按钮,绘制的草图如图 4.98 所示。

(4)单击“特征”工具栏中的“拉伸凸台/基体”按钮,出现“凸台-拉伸”属性管理器,“方向”设置为“给定深度”,“深度”设置为 64 mm,单击“确定”按钮,生成的实体如图 4.99 所示。

图 4.98 绘制的圆

图 4.99 拉伸后的实体

(5)选择拉伸后圆柱的表面作为“草图绘制”的平面,进入“草图绘制”状态,选择设计树中第(1)步绘制的草图 1,如图 4.100 所示,单击“草图绘制”工具栏中的“转换实体引用”按钮,将草图 1 完全复制在草图 3 中,如图 4.101 所示。

转换实体引用命令起到复制草图的作用,可提高作图效率。

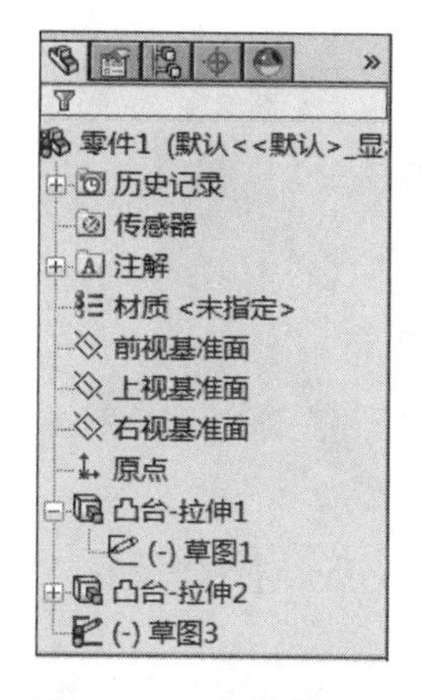

图 4.100　选择草图 1

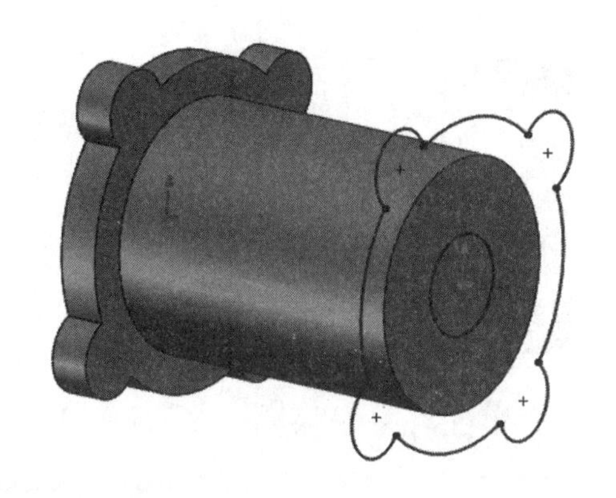
图 4.101　复制草图 1

(6)单击“特征”工具栏中的“拉伸凸台/基体”按钮，出现“凸台-拉伸”属性管理器，“方向”设置为“给定深度”，“深度”设置为 10 mm，单击“确定”按钮，生成的实体如图 4.102 所示。

(7)创建基准面。选择“插入”|“参考几何体”|“基准面”命令，插入一个和“右视基准面”相距 52.5 mm 的“基准面 1”，如图 4.103 所示。

图 4.102　拉伸后实体

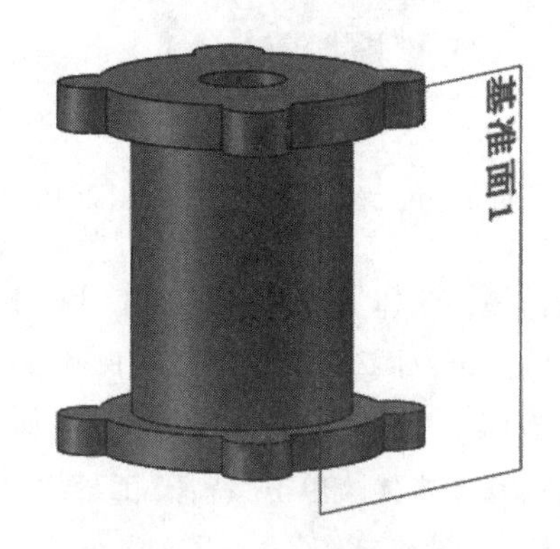

图 4.103　创建基准面 1

(8)选择“基准面 1”，进入“草图绘制”状态，单击“视图定向”中的“正视于”按钮，分别单击“草图绘制”工具栏中的“直线”按钮、“圆”按钮、“圆周阵列”按钮绘制草图，如图 4.104 所示。

(9)单击“特征”工具栏中的“拉伸凸台/基体”按钮，出现“凸台-拉伸”属性管理器，“方向”设置为“给定深度”，“深度”设置为 8 mm，单击“反向”按钮改变拉伸方向，单击“确定”按钮，生成的实体如图 4.105 所示。

(10)选择第(9)步生成的法兰的面作为“草图绘制”平面，进入“草图绘制”状态，单击“草图绘制”工具栏中的“圆”按钮绘制 $\phi 30$ 的圆，如图 4.106 所示。

(11)单击“特征”工具栏中的“拉伸凸台/基体”按钮，出现“凸台-拉伸”属性管理器，如图 4.107 所示，“方向”设置为“成形到一面”，“面”选择中间的圆柱表面，取消选择“合并结果”复选框，单击“确定”按钮，生成的实体如图 4.108 所示。

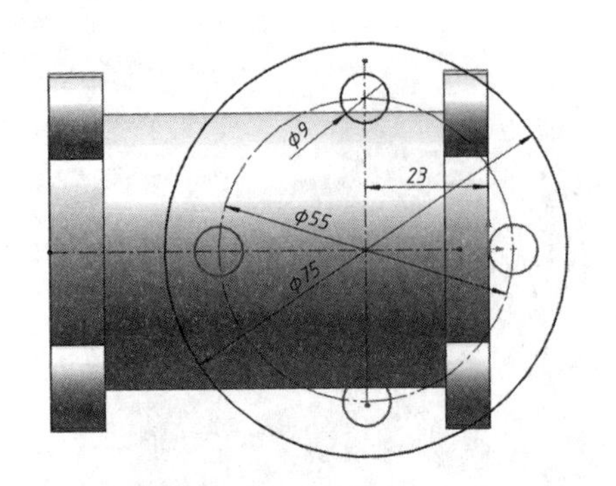

图 4.104　绘制草图

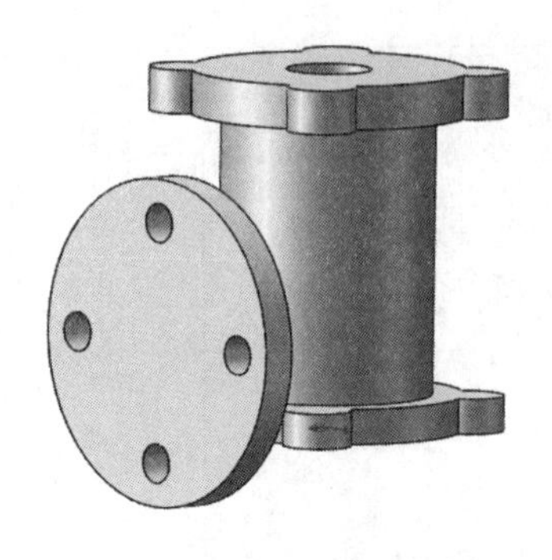

图 4.105　拉伸后实体

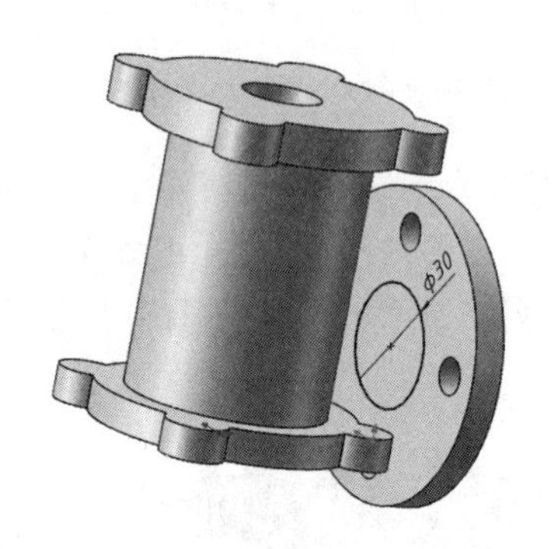

图 4.106　绘制圆

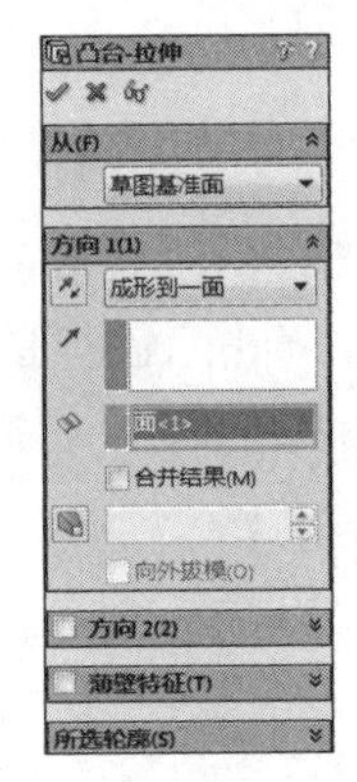

图 4.107　"凸台-拉伸"属性管理器

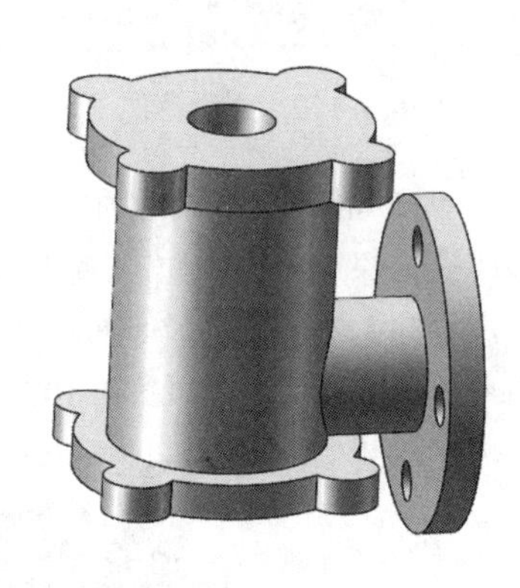

图 4.108　拉伸后实体

(12)镜像实体。单击"特征"工具栏中的"镜像"按钮，出现"镜像"属性管理器，如图 4.109 所示，设置"镜像面/基准面"为"右视基准面"，"要镜像的实体"选择前面创建的圆柱和法兰，单击"确定"按钮，生成的实体如图 4.110 所示。

(13)移动实体。单击"特征"工具栏中的"移动/复制实体"按钮，出现"移动/复制实体"属性管理器，如图 4.111 所示，"移动/复制的实体"选择第(12)步镜像的圆柱和法兰，根据坐标系设置 Z 坐标增长 27 mm，单击"确定"按钮，生成的实体如图 4.112 所示。

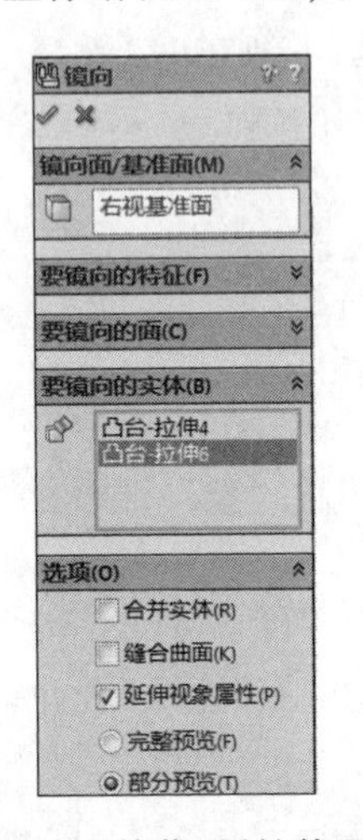

图 4.109　"镜像"属性管理器

图 4.110　镜像后实体

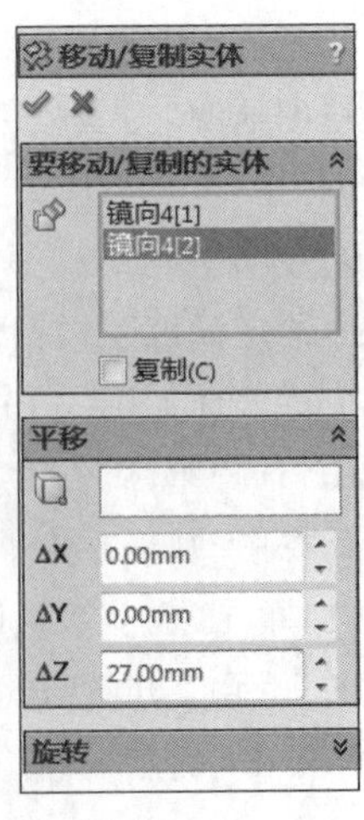

图 4.111　"移动/复制实体"属性管理器

转换实体引用命令起到复制草图的作用，可提高作图效率。

(14)选择实体的上表面作为“草图绘制”的平面，进入“草图绘制”状态，单击“视图定向”中的“正视于”按钮，分别单击“草图绘制”工具栏中的“直线”按钮、“圆”按钮、“等距实体”按钮、“剪裁实体”按钮和“智能尺寸”按钮绘制草图，如图 4.113 所示。

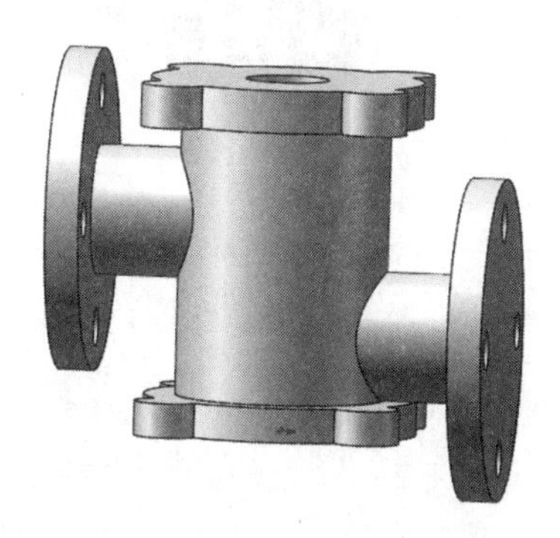

图 4.112　移动后的实体

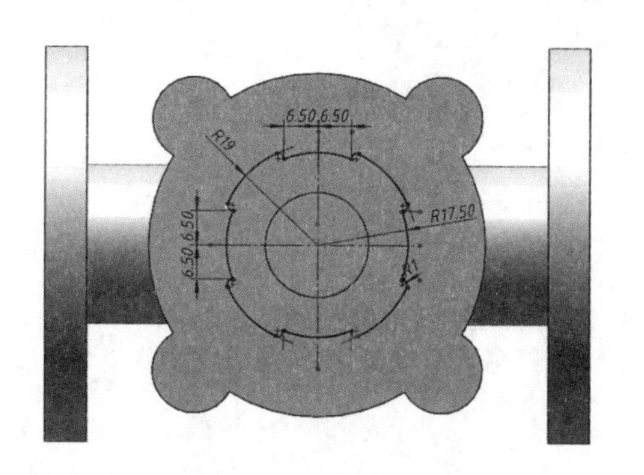

图 4.113　绘制草图

(15)单击“特征工具栏”的“拉伸切除”按钮，出现“切除-拉伸”属性管理器，“方向”设置为“给定深度”，“深度”设置为 20 mm，单击“确定”按钮，生成的实体如图 4.114 所示。

(16)同第(14)、(15)步的作图方法相同，重复选择不同的“草图绘制”平面，进入“草图绘制”状态后，绘制不同的草图，通过不同的“拉伸-切除”方法可以切出其余各孔，如图 4.115 所示。

图 4.114　切除后实体

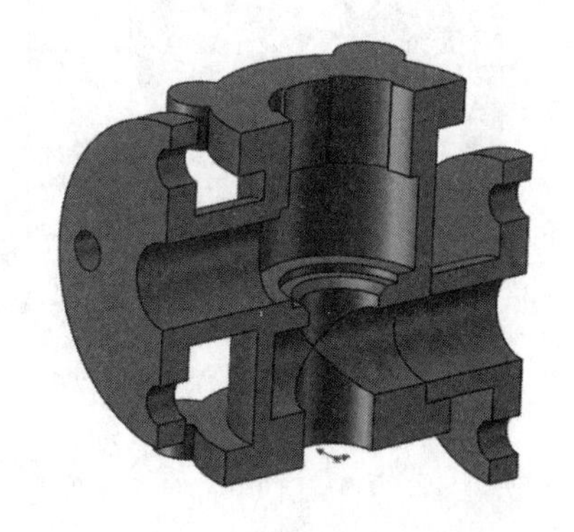

图 4.115　实体内部孔结构

(17)生成螺纹孔。

①单击“特征”工具栏中的“异形孔向导”按钮，出现“孔规格”属性管理器，在“孔类型”中选择“直螺纹孔”，“标准”选择“GB”，“孔规格大小”选择“M6”，“终止条件”选择“完全贯穿”。

单击“位置”后，捕捉螺纹孔所在的“圆心”位置放置孔，单击“确定”按钮，生成实体如图 4.116 所示。

②单击“特征”工具栏中的“圆周阵列”按钮，出现“圆周阵列”属性管理器，“参数”选择法兰的圆周边线，“角度”设置为“90 度”，阵列 4 个螺纹孔，“特征和面”在设计树中选择上一步创建

的螺纹孔,如图 4.117 所示,单击“确定”按钮,生成实体如图 4.118 所示。

图 4.116　生成螺纹孔

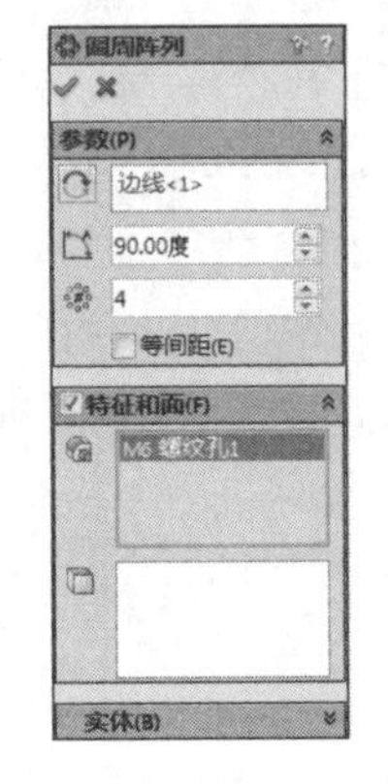

图 4.117　圆周阵列对话框

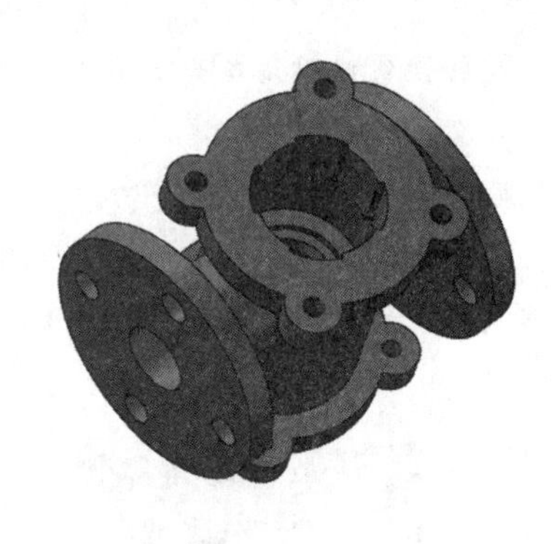

图 4.118　阵列螺纹孔

(18)生成肋板。

①选择“上视基准面”进入“草图绘制”状态,单击“草图绘制”工具栏中的“直线”按钮,分别绘制 4 个封闭的轮廓,轮廓略大于实体的轮廓,如图 4.119 所示。

②单击“特征”工具栏中的“拉伸凸台/基体”按钮,出现“凸台-拉伸”属性管理器,“方向”设置为“两侧对称”,“拉伸深度”设置为 5 mm,单击“确定”按钮,生成的阀体如图 4.120 所示。

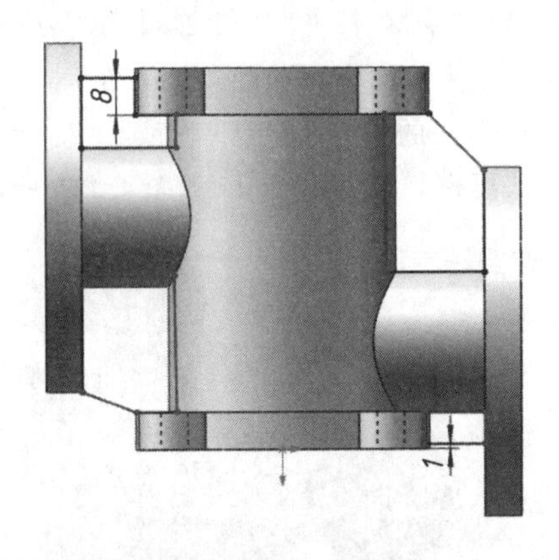

图 4.119　绘制草图

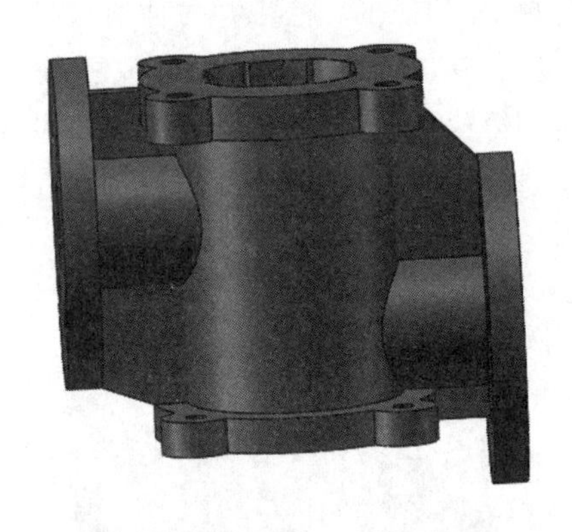

图 4.120　阀体

(19)选择“文件”|“保存”命令,保存“阀体.sldprt”文件。

课后练习

1.作业目的和要求

(1) 了解定位器工作原理，读懂零件图；
(2) 了解装配图的内容和零件图拼画装配图的方法与步骤；
(3) 根据定位器零件图创建定位器零件三维模型；
(4) 依据定位器装配示意图对定位器进行虚拟装配。

2.定位器工作原理

定位器安装在仪器的机箱内壁上。工作时定位轴1的一端插入被固定零件的孔中，当零件需要交换位置时，应拉动把手（件7），将定位器从该零件的孔中拉出，松开把手后，弹簧（件4）使定位轴（件1）恢复原位。

3.定位器装配示意图

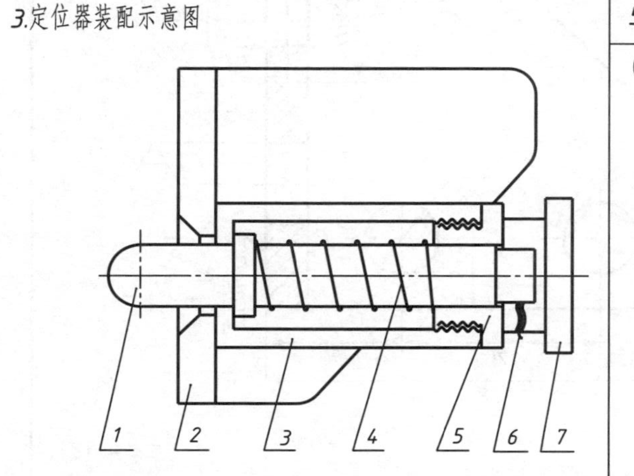

4.定位器零件明细表

序号	代号	名称	材料	数量	备注
7	XT90-006	把手	橡胶	1	
6	GB/T 71—2018	紧定螺钉M2.5×4	Q235-A	1	
5	XT90-005	端盖	Q235-A	1	
4	XT90-004	弹簧	65 Mn	1	
3	XT90-003	套筒	45	1	
2	XT90-002	支架	HT200	1	
1	XT90-001	定位轴	40Cr	1	

5.定位器零件图

(1) 零件一

1.5　2.5×0.5　C0.5
Ra3.2　Ra3.2
SΦ6d9　Φ8　Φ6d9　Φ4　Φ5h9
10　17　6　36
Ra6.3 (√)

名称	定位轴		序号	1
数量	1	材料 40Cr	比例	2:1

(2) 零件二

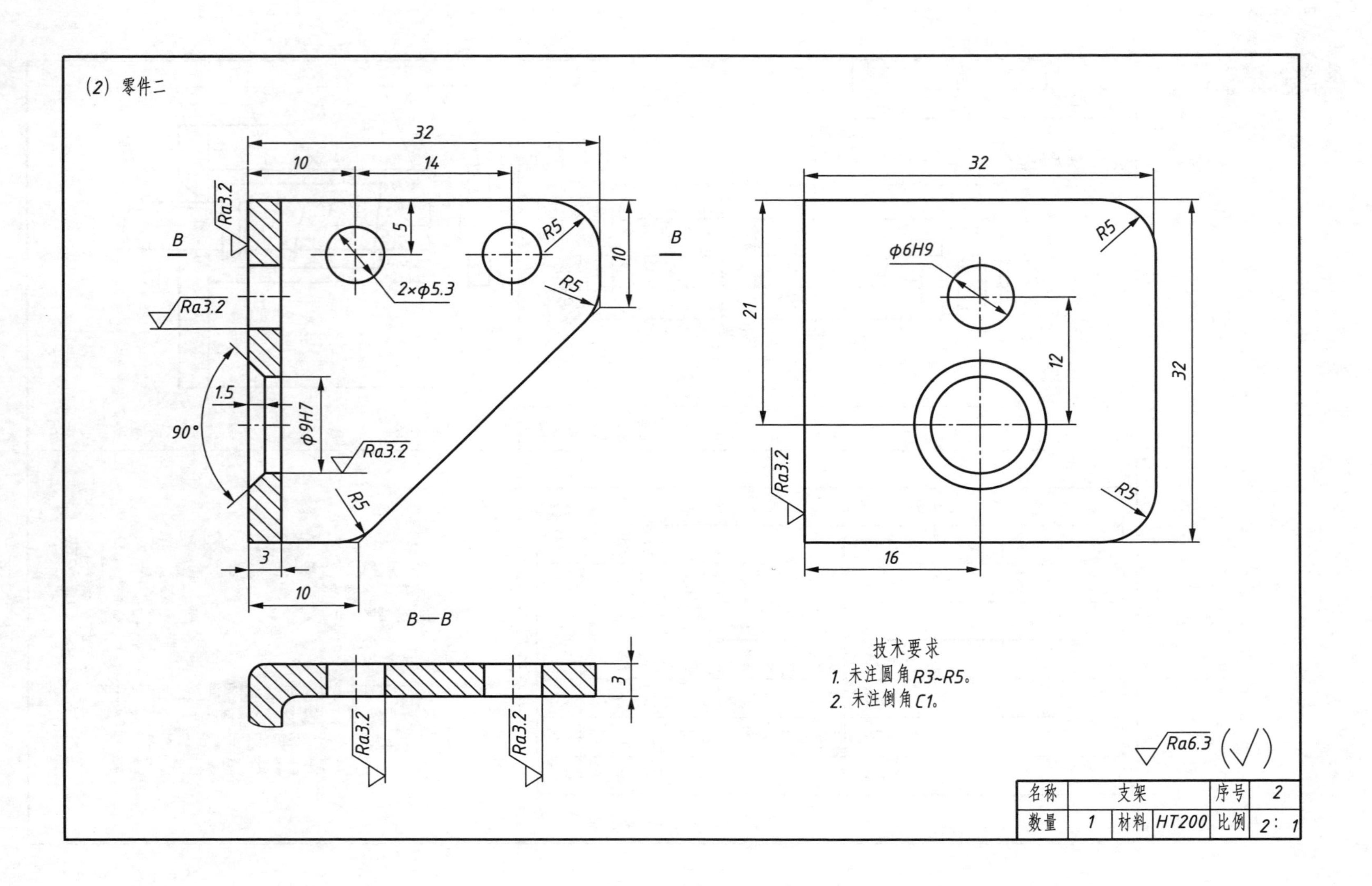
技术要求
1. 未注圆角R3~R5。
2. 未注倒角C1。
Ra6.3 (√)
名称 支架 序号 2
数量 1 材料 HT200 比例 2:1
B—B
2×φ5.3
φ6H9
φ9H7
90°
1.5
R5
Ra3.2

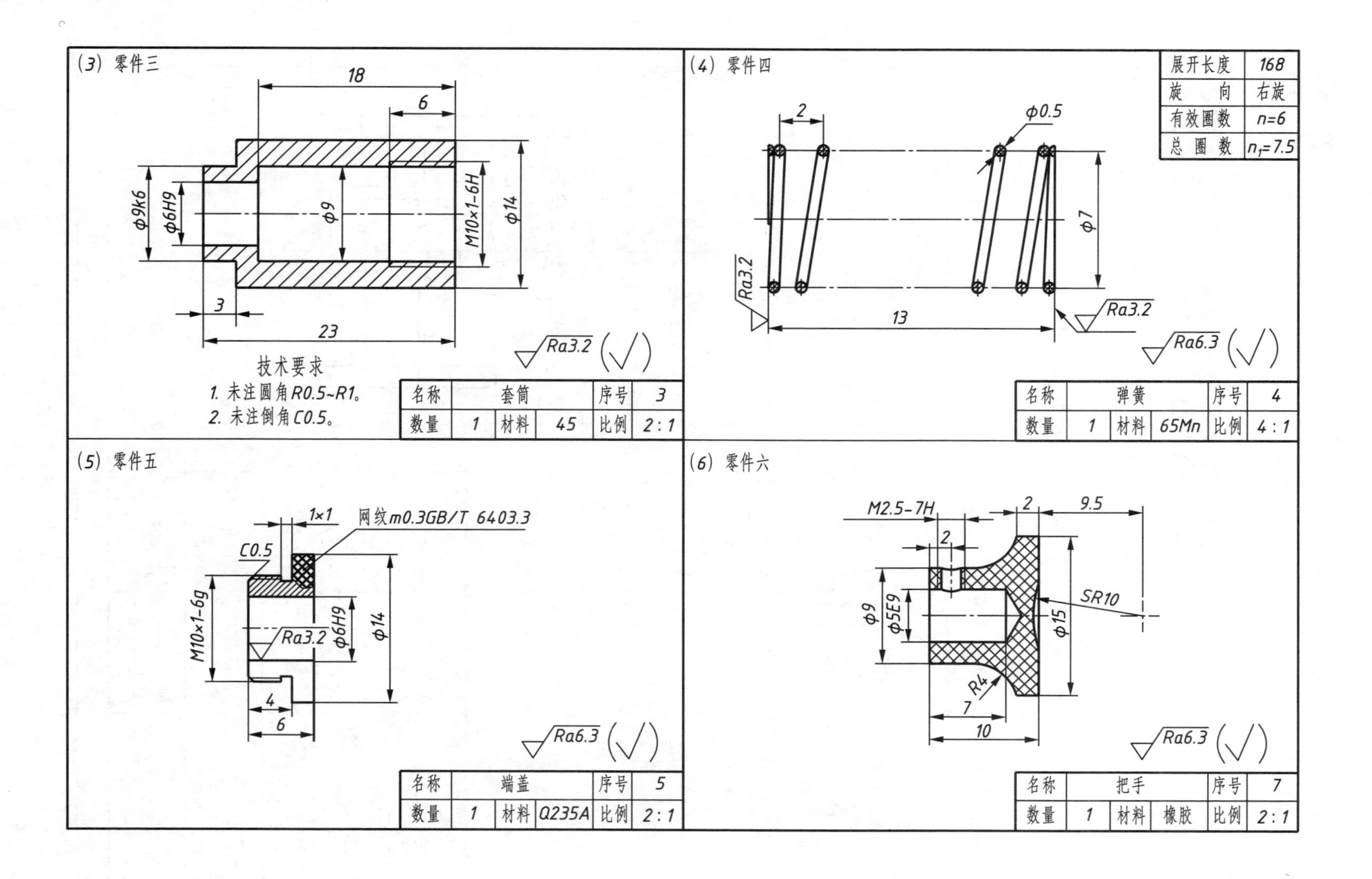
(3) 零件三
18
6
ϕ9k6
ϕ6H9
ϕ9
M10×1-6H
ϕ14
3
23
Ra3.2
技术要求
1. 未注圆角R0.5~R1。
2. 未注倒角C0.5。
名称 套筒 序号 3
数量 1 材料 45 比例 2:1
(4) 零件四
展开长度 168
旋向 右旋
有效圈数 n=6
总圈数 n1=7.5
2
ϕ0.5
ϕ7
Ra3.2
13
Ra3.2
Ra6.3
名称 弹簧 序号 4
数量 1 材料 65Mn 比例 4:1
(5) 零件五
1×1
网纹m0.3GB/T 6403.3
C0.5
M10×1-6g
Ra3.2
ϕ6H9
ϕ14
4
6
Ra6.3
名称 端盖 序号 5
数量 1 材料 Q235A 比例 2:1
(6) 零件六
M2.5-7H
2
9.5
2
SR10
ϕ9
ϕ5E9
ϕ15
R4
7
10
Ra6.3
名称 把手 序号 7
数量 1 材料 橡胶 比例 2:1

第 5 章
安全阀的装配与爆炸

视频

安全阀的装配

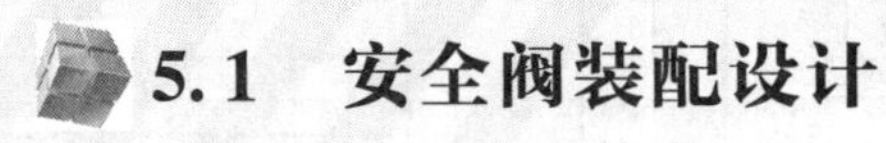

5.1　安全阀装配设计

安全阀的装配示意图如图 5.1 所示。

一、工作原理

安全阀是一种安装在输油（液体）管路中的安全装置。工作时，阀门靠弹簧的预紧力处于关闭状态，油（液体）从阀体左端孔流入，经下端孔流出。当油压超过额定压力时，阀门被顶开，过量油（液体）就从阀体和阀门开启后的缝隙间经阀体右端孔管道流回到油箱，从而使管路中的油压保持在额定的范围内，起到安全保护作用。

调整螺杆可调整弹簧预紧力。为防止螺杆松动，其上端用螺母锁紧。

二、零件建模及虚拟装配

1.把安全阀所有零件建模并虚拟装配；

2.由虚拟装配模型生成安全阀装配图。

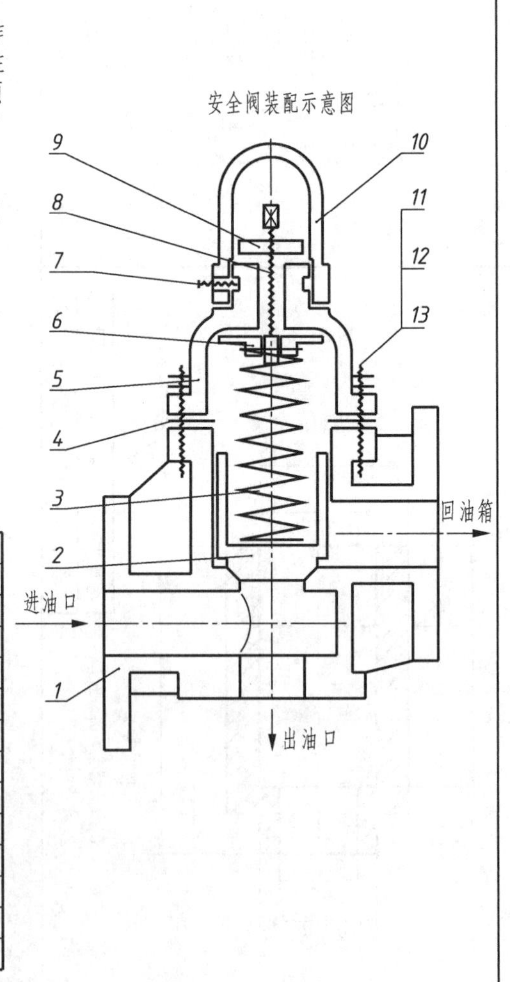

安全阀零件列表

13	GB/T 899—1988	螺柱M6×20	Q235-A	4
12	GB/T 97.2—2002	垫圈6	Q235-A	4
11	GB/T 6170—2015	螺母M6	Q235-A	4
10	XT101-008	阀帽	Q235-A	1
9	GB/T 6170—2015	螺母M10	Q235-A	1
8	XT101-007	螺杆	Q235-A	1
7	GB/T 71—2018	紧定螺钉M5×8	Q235-A	1
6	XT101-006	托盘	H62	1
5	XT101-005	阀盖	HT200	1
4	XT101-004	垫片	工业用纸	1
3	XT101-003	弹簧	65Mn	1
2	XT101-002	阀门	H62	1
1	XT101-001	阀体	HT200	1
序号	代号	名称	材料	数量

图 5.1　安全阀装配示意图

1. 运行装配体模块

运行 SolidWorks,单击工具栏中的“新建文件”按钮或选择“文件”|“新建”命令,弹出“新建 SolidWorks 文件”对话框,单击“装配体”按钮 ,然后单击“确定”按钮,打开图 5.2 所示的工作界面。

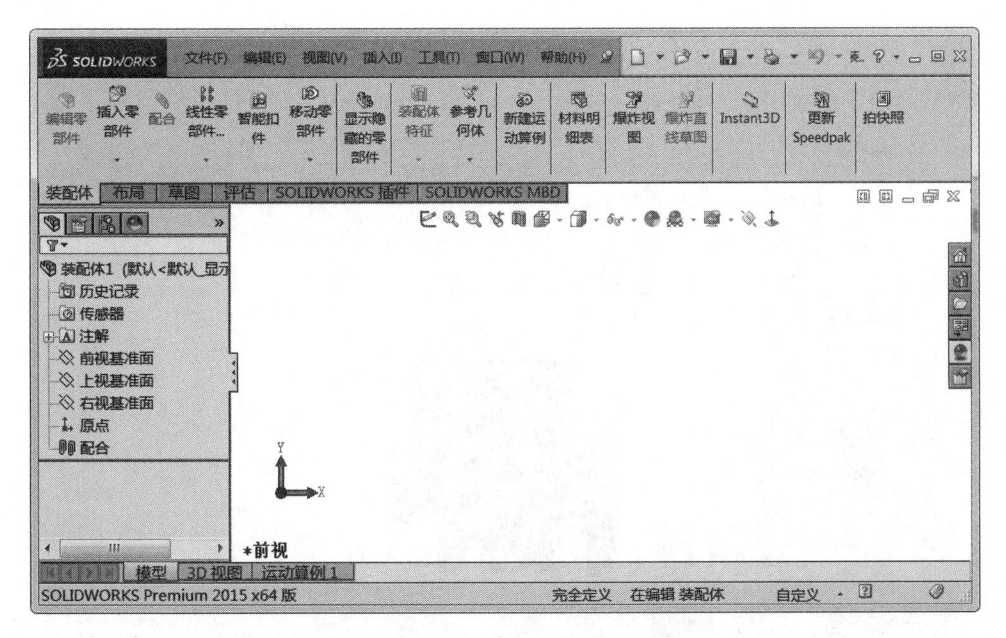

图 5.2　SolidWorks 装配体主工作界面

2. 插入阀体

(1)单击“装配体”工具栏中的“插入零部件”按钮 ,出现“插入零部件”属性管理器,如图 5.3 所示,在“打开文档”选项中单击“浏览”按钮 浏览(B)... ,弹出“打开”对话框,选择“安全阀”文件所在的根目录,如图 5.4 所示,选择所要加载的三维模型“阀体”,单击“打开”按钮。

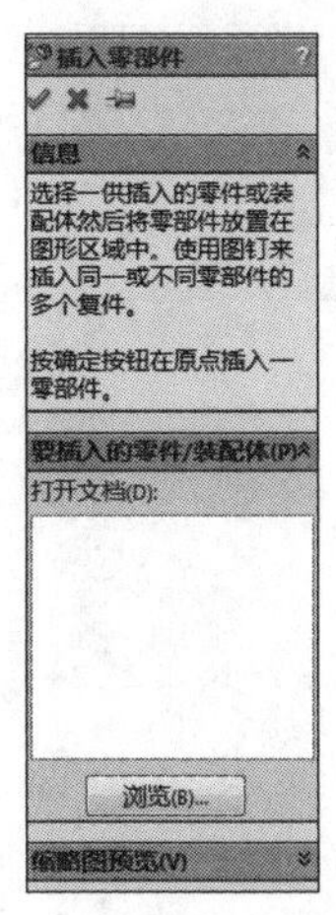

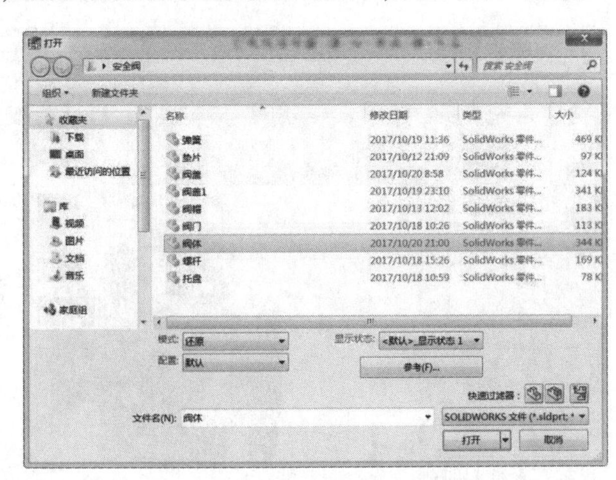

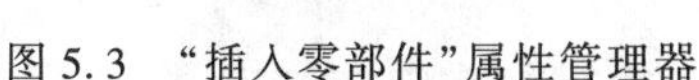
图 5.3　“插入零部件”属性管理器

图 5.4　“打开”对话框

提示

第一次打开的三维模型最好是装配体的主要零件，系统默认“固定”，在装配时后面打开的零件可以“移动”。

(2)打开“阀体”三维模型后，用鼠标拖动零件到适当位置，单击“确定”按钮，按下鼠标中键旋转模型到适当的方位，如图5.5所示。

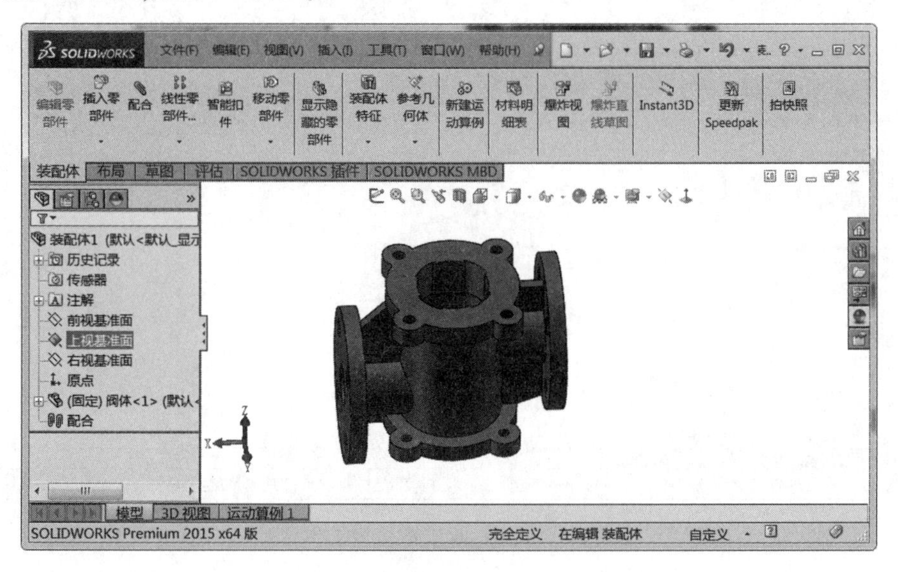

图5.5　打开阀体

3. 装配阀门和阀体

(1)单击“装配体”工具栏中的“插入零部件”按钮，根据装配示意图和装配体的装配顺序选择所要加载的三维模型“阀门”，单击“打开”按钮，将其拖动到适当位置，如图5.6所示。

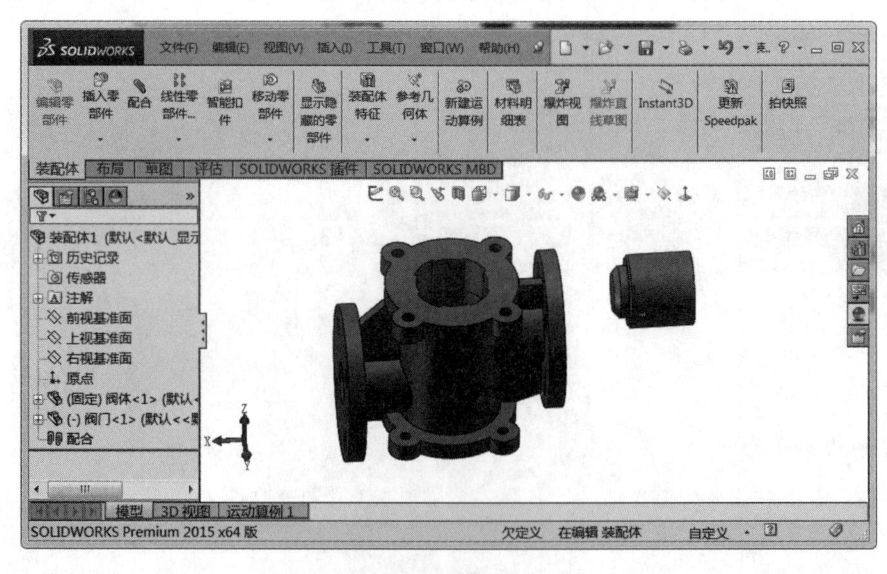

图5.6　打开阀门

(2)改变模型的显示状态,单击“装配体”工具栏中的“配合”按钮,出现“配合”属性管理器,设置“阀门”的圆周边线和“阀体”内部的圆周边线“同轴心”,如图 5.7 所示,单击“确定”按钮一次配合完成。

提示

可以通过“配合”属性管理器中的“配合对齐”改变零件的配合方向,定义错误的配合可以在“设计树”的“配合”列表中将其删除。

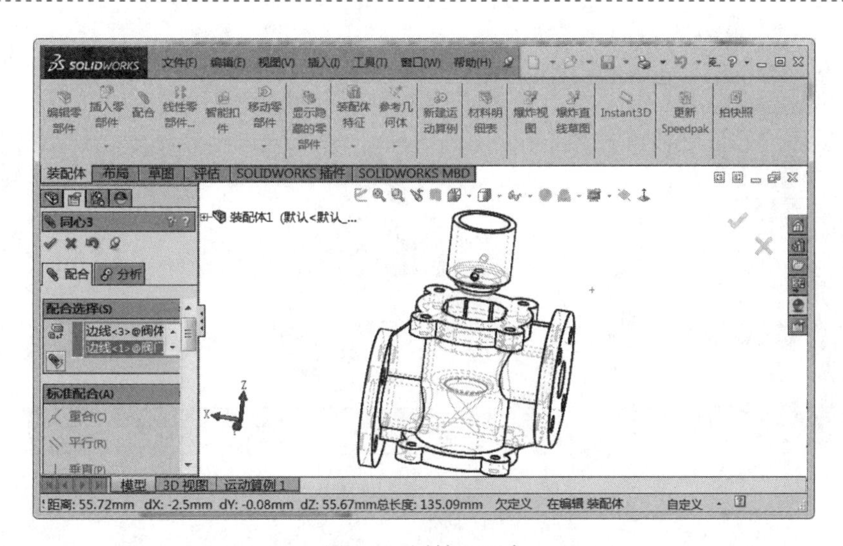

图 5.7 同轴心配合

(3)改变显示效果,单击“绘图区”上方的“剖面视图”按钮,选择合适的基准面将模型剖切,看到“阀体”内部结构,继续单击“装配体”工具栏中的“配合”按钮,按住鼠标中键旋转模型,单击“阀体”内部的锥面和“阀门”下端的锥面,在“配合”选项卡中设置“重合”,如图 5.8 所示,单击“确定”按钮,“阀体”和“阀门”完成配合。

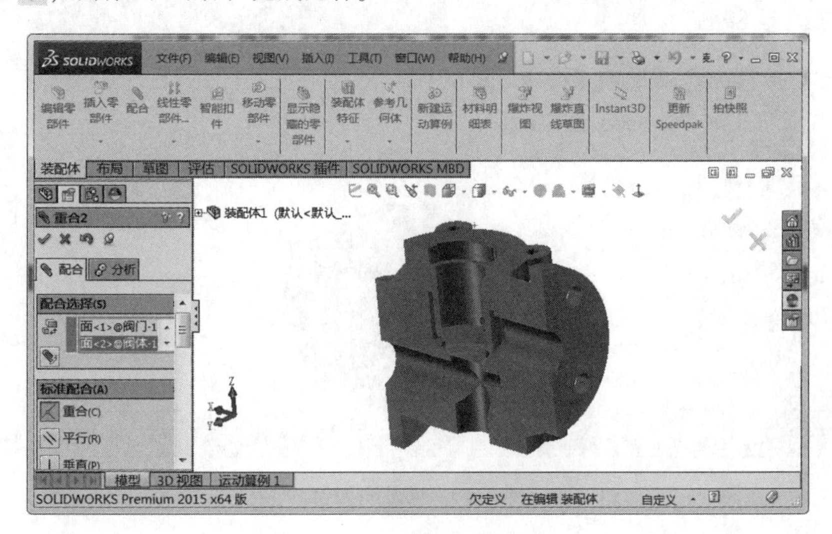

图 5.8 锥面重合

4. 装配弹簧

(1)单击“装配体”工具栏中的“插入零部件”按钮 ,根据装配示意图和装配体的装配顺序选择所要加载的三维模型“弹簧”,单击“打开”按钮,将其拖动到适当位置。

(2)打开弹簧的零件图,在设计树中找到“弹簧”零件,再找到生成“弹簧”的路径“螺旋线”时所绘圆的“草图 1”,单击或者右击时出现的“显示”按钮 ,将其设置成显示,如图 5.9 所示。

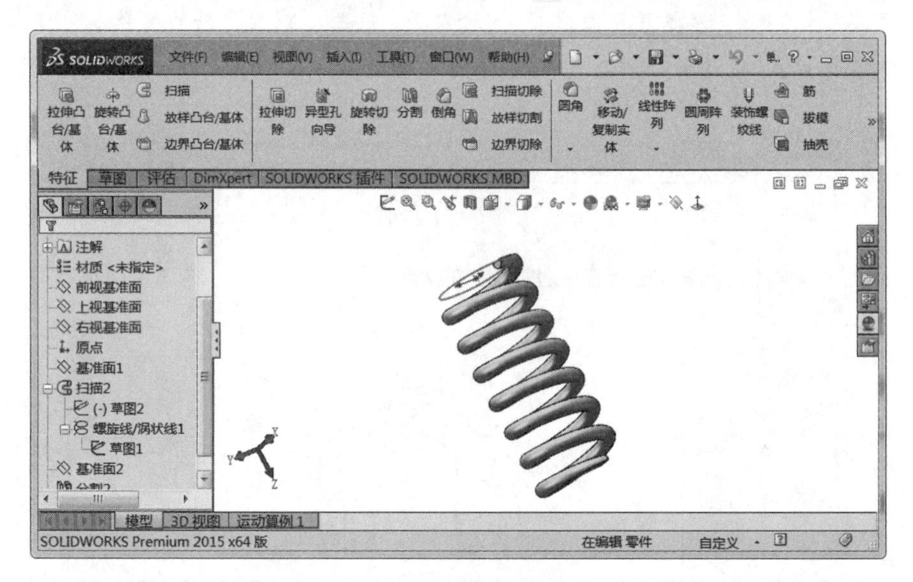

图 5.9　设置弹簧草图显示

(3)单击“装配体”工具栏中的“配合”按钮 ,出现“配合”属性管理器,设置“阀门”的圆周边线和生成“弹簧”的“路径”时所绘的“草图 1”的圆周边线“同轴心”,如图 5.10 所示,单击“确定”按钮 一次配合完成。

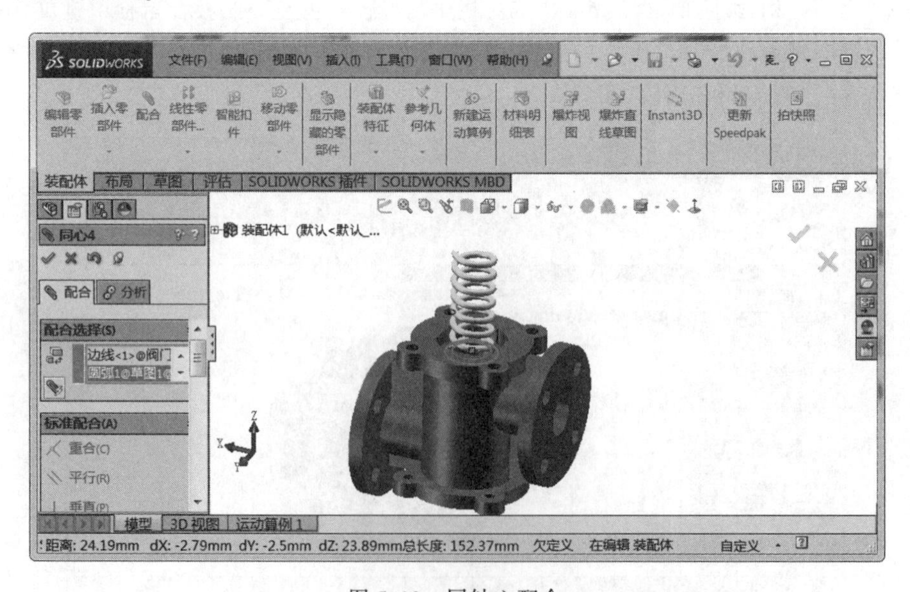

图 5.10　同轴心配合

(4)单击“装配体”工具栏中的“配合”按钮 ,出现“配合”属性管理器,将“弹簧”和“阀门”拖动到合适的位置后分别选择其上下底面,设置“重合”后效果如图 5.11 所示,单击“确定”按钮 完成“弹簧”和“阀门”的配合。

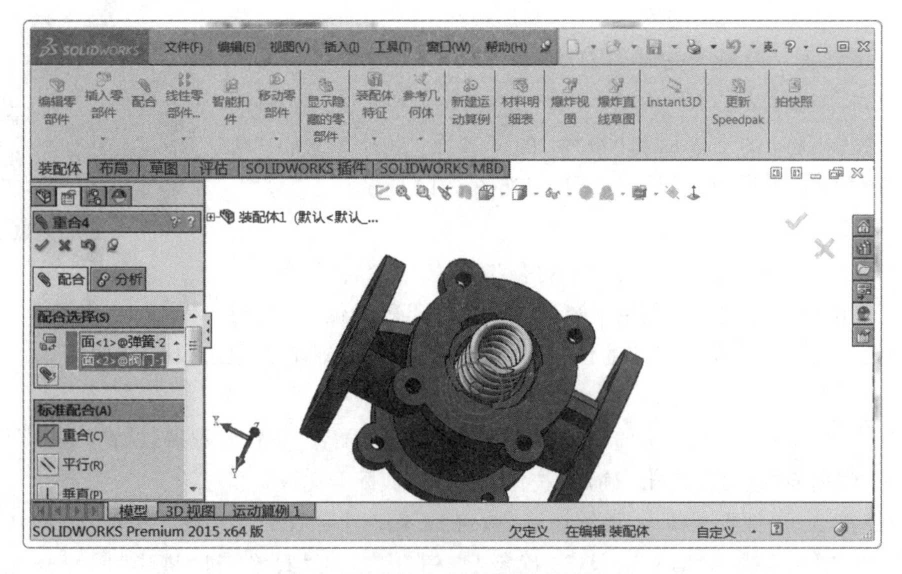

图 5.11　弹簧和阀门上下底面重合

5. 装配托盘

(1)装配“托盘”与设置“弹簧”和“阀门”的装配步骤相同,单击“装配体”工具栏中的“插入零部件”按钮 ,将“托盘”零件插入,使用鼠标左键和中键将“托盘”拖动到合适的位置,找到“托盘”的任一圆周边线和图 5.9 所示“弹簧”的“路径”草图中圆的边线,设置“同轴心”,单击“确定”按钮 一次配合完成。

(2)单击“装配体”工具栏中的“配合”按钮 ,出现“配合”属性管理器,设置“托盘”下端的圆环面和“弹簧”的上端面“重合”,单击“确定”按钮 完成“托盘”和“弹簧”的配合,如图 5.12 所示。

图 5.12　弹簧和托盘配合

6. 装配螺杆

(1)装配“托盘”与设置“弹簧”和阀门的装配步骤相同,单击“装配体”工具栏中的“插入零部件”按钮 ,将“螺杆”零件插入,使用鼠标左键和中键将“螺杆”拖动到合适的位置,找到“托盘”的任一圆周边线和“螺杆”的任一圆周边线,设置“同轴心”,单击“确定”按钮 一次配合完成。

(2)单击“装配体”工具栏中的“配合”按钮 ,出现“配合”属性管理器,设置“托盘”上端的圆锥面和“螺杆”端部的圆锥面“重合”,单击“确定”按钮 完成“托盘”和“螺杆”的配合,如图 5.13 所示。

图 5.13　螺杆和托盘配合

7. 装配垫片

(1)单击“装配体”工具栏中的“插入零部件”按钮，将“垫片”零件插入，使用鼠标左键和中键将“垫片”拖动到合适的位置，找到“垫片”的任一圆周边线和“阀体”的任一圆周边线，设置“同轴心”，单击“确定”按钮 一次配合完成。

(2)单击“装配体”工具栏中的“配合”按钮，出现“配合”属性管理器，设置“阀体”的上表面和“垫片”的下表面“重合”，单击“确定”按钮 完成“垫片”和“阀体”的配合，如图 5.14 所示。

图 5.14 垫圈和阀体配合

8. 装配阀盖

(1)单击“装配体”工具栏中的“插入零部件”按钮，将“阀盖”零件插入，使用鼠标左键和中键将“阀盖”拖动到合适的位置，找到“阀盖”的任一圆周边线和“垫片”的任一圆周边线，设置“同轴心”，单击“确定”按钮 完成一次配合完成。

(2)单击“装配体”工具栏中的“配合”按钮，出现“配合”属性管理器，设置“阀盖”的下底面和“垫片”上端的面“重合”，单击“确定”按钮 第二次配合完成。

(3)在“配合”属性管理器中，继续设置“阀盖”下端四个圆孔的任一圆孔边线和“阀体”上端的四个圆孔任一圆孔边线“同轴心”，单击“确定”按钮 完成“阀盖”和“垫片”的配合，如图 5.15 所示。

两次使用同轴心配合，需要三维模型制作精确，如果不能完成，可以修改模型或者用鼠标左键拖动旋转阀盖进行配合。

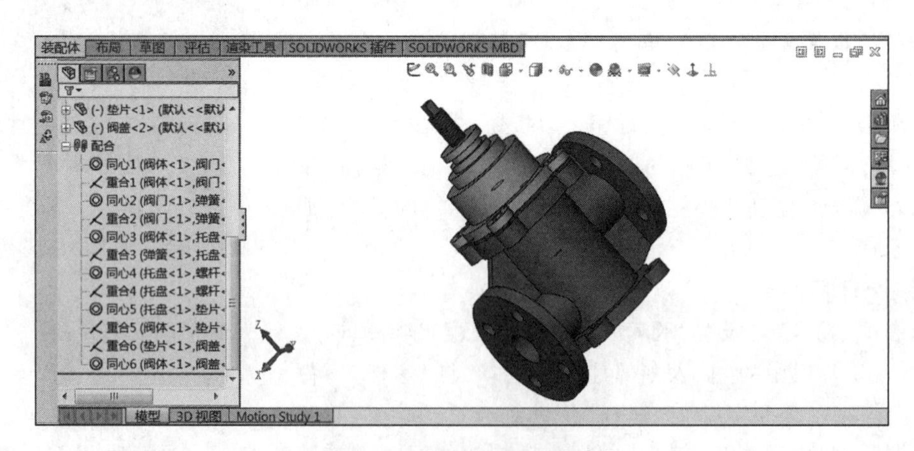

图 5.15 阀盖和阀体配合

9. 装配螺母 M10

(1)单击绘图区右边的“设计库”按钮，出现“设计库”任务窗格，如图 5.16 所示，选择“Toolbox”后单击“现在插入”超链接，插入各种标准件，如图 5.17 所示，单击“GB” GB 前的“+”，可以出现不同的标准件供用户选用。

(2)单击“螺母”标准件中的“六角螺母”,会出现不同标准和型号的螺母供选择,根据“安全阀零件列表”中的“代号”显示,需要“GB/T 6170—2015”的螺母,如图 5.18 所示。

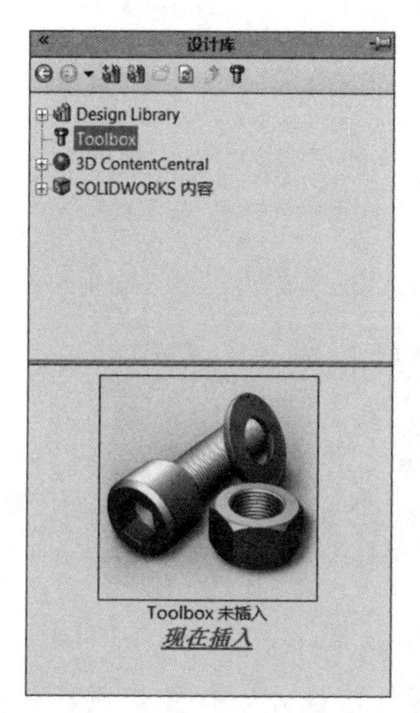

图 5.16 设计库

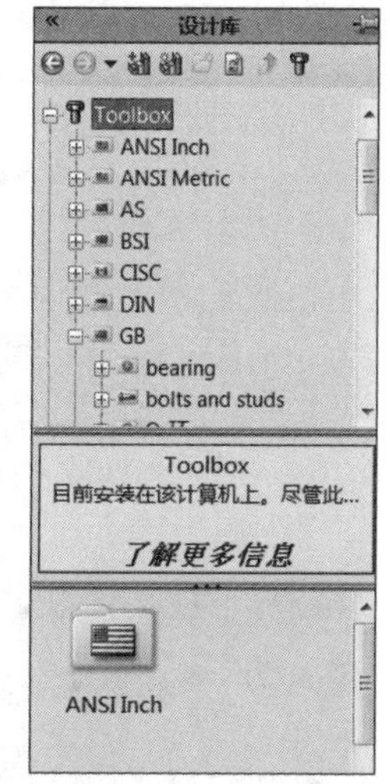

图 5.17 Toolbox

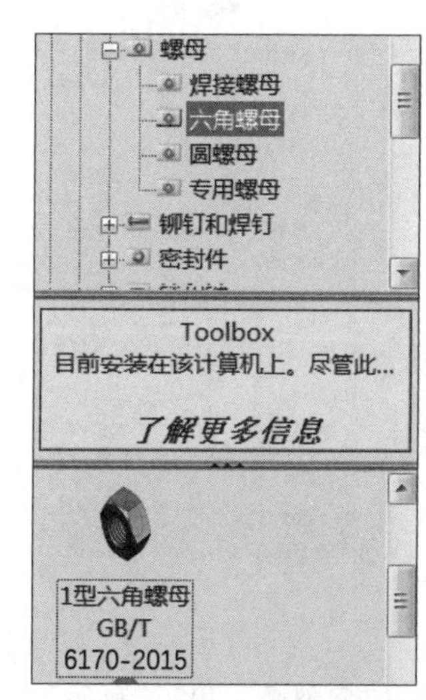

图 5.18 螺母标准件

(3)选择相应型号的“螺母”后右击,在弹出的快捷菜单中选择“生成零件”命令,单独出现一个新的零件文件,在“配置零部件”属性管理器的“属性”设置中选择“大小”为“M10”,“螺纹线显示”为“装饰”,如图 5.19 所示,单击“确定”按钮 完成螺母的创建。

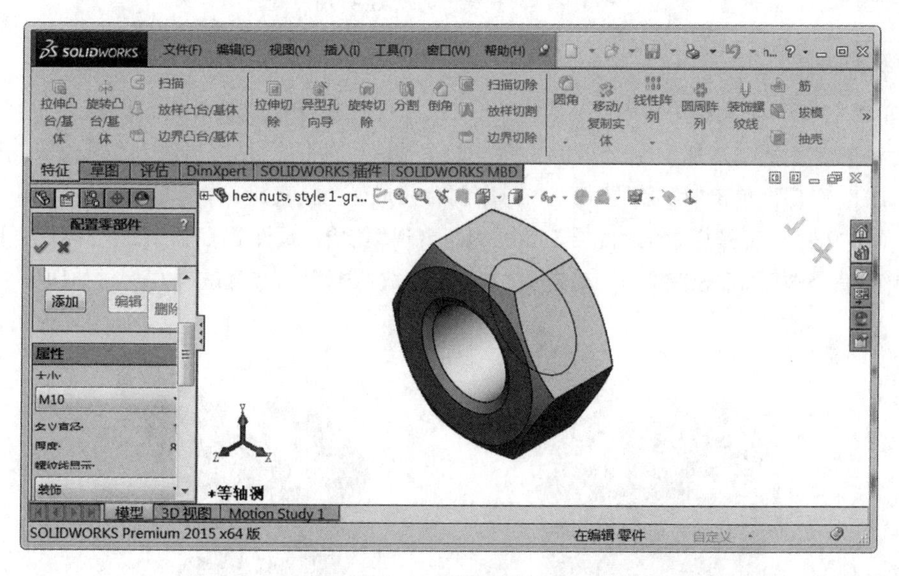

图 5.19 设置螺母

(4)选择“窗口”菜单,找到上一步设置的“螺母”只读文件,选择“文件”|“保存”命令,将螺母保存到前面设置的“安全阀”文件夹中并命名为“螺母 M10”,如图 5.20 所示。

(5)单击“装配”工具栏中的“插入零部件”按钮 ,将“螺母”零件插入,使用鼠标左键和中键将“螺母”拖动到合适的位置。

(6)单击“装配”工具栏中的“配合”按钮 ,找到“螺母”的任一圆周边线和“螺杆”的任一圆

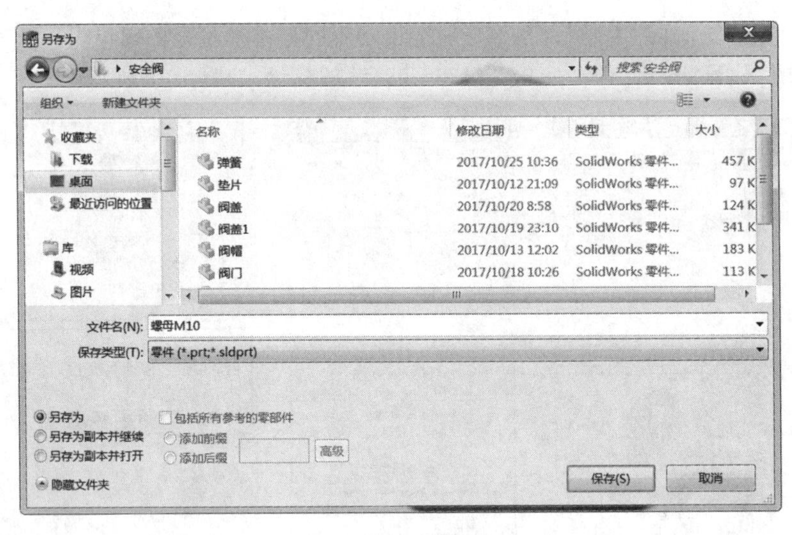

图 5.20　保存螺母

周边线，设置“同轴心”，单击“确定”按钮 配合完成，然后按住鼠标左键将螺母拖动到合适的位置，如图 5.21 所示。

在装配过程中如果遇到某个零件被其他零件遮挡时，选中遮挡的零件并右击，在弹出的快捷菜单中设置“隐藏零部件” 或者“更改透明度” 。

10. 装配阀帽

(1)单击“装配”工具栏中的“插入零部件”按钮 ，通过“浏览”文件将“阀帽”零件插入，使用鼠标左键和中键将“阀帽”拖动到合适的位置，找到“阀帽”的任一圆周边线和“阀盖”的任一圆周边线，设置“同轴心”，单击“确定”按钮 一次配合完成。

(2)单击“装配”工具栏中的“配合”按钮 ，出现“配合”属性管理器，设置“阀帽”下端面和“阀盖”上的一个端面“重合”，单击“确定”按钮 完成“阀帽”和“阀盖”的配合，如图 5.22 所示。

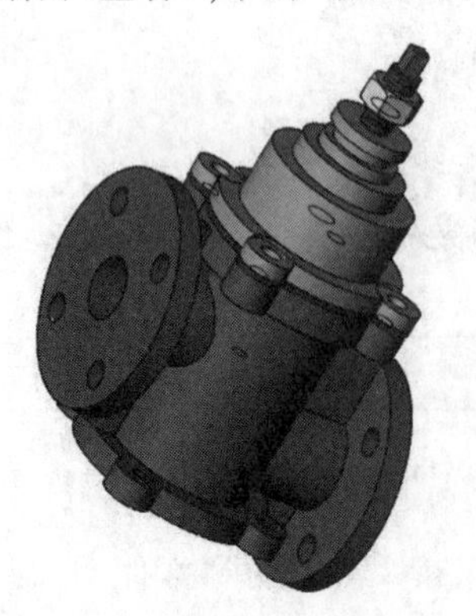

图 5.21　装配 M10 螺母

图 5.22　装配阀帽

11. 插入其他标准件并装配

装配其他标准件与生成、插入“螺母 M10”的步骤相同，生成和插入“螺母 M6”“垫圈 6”“螺柱

M6×20”“紧定螺钉 M5×8”四个标准件,并与阀盖进行装配。

(1)装配“紧定螺钉 M5×8”时,首先通过“配合”设置“紧定螺钉”与“螺钉孔”“同心”,由于曲面和平面之间不能生成配合,必要时“紧定螺钉”需要拖动到与“阀帽”的外表面基本平齐。

(2)装配“螺柱 M6×20”时,首先通过“配合”设置“螺柱”与“螺纹孔”“同心”,也需要将其拖动到合适的位置。

其余与上述步骤相同,最后装配如图 5.23 所示。

12. 阵列标准件

单击“装配”工具栏中的“线性零部件阵列”按钮 中的 按钮,单击“圆周零部件阵列”按钮 ,出现“圆周阵列”属性管理器,单击激活“参数”中的“反向” 后设置安全阀“阀盖”的圆周边线,“角度”设置为 90 度,阵列 4 个,单击激活“要阵列的零部件”后选择“螺母 M6”“螺柱 M6×20”“垫圈 6”,如图 5.24 所示,单击“确定”按钮 完成阵列,如图 5.25 所示。

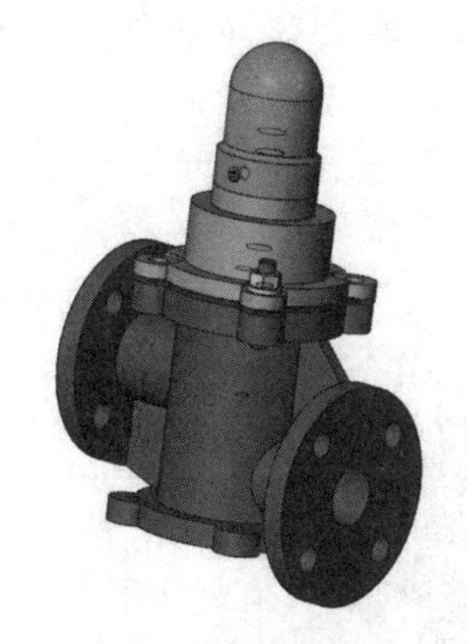

图 5.23　螺柱连接

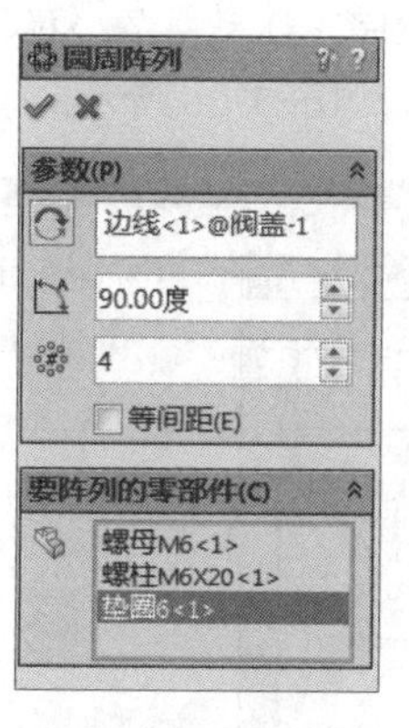

图 5.24　“圆周阵列”属性管理器

图 5.25　安全阀

13. 保存文件

选择“文件”|“保存”命令,保存“安全阀.assem”文件。

装配体模型文件和零件模型文件互相关联,零件模型的改变会使装配体模型也相应改变,为了避免装配体文件发生错误,装配体模型文件和零件模型文件必须保存在同一个文件夹下。

视频

安全阀的爆炸与动画制作

5.2 安全阀爆炸及其动画制作

根据零件的装配顺序,拆卸零件的顺序和装配零件的顺序正好相反,一般按顺序由外到内,由上到下先后爆炸零件。

1. 安全阀的爆炸

1)爆炸紧定螺钉

单击“装配”工具栏中的“爆炸视图”按钮,出现“爆炸”属性管理器,“爆炸步骤类型”选择“常规步骤”按钮,在“设定”中选择要爆炸的零件“紧定螺钉”,此时在“紧定螺钉”上出现空间坐标系,接着可以在“爆炸”属性管理器中设置爆炸“方向”、“距离”和“角度”,也可以用鼠标直接拖动“紧定螺钉”上空间坐标系中的坐标轴的箭头来移动要“爆炸”的零件,拖动到合适的位置后松开鼠标完成一步爆炸,如图 5.26 所示。

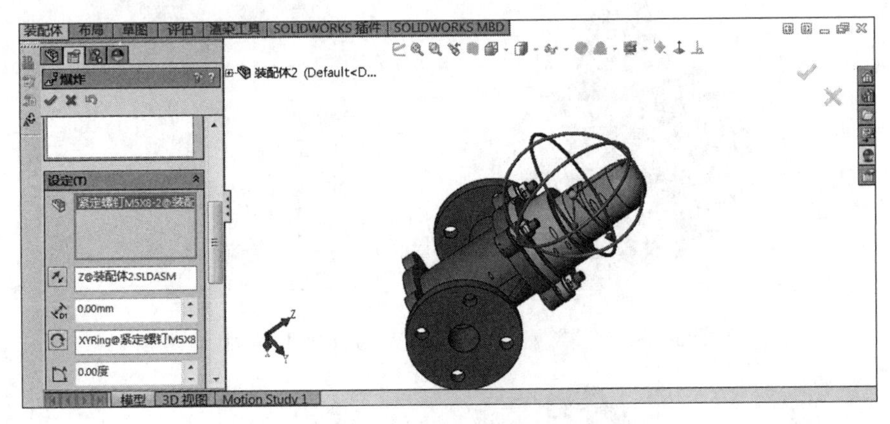

图 5.26 安全阀中紧定螺钉爆炸界面

顺着“紧定螺钉”的轴线方向“Y 轴”方向,用鼠标左键按住“Y 轴”的箭头端部向其负方向拖动一定距离,完成一次爆炸步骤后都要单击“爆炸”属性管理器中“选项”下面的“完成”按钮,如图 5.27 所示。

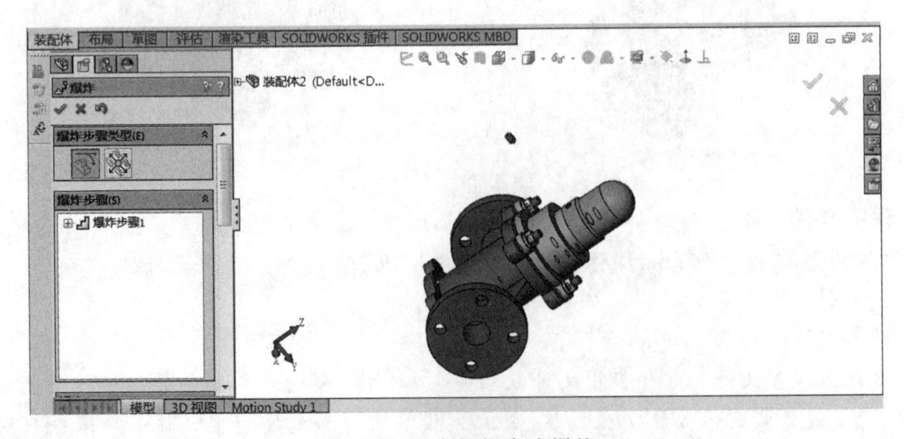

图 5.27 紧定螺钉完成爆炸

2）爆炸阀帽

不要退出“爆炸”属性管理器，在“设定”中继续选择要爆炸的零件“阀帽”，此时在“阀帽”上出现空间坐标系，如图 5.28 所示。

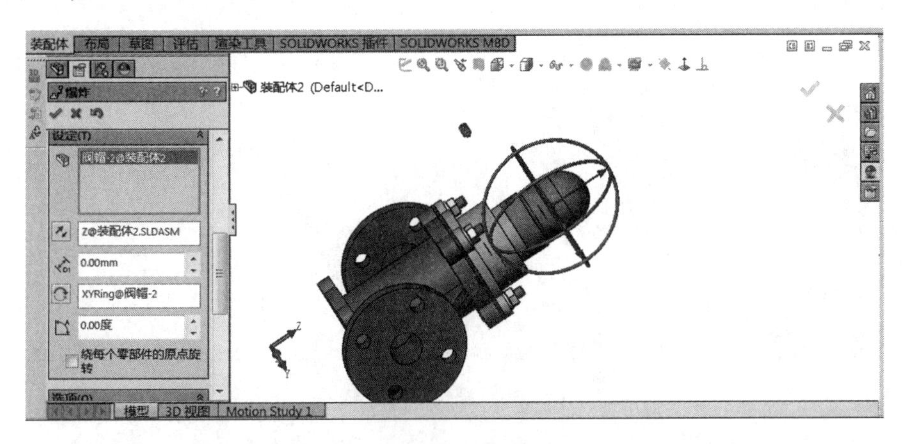

图 5.28　安全阀中阀帽的爆炸界面

顺着“阀帽”的轴线方向“Z 轴”方向，用鼠标左键按住“Z 轴”的箭头端部向其正方向拖动一定距离，完成一次爆炸步骤后都要单击“爆炸”属性管理器中“选项”下面的“完成”按钮，如图 5.29 所示。

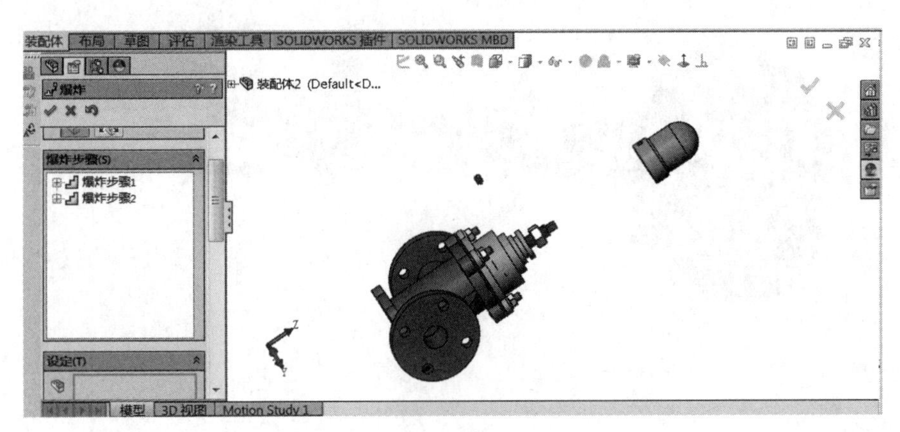

图 5.29　阀帽完成爆炸

一般用鼠标直接拖动零件上空间坐标系中的坐标轴的箭头移动要“爆炸”的零件，完成一次爆炸后，都会在“爆炸”属性管理器的“爆炸步骤”中显示。

3）爆炸螺母

不要退出“爆炸”属性管理器，在“设定”中连续选择要爆炸的 4 个零件“螺母”，顺着“螺母”的轴线方向“Z 轴”方向，用鼠标左键按住“Z 轴”的箭头端部向其正方向拖动一定距离，完成一次爆炸步骤后都要单击“爆炸”属性管理器中“选项”下面的“完成”按钮，如图 5.30 所示。

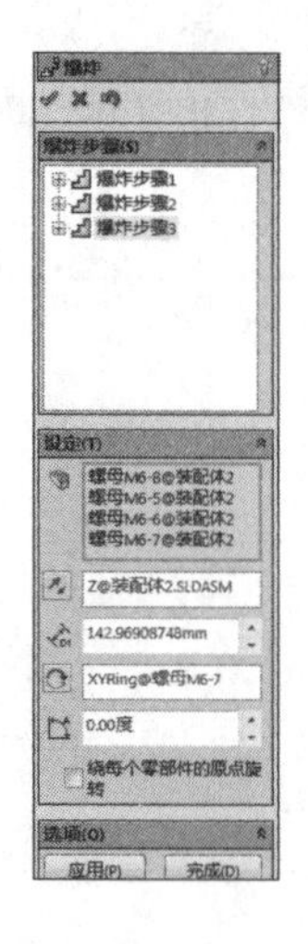

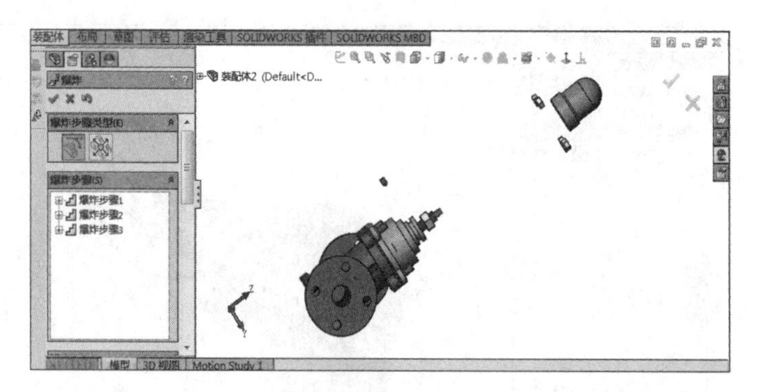

图 5.30　螺母爆炸完成

4)完成爆炸

爆炸其他零件和爆炸前面所述的步骤基本相同,要将整个装配体有顺序地爆炸完成,放在合适的位置,主要零件尽量分布在同一条直线方向上,如图 5.31 所示。

图 5.31　安全阀爆炸后

右击"爆炸"属性管理器中的"爆炸步骤"可以"删除"爆炸步骤或者"编辑步骤"。

2. 安全阀爆炸动画制作

1)动画爆炸

"绘图区"下端的"动画控制"工具栏如图 5.32 所示,爆炸完成后,单击工具栏中的"动画向导"按钮 ,弹出"选择动画类型"对话框,可以选择"旋转模型""爆炸""解除爆炸"动画类型,如图 5.33 所示选择"爆炸"选项。

图 5.32　动画控制工具条

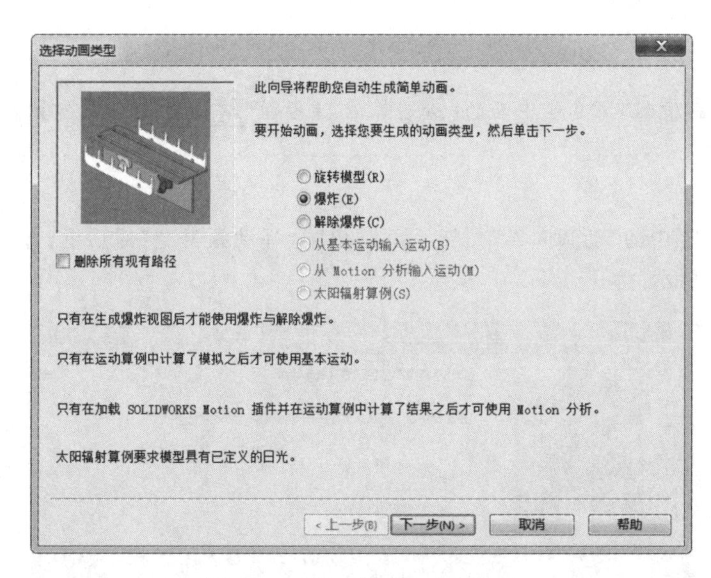

图 5.33　设置“爆炸”动画类型

2)设置动画爆炸时间

单击“选择动画类型”对话框中的“下一步”按钮,出现“开始时间”和“时间长度”设置界面,设置安全阀爆炸的“开始时间”为“0 s”,持续的“时间长度”为“5 s”,如图 5.34 所示,单击“完成”按钮,动画设置完成。

图 5.34　时间设定

3)播放动画

动画设置完成后可以单击“绘图区”下端“动画控制”工具栏中的“播放”按钮 ▷ 进行安全阀爆炸动画的播放。

提示

右击“动画控制”工具栏下面的“运动算例 1”按钮 运动算例1 ,可以新建动画。

4)动画解除爆炸

继续单击工具栏中的“动画向导”按钮 ,弹出“选择动画类型”对话框,选择“解除爆炸”动画类型,如图 5.35 所示。

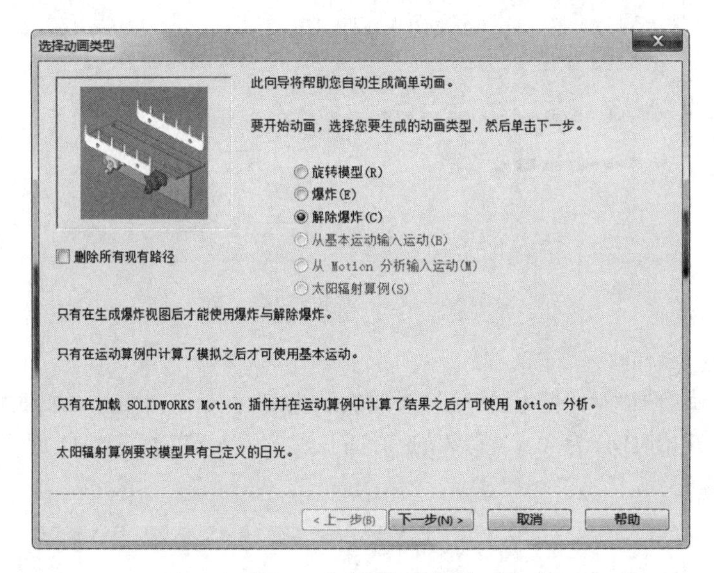

图 5.35　动画解除爆炸

5)设置动画时间

单击“选择动画类型”对话框中的“下一步”按钮,设置安全阀解除爆炸的“开始时间”为“5 s”,持续的“时间长度”为“5 s”,如图 5.36 所示,单击“完成”按钮,动画设置完成。

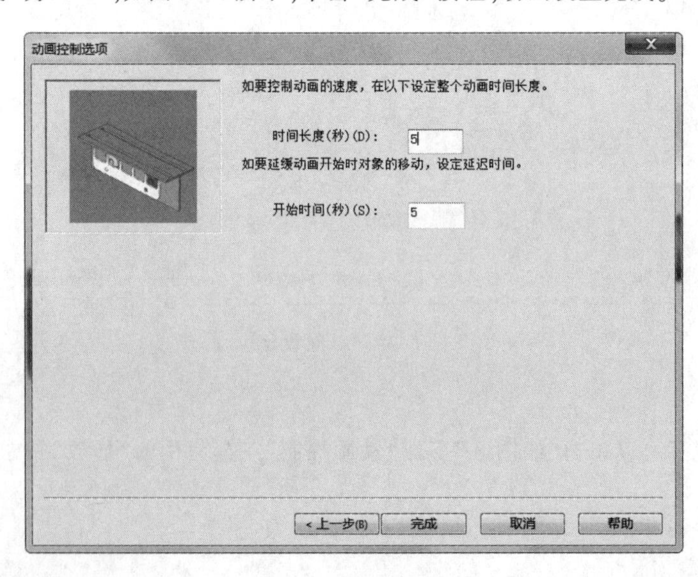

图 5.36　时间设定

6)播放动画

动画设置完成后单击“绘图区”下端“动画控制”工具栏中的“播放”按钮 ▶ 进行安全阀爆炸动画和解除爆炸动画的连续播放。

7)保存动画文件

动画制作完成后单击“绘图区”下端的“动画控制”工具栏中的“保存动画”按钮 将动画保存成“＊.avi”文件。“保存动画到文件”对话框如图 5.37 所示。

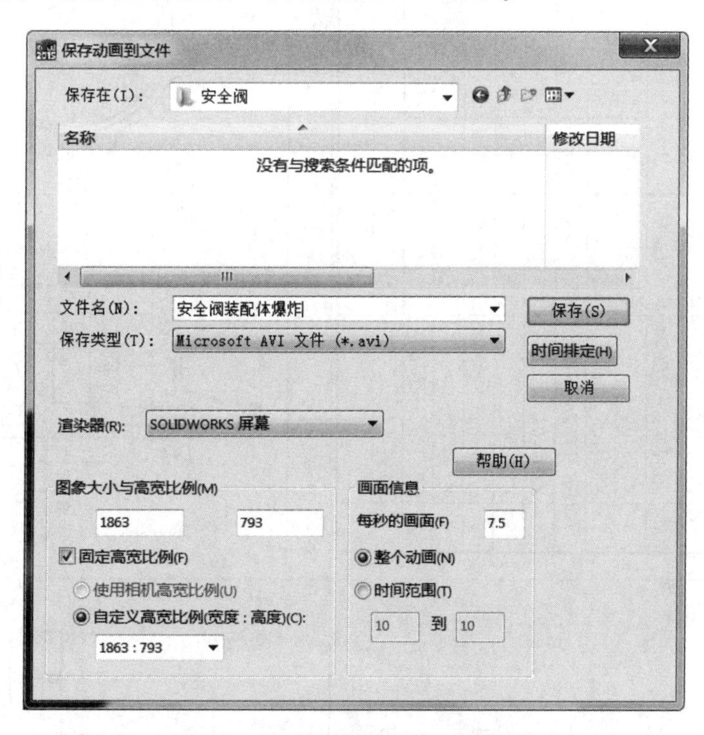

图 5.37　“保存动画到文件”对话框

单击“保存”按钮，弹出“视频压缩”对话框，如图 5.38 所示，选中“每(K)8 帧”复选框，单击“确定”按钮，经过系统计算，“安全阀装配图爆炸”动画文件保存完成。

图 5.38　“视频压缩”对话框

视频

安全阀爆炸动画

● 视频

微动机构动画

课后练习

完成下面微动机构的三维建模、装配并制作装拆动画。

1.作业目的和要求

（1）了解微动机构工作原理，读懂零件图；

（2）了解装配图的内容和零件图拼画装配图的方法与步骤；

（3）根据微动机构零件图创建微动机构零件三维模型；

（4）依据微动机构装配示意图对微动机构进行虚拟装配。

2.微动机构工作原理

微动机构是一个将手轮上的转动转变为导杆右端微量平动的装置。当手轮转动时带动螺杆作螺旋运动，通过螺旋副将转动变为导杆的平动。

3.微动机构装配示意图

4.微动机构零件明细表

序号	代号	名称	数量	材料	备注
12	XT91-08	导杆	1	45	
11	XT91-07	键 10×16	1	45	
10	GB/T 65—2000	螺钉 M3×12	1		
9	XT91-06	导套	1	45	
8	XT91-05	支座	1	HT200	
7	GB/T 829—1988	螺钉 M6×14	1		
6	XT91-04	螺杆	1	45	
5	XT91-03	轴套	1	45	
4	GB/T 819.1—2016	螺钉 M3×8	4		
3	XT91-02	垫圈	1	Q235-A	
2	GB/T 71—2018	螺钉 M5×8	1		
1	XT91-01	手轮	1	LY12	

5.微动机构零件图

（1）零件一

技术要求

1. 未注圆角 R0.5~R1。
2. 未注倒角 C0.5。

名称	手轮			序号	1
数量	1	材料	LY12	比例	1:2

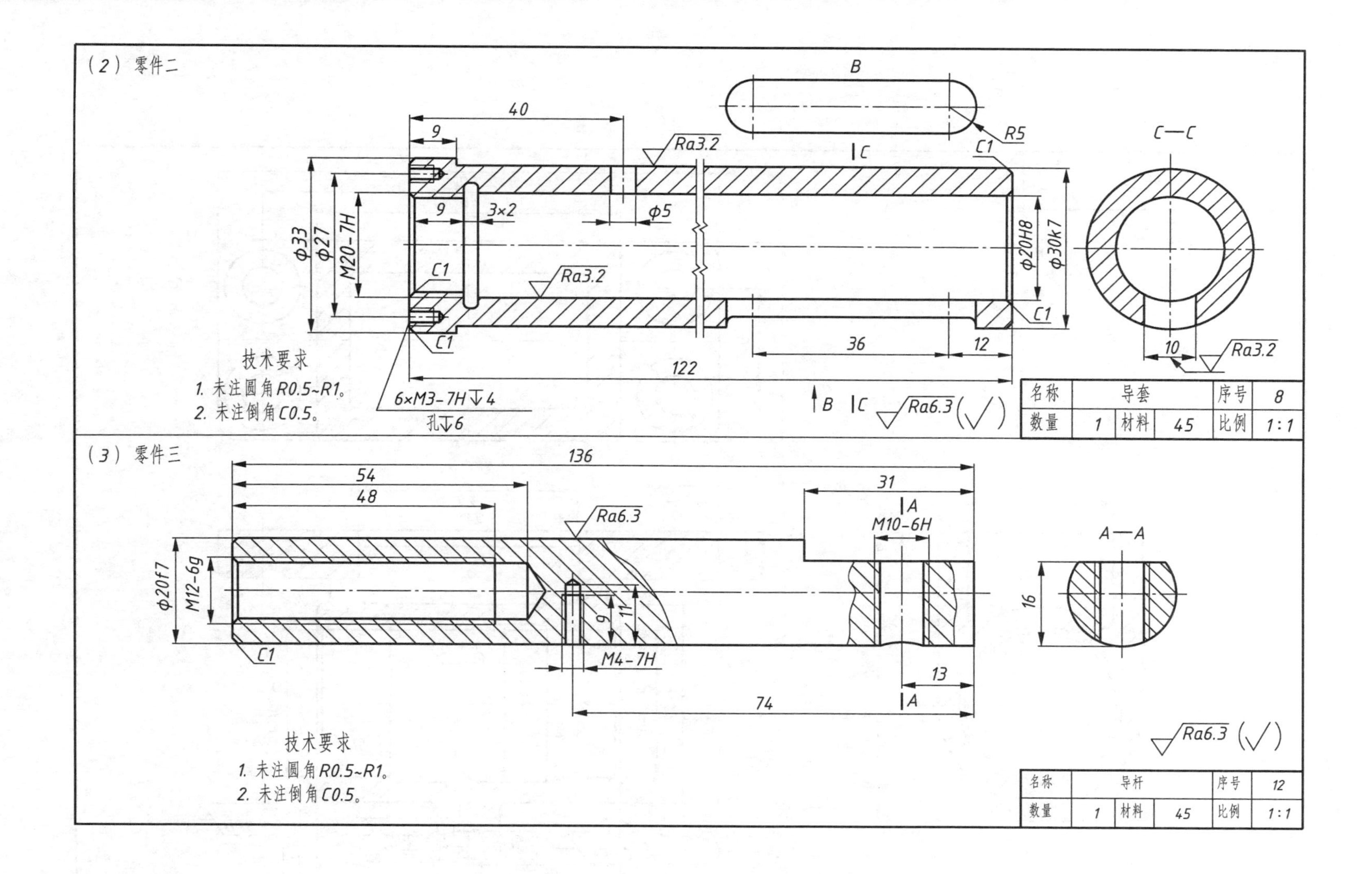

（2）零件二
B
40
9
Ra3.2
C
R5
C1
C—C
Φ33
Φ27
M20-7H
3×2
Φ5
Φ20H8
Φ30k7
36
12
10
122
技术要求
1. 未注圆角R0.5~R1。
2. 未注倒角C0.5。
6×M3-7H↧4
孔↧6
Ra6.3
名称 | 导套 | 序号 | 8
数量 | 1 | 材料 | 45 | 比例 | 1:1
（3）零件三
136
54
48
31
A
M10-6H
A—A
Φ20f7
M12-6g
9
11
16
M4-7H
13
74
技术要求
1. 未注圆角R0.5~R1。
2. 未注倒角C0.5。
名称 | 导杆 | 序号 | 12
数量 | 1 | 材料 | 45 | 比例 | 1:1

（4）零件四

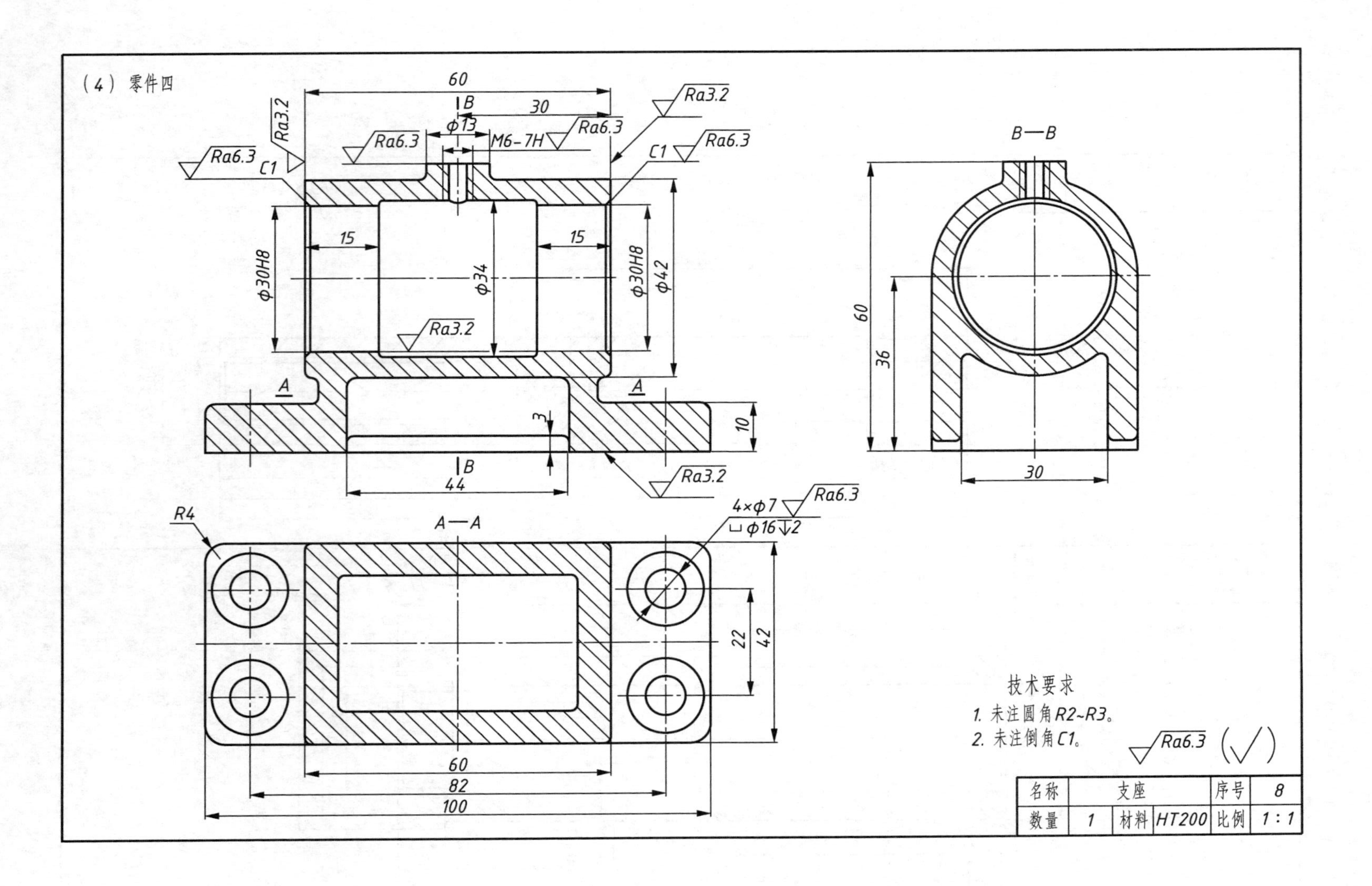
60
B
30
φ13
M6-7H
Ra6.3
Ra3.2
C1
15
φ30H8
φ34
φ42
A
3
10
44
B—B
36
R4
A—A
4×φ7
⌴φ16↧2
22
42
82
100
技术要求
1. 未注圆角R2~R3。
2. 未注倒角C1。
Ra6.3 (√)
名称 支座 序号 8
数量 1 材料 HT200 比例 1:1

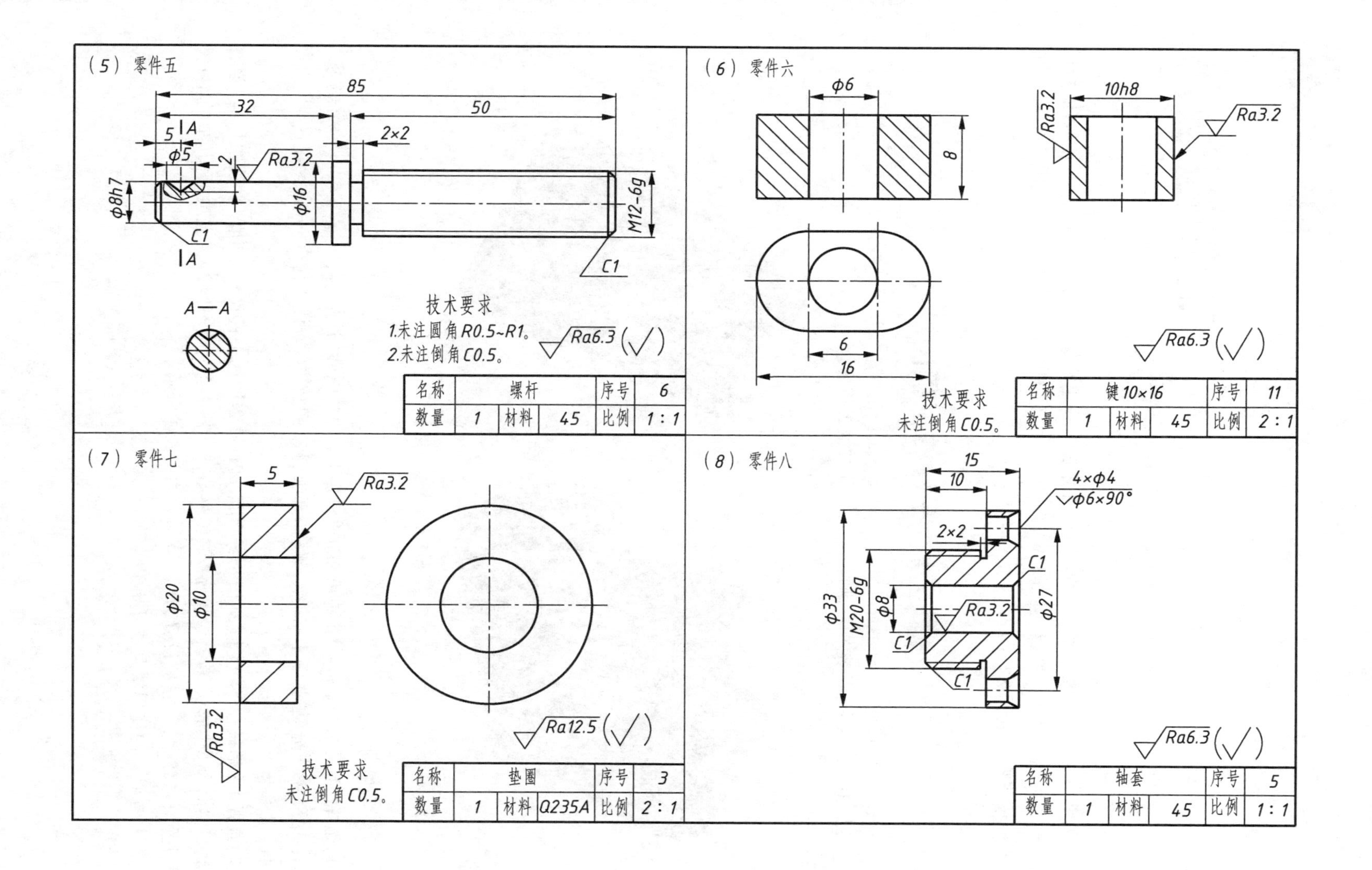

（5）零件五
A—A
技术要求
1.未注圆角R0.5~R1。
2.未注倒角C0.5。
名称 螺杆 序号 6
数量 1 材料 45 比例 1:1
（6）零件六
技术要求
未注倒角C0.5。
名称 键10×16 序号 11
数量 1 材料 45 比例 2:1
（7）零件七
技术要求
未注倒角C0.5。
名称 垫圈 序号 3
数量 1 材料 Q235A 比例 2:1
（8）零件八
名称 轴套 序号 5
数量 1 材料 45 比例 1:1

第6章

工程图设计

工程图是用来表达三维模型的二维图样，通常包含一组视图、完整的尺寸、技术要求、标题栏等内容。在工程图设计中，可以利用 SolidWorks 设计的实体零件和装配体直接生成所需视图，也可以基于现有的视图生成新的视图。

视频

零件的工程图设计

6.1 零件的工程图设计

已知图 6.1 所示的支座三维模型，生成其二维工程图。

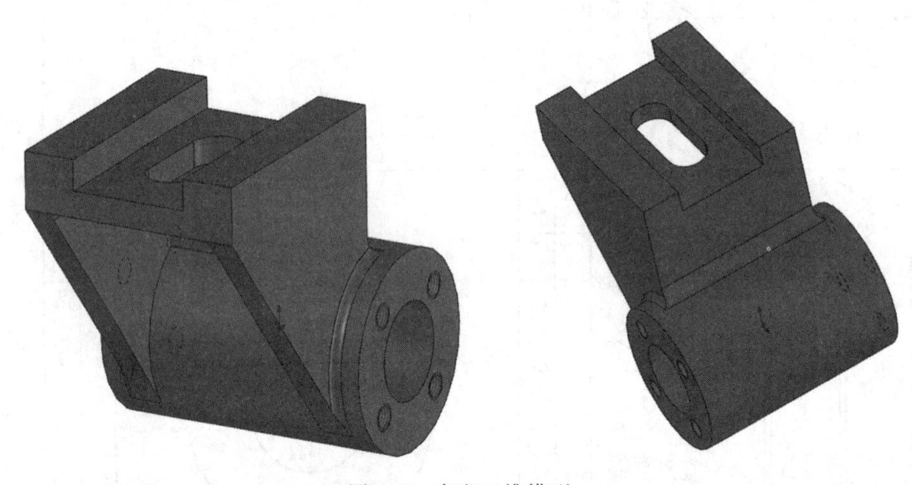

图 6.1 支座三维模型

1. 设置图纸标准

(1)选择"工具"|"选项"命令或者单击"快捷"工具栏中的"选项"按钮 ，弹出"系统选项"对话框，选择"系统选项"选项卡、选择"颜色"选项，将"颜色方案设置"列表框中的"视区背景"设置成白色，如图 6.2 所示。

(2)选择"文档属性"选项卡，如图 6.3 所示，进行工程图的关键设置，一般"总绘图标准"设置为"GB"，选择"单位"选项，将其设置为"MMGS(毫米、克、秒)"，单击"线型"选项，将其中的"可见边线"设置为"实线"，"线粗"设置为"0.5 mm"，如图 6.3 所示。

还可根据具体的使用情况进行相关设置。

图 6.2 视图背景设置

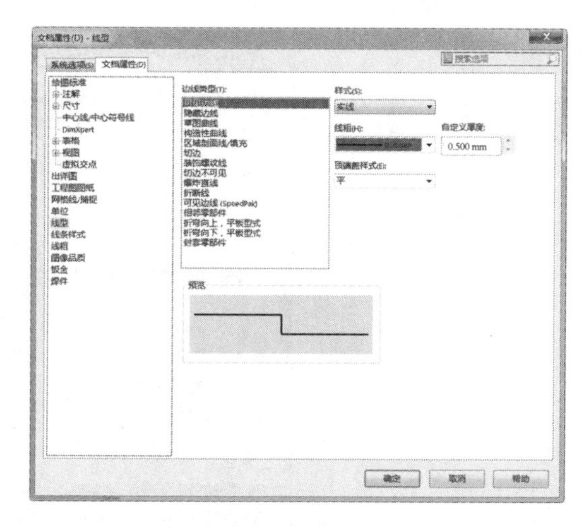

图 6.3 标准和线型设置

2. 新建工程图图纸

(1)单击工具栏中的“新建文件”按钮 ,弹出“新建 SolidWorks 文件”对话框,选择“工程图”模块,单击“确定”按钮,工作界面如图 6.4 所示,在工作区域的上边,工程图有三个基本工具栏供使用:“视图布局”工具栏、“注解”工具栏和“草图”工具栏。

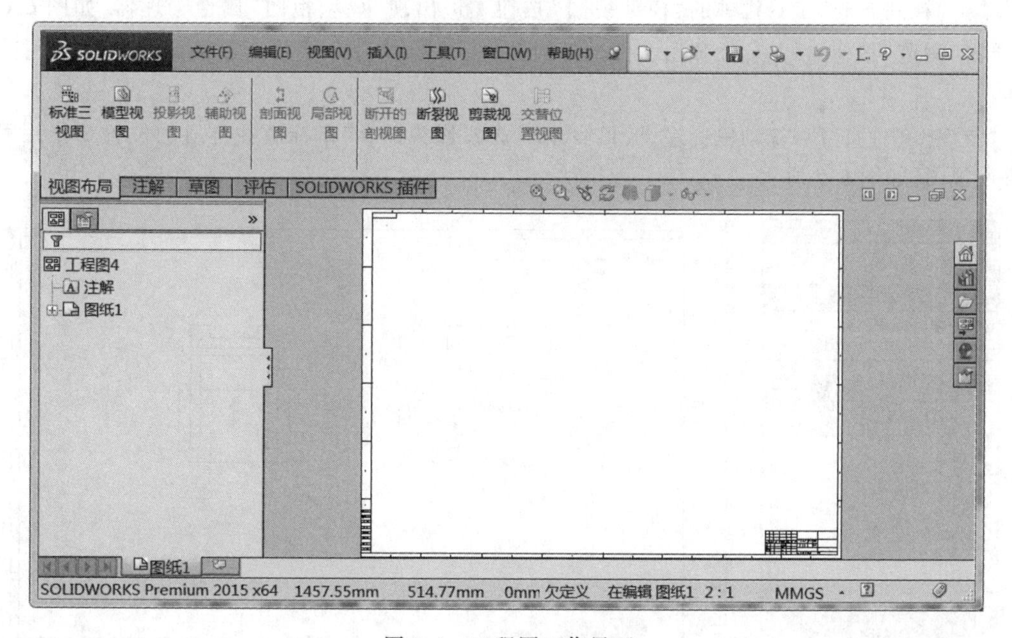

图 6.4 工程图工作界面

(2)选择并右击左侧的“图纸 1” 图纸1,在弹出的快捷菜单中选择“属性”命令,弹出“图纸属性”对话框,设置“图纸比例”和“图纸大小”,如图 6.5 所示,设置“图纸比例”为 1:1,“图纸大小”为 A3 图纸,单击“确定”按钮。

图 6.5 “图纸属性”设置

3. 选择模型

单击“视图布局”工具栏中的“模型视图”按钮，出现“模型视图”属性管理器，如图 6.6 所示，单击“浏览”按钮 浏览(B)...，弹出文件选择对话框，选择“支座”文件所在的路径并单击“打开”按钮。

“支座”文件打开后拖动鼠标左键，可自动形成投影视图，将鼠标放在合适的位置单击后可形成各面视图，如图 6.7 所示。

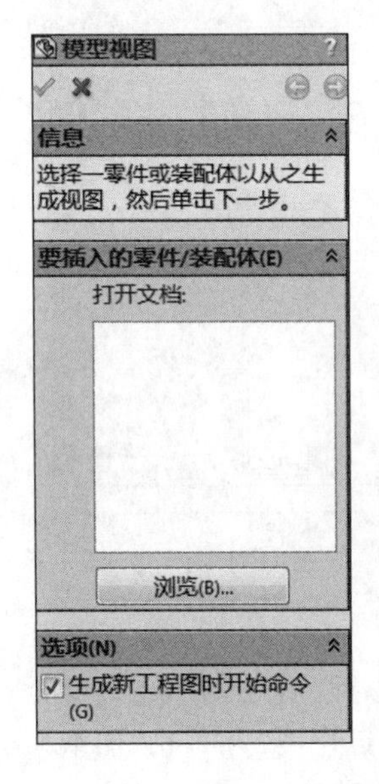

图 6.6 “模型视图”属性管理器

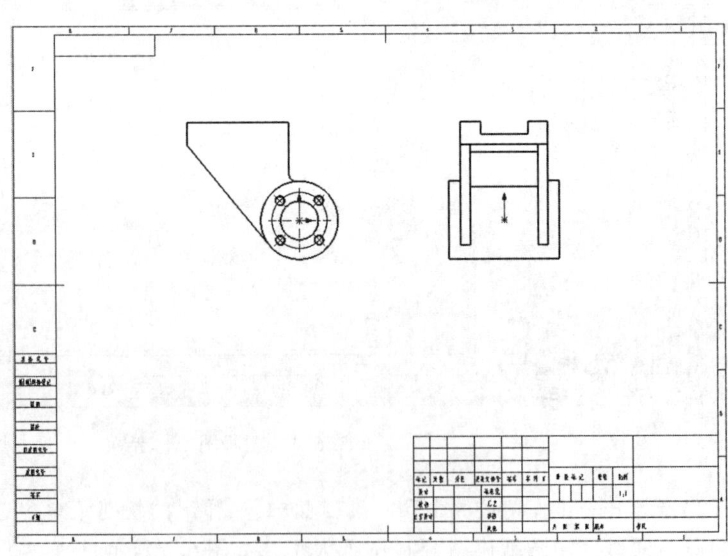

图 6.7 “支座”投影视图

如果出现投影的方向和想要的方向不一致的情况,可以单击任一视图(如主视图),在系统左边会出现相应的属性管理器,可以在“方向”选项中改变投影的方向,还可以改变显示样式和视图比例,如图 6.8 所示。

4. 制作主视图

(1)单击“草图”工具栏中的“样条曲线”按钮 ,绘制主视图的局部剖视的范围,如图 6.9 所示。

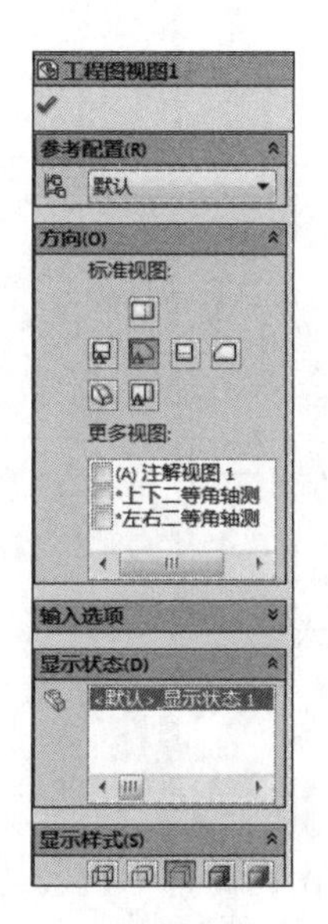

图 6.8 “工程图视图”属性管理器

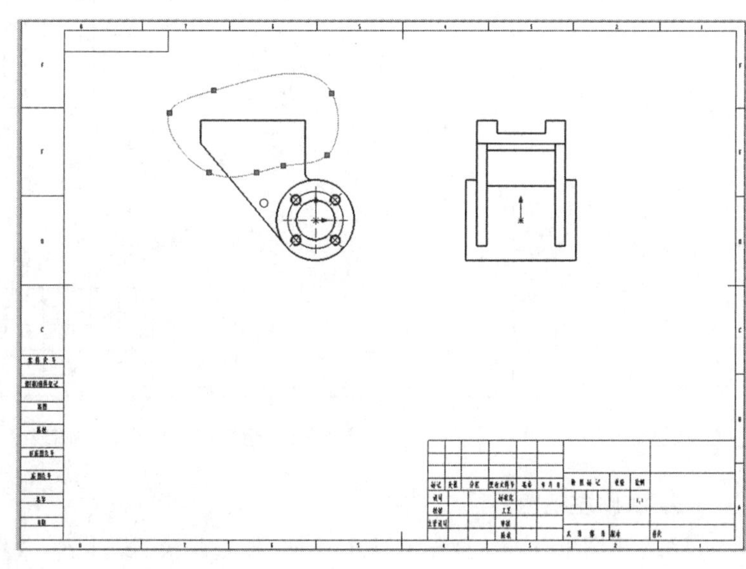

图 6.9 绘制剖切范围

(2)单击“视图布局”工具栏中的“断开的剖视图”按钮 ,在左边的“断开的剖视图”属性管理器的“深度”文本框中输入“32.5 mm”,选择“预览”复选框,主视图实现了局部剖,如图 6.10 所示,单击“确定”按钮 完成局部剖视图的绘制。

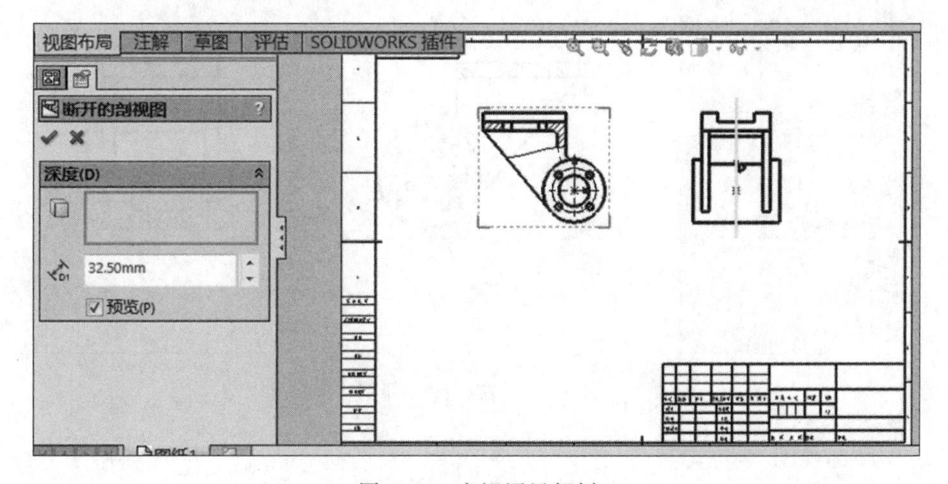

图 6.10 主视图局部剖

有些图线在视图中是多余的,可以右击图线,在弹出的快捷菜单中选择“隐藏/显示边线”按钮 ,将视图中多余的图线隐藏,如图 6.11 所示。

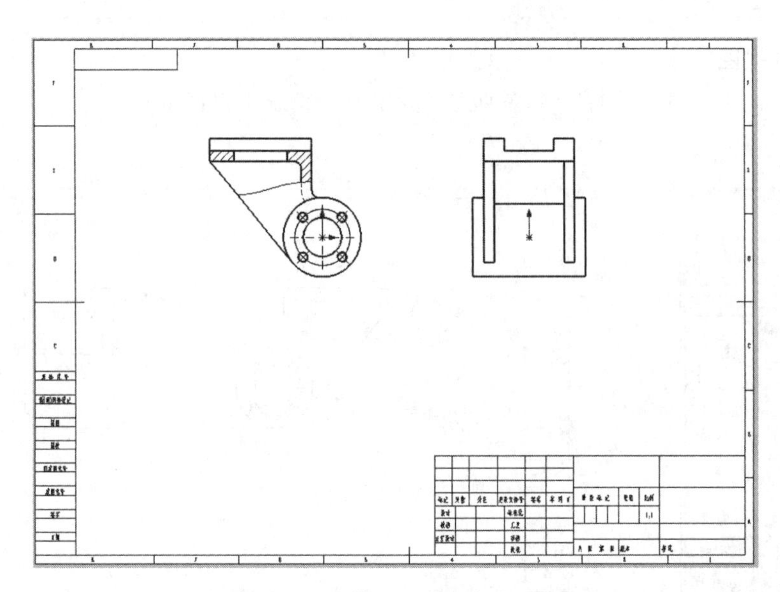

图 6.11　隐藏视图中多余的图线

5. 制作左视图

在左视图中,单击“草图”工具栏中的“样条曲线”按钮 ,绘制左视图的局部剖视的范围,然后单击“视图布局”工具栏中的“断开的剖视图”按钮 ,在左边的“断开的剖视图”属性管理器中的“深度”选项中选择主视图中的“圆孔边线”,选中“预览”复选框,左视图实现了局部剖,如图 6.12 所示,单击“确定”按钮 完成局部剖视图的绘制。

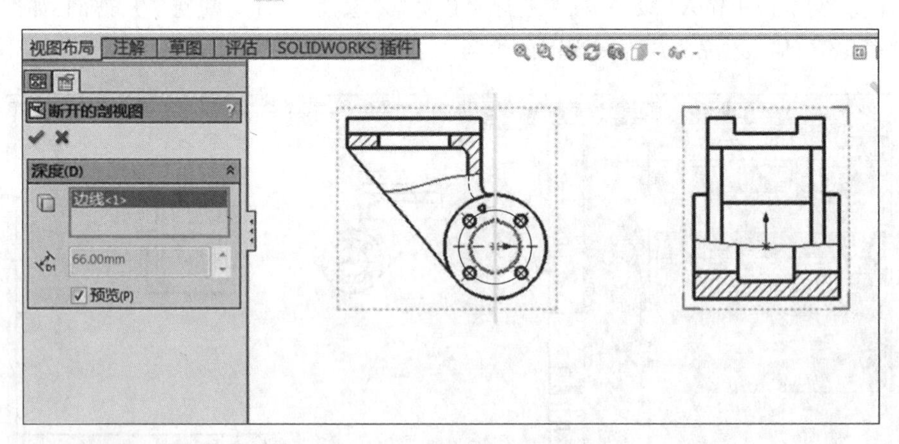

图 6.12　左视图局部剖

6. 制作局部视图

(1)选择主视图的上边线,单击“视图布局”工具栏中的“辅助视图”按钮 ,可以得到“支座”

的俯视图,并且出现方向符号等标注,如图 6.13 所示。

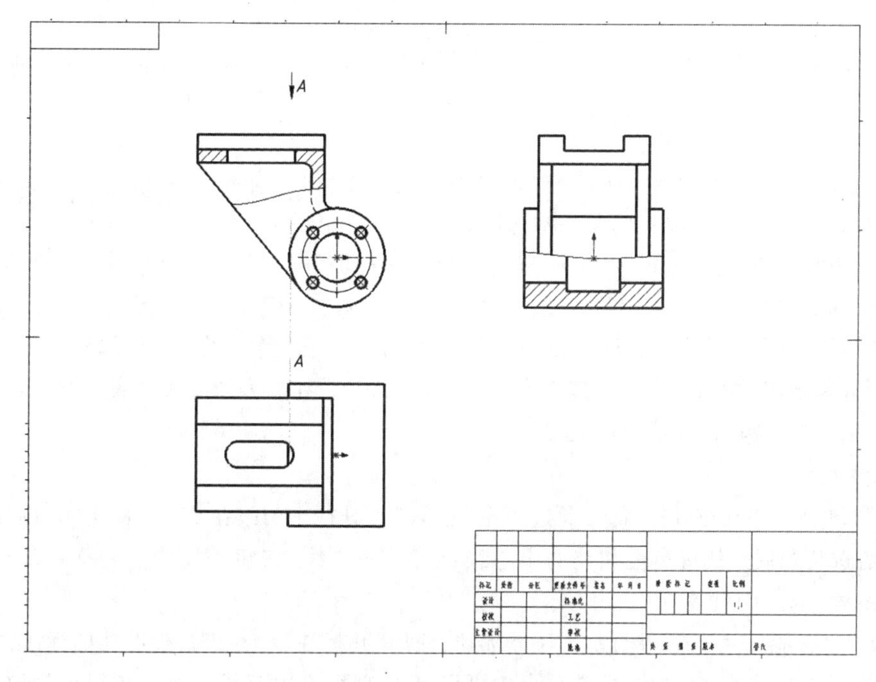

图 6.13 辅助视图

(2)在“辅助视图 A”上单击“草图绘制”工具栏中的 按钮绘制范围,单击“视图布局”工具栏中的“剪裁视图”按钮 ,将“矩形”范围外边的视图剪裁掉,“支座”零件的基本视图完成投影,如图 6.14 所示。

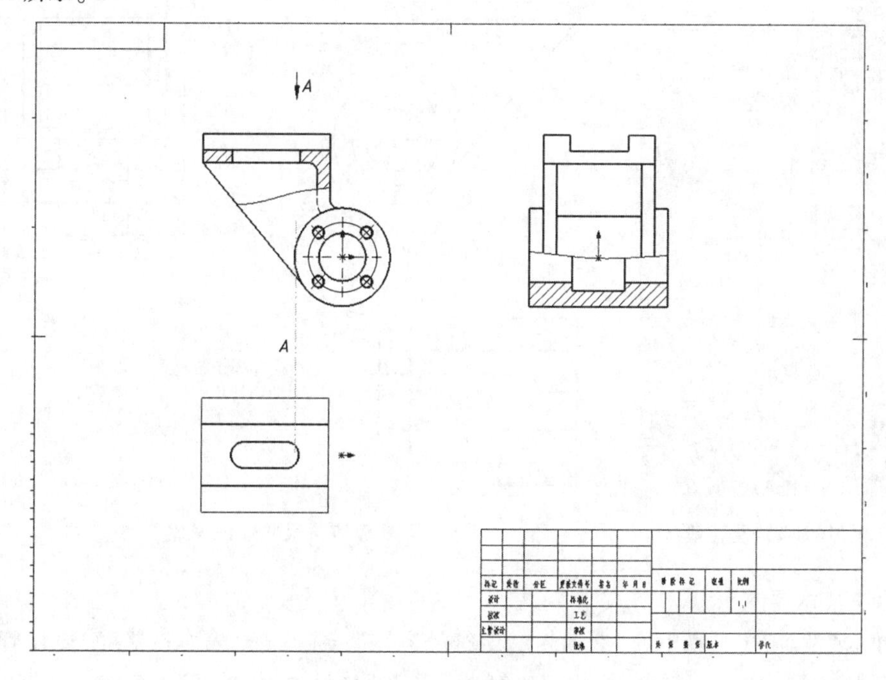

图 6.14 剪裁视图

> **提示**
>
> 剪裁视图的边界线是细线,选择“工具”|“自定义”|“工具栏”|“线型”,或者在工具栏的空白处右击,调出“线型”工具栏,如图 6.15 所示,设置线宽为粗实线。

图 6.15 线型工具条

“视图布局”工具栏中的“剖面视图”可以作全剖视图,首先通过投影得到基本视图,在作全剖视图时先在需要剖切的位置画一条“直线”,然后单击“剖面视图”按钮 制作全剖视图;单击“断开的剖视图”按钮 制作半剖视图和局部剖视图,作半剖视图时画“矩形”作为剖切范围,作局部剖视图时使用“样条曲线”画剖切范围,然后单击“断开的剖视图”按钮 制作“半剖视图”或“局部剖视图”;单击“局部视图”按钮 可局部放大或缩小视图,通常在放大或者缩小部位画“圆”,然后单击“局部视图”按钮 制作局部放大图。

7. 标注尺寸

(1)图纸中标注的所有信息都可通过单击“注解”工具栏中的按钮实现,单击“中心符号线”按钮 ,然后选择圆周边线可标注相交的中心线;单击“中心线”按钮 ,然后选择两条对称边线,可在视图中添加对称中心线。

(2)使用“智能尺寸” 进行基本尺寸标注,使用“孔标注” 进行标准孔的标注,“尺寸”属性管理器如图 6.16 所示,在“数值”选项卡中可以修改文字,在“引线”选项卡中可以修改文字的方位。尺寸标注完的视图如图 6.17 所示。

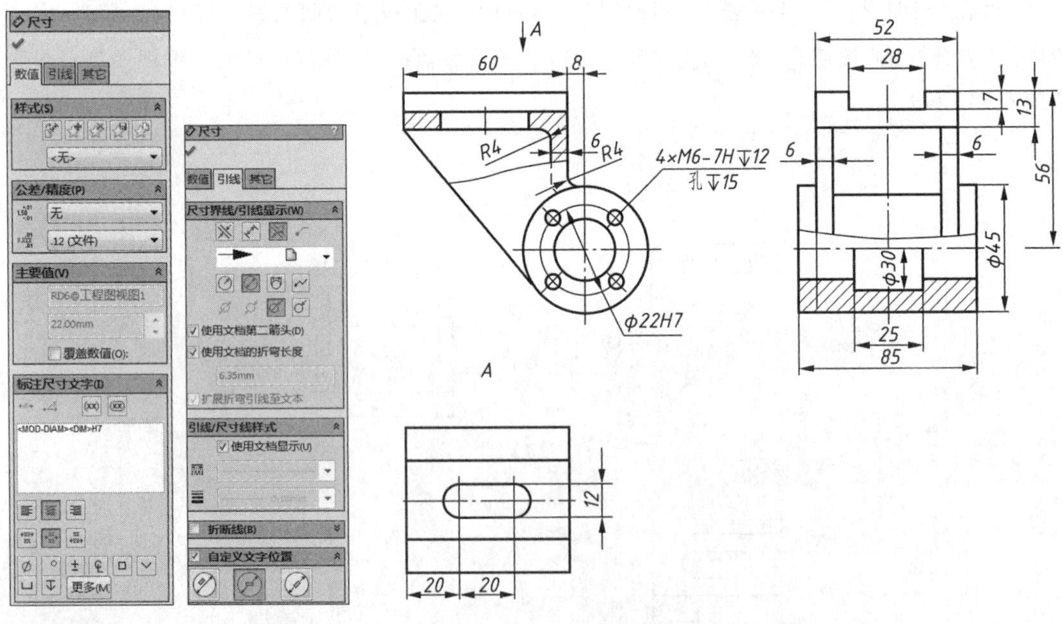

图 6.16 “尺寸”属性管理器

图 6.17 尺寸标注完成

8. 标注技术要求

(1)单击“注解”工具栏中的“表面粗糙度符号”按钮 ,出现“表面粗糙度”属性管理器,在“符号”区域选择具体的“粗糙度”样式,在“符号布局”区域设置“粗糙度”的参数,“格式”默认“文档字体”,在“角度”区域中设置所需“粗糙度”符号的角度,默认值为“0 度”,在“引线”区域中设置有无引线及引线样式。

(2)设置完成后,选择所在的面将“粗糙度”符号放在上面,一般情况下符号会自动旋转,必要时可设置“角度”和“引线”,如图 6.18 所示。

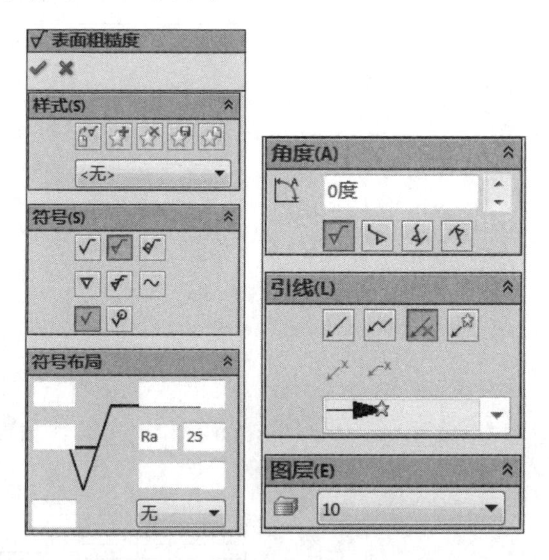

图 6.18　“表面粗糙度”属性管理器

(3)单击“注解”工具栏中的“注释”按钮 A,在合适的位置填写“技术要求”,最后的图纸如图 6.19 所示。

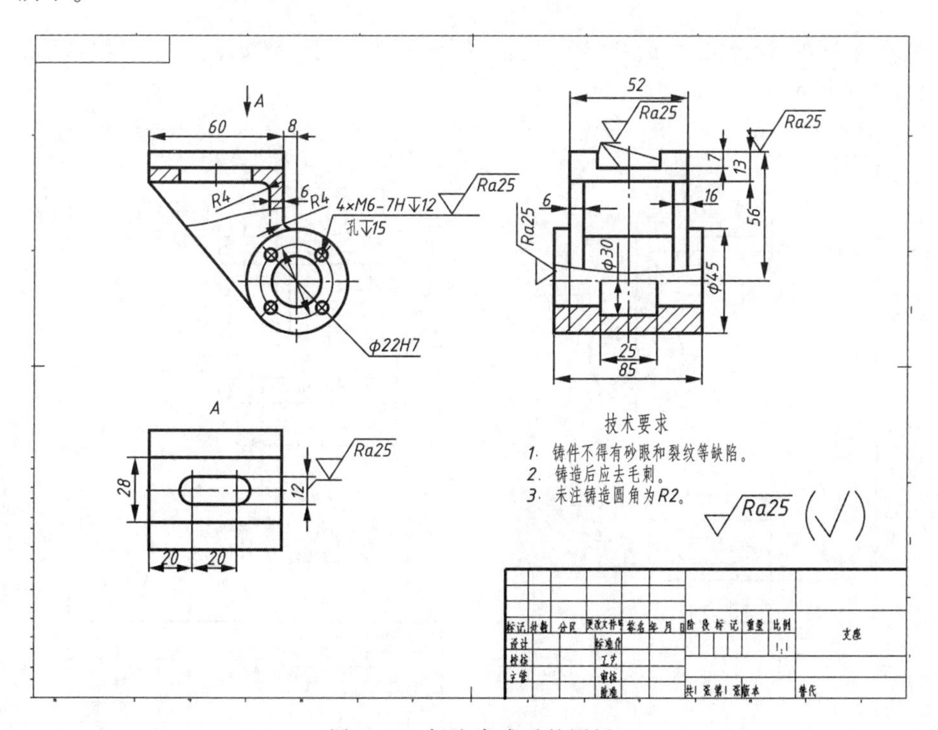

图 6.19　标注完成后的图纸

9. 编辑标题栏

(1)将光标放在“设计树”中的“图纸 1”上并右击,在弹出的快捷菜单中选择“编辑图纸格式”命令,双击标题栏的任一方格,可以编辑标题栏中的“姓名”“日期”“零件名称”等相关信息,如图 6.20 所示。

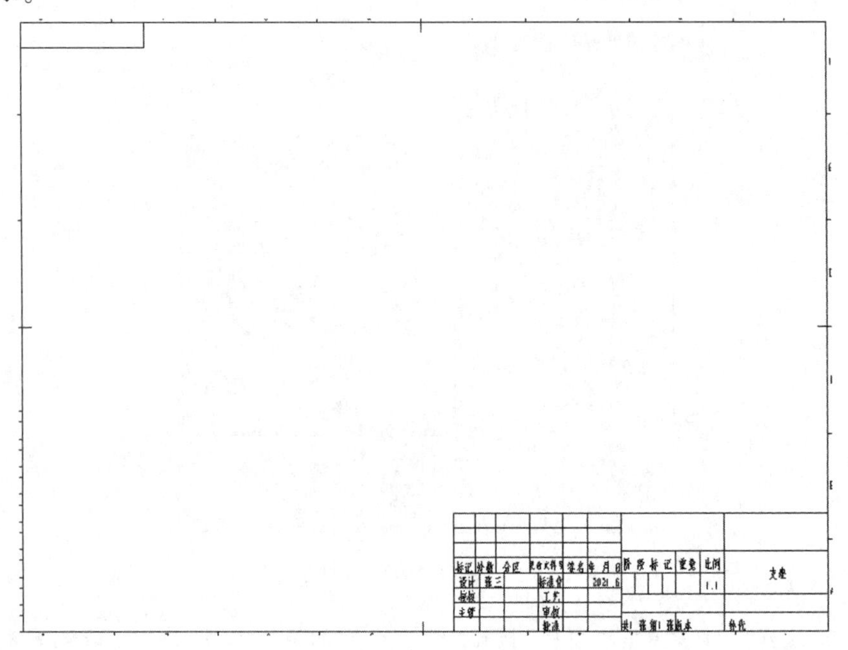

图 6.20 编辑“图纸格式”

(2)将鼠标放在“设计树”中的“图纸 1”上并右击,在弹出的快捷菜单中选择“编辑图纸”命令,最后得到完整的图纸如图 6.21 所示。

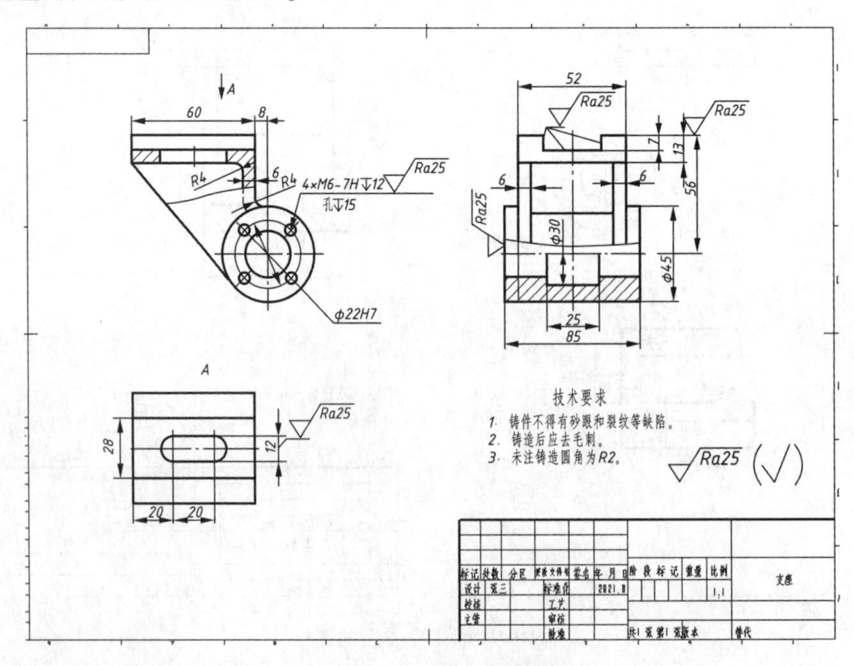

图 6.21 “支座”工程图

10. 保存文件

(1)选择“文件”|“保存”命令,保存“支座 . draw”文件。

(2)选择“文件”|“另存为”命令,将 SolidWorks 的工程图“ * . drw”文件保存为“ * . dwg”文件,选择指定路径保存文件,如图 6. 22 所示,可以在 AutoCAD 软件中继续编辑图纸,并且输出打印图纸。

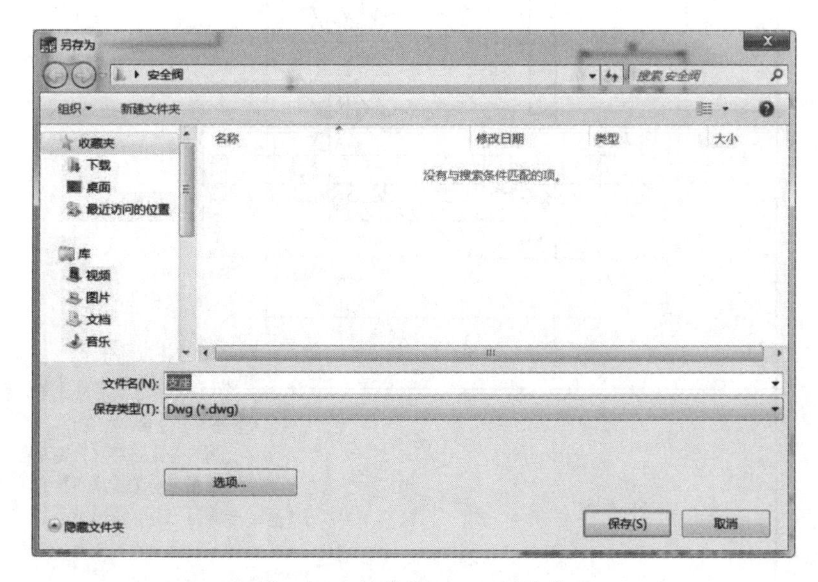

图 6. 22　保存为“ * . dwg”文件

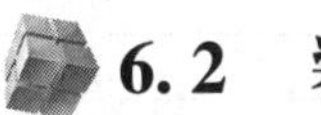6. 2　装配体的工程图设计

绘制计数器装配工程图,如图 6. 23 所示。

操作步骤:

1. 新建工程图

单击“标准”工具栏中的“新建”按钮 ,弹出“新建 SolidWorks 文件”对话框,选择“工程图”模块,选择“A3(GB)”图标,单击“确定”按钮,如图 6. 24 所示。

2. 添加基本视图

单击“视图布局”工具栏中的“模型视图”按钮 ,出现“模型视图”属性管理器。

(1)在“要插入的零件/装配体”组中,单击“浏览”按钮,弹出“打开”对话框,选择“要插入的零件/装配体”为“计数器”。

(2)在“方向”组中,单击“右视”按钮 。

(3)在“比例”组中,选中“使用自定义比例”单选按钮。

(4)在“比例”文本框中输入 1:1。

(5)在图纸区域左上角指定一点,添加“主视图”;如图 6. 25 所示,单击“确定”按钮 。

3. 确定视图表达方案

单击“视图布局”工具栏中的“剖面视图” 按钮 ,将主视图制作成全剖视图,如图 6. 26 所示。

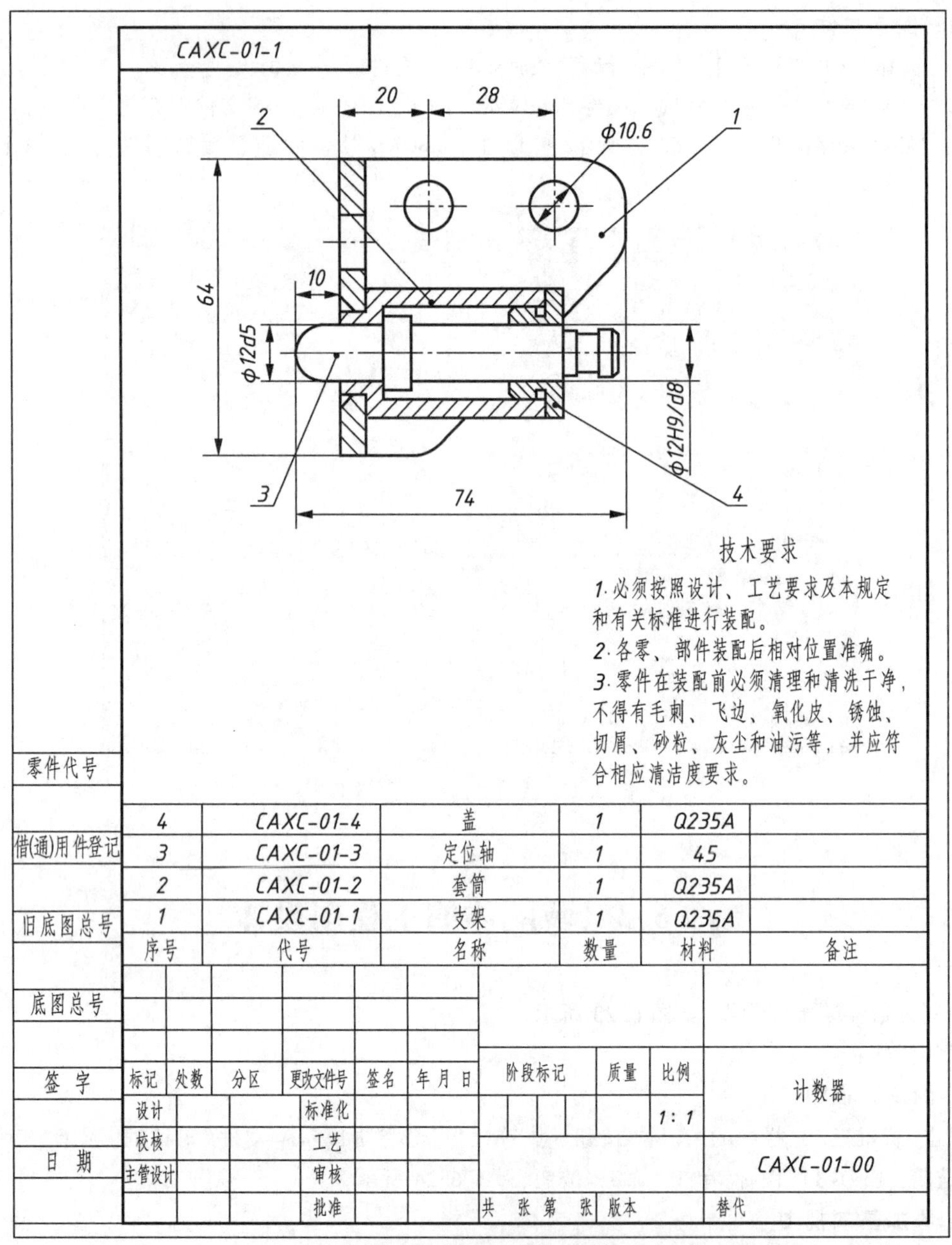

图 6.23 计数器装配工程图

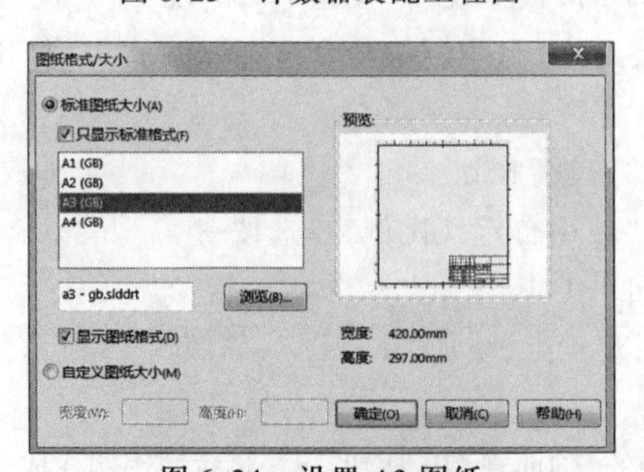

图 6.24 设置 A3 图纸

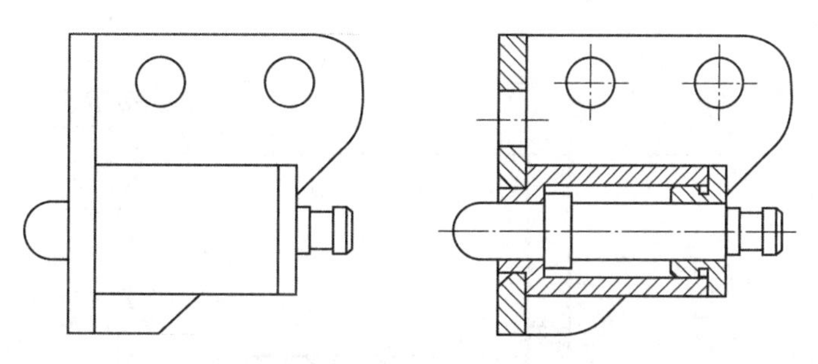

图 6.25　添加主视图　　图 6.26　确定视图表达方案——剖切主视图

4. 标注尺寸

单击“注解”工具栏中的“智能尺寸”按钮，标注性能尺寸、装配尺寸、安装尺寸、外形尺寸和其他重要尺寸，如图 6.27 所示。

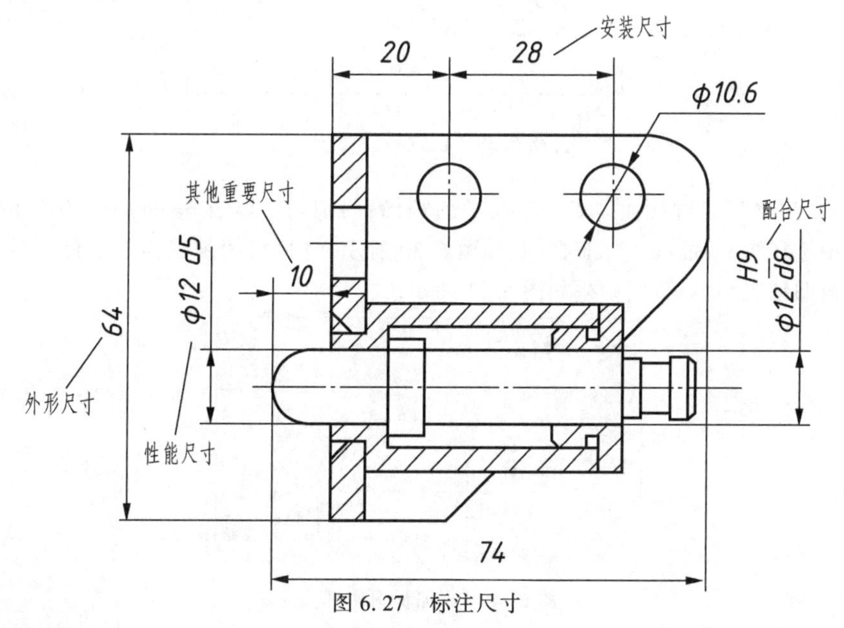

图 6.27　标注尺寸

5. 填写技术要求

单击“注解”工具栏中的“注释”按钮 **A**，填写技术要求，如图 6.28 所示。

技术要求

1. 必须按照设计、工艺要求及本规定和有关标准进行装配。
2. 各零、部件装配后相对位置准确。
3. 零件在装配前必须清理和清洗干净，不得有毛刺、飞边、氧化皮、锈蚀、切屑、砂粒、灰尘和油污，并应符合相应清洁度要求。

图 6.28　技术要求

6. 填写明细栏和零件序号

(1)单击“注解”工具栏中的“零件序号”按钮 零件序号，给每个零件设置零件序号，如图 6.29 所示。

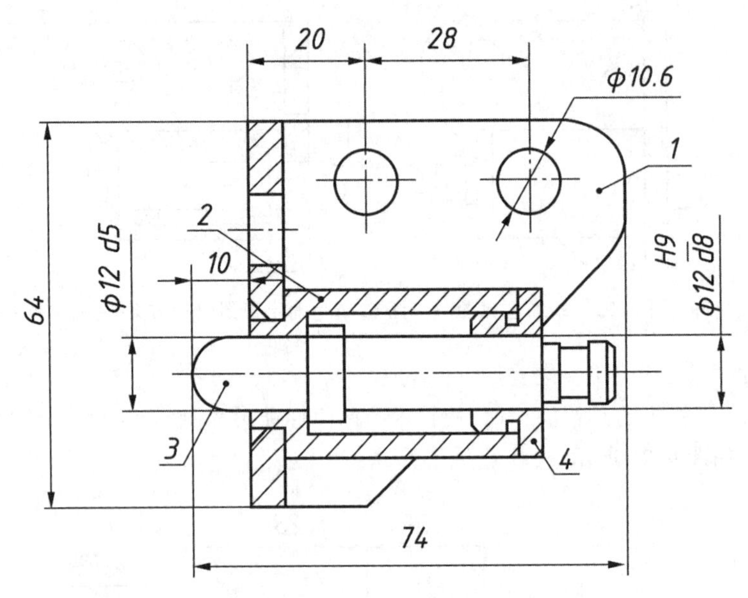

图 6.29　设置零件序号

(2)单击“注解”工具栏中的“表格”中的“材料明细表”按钮 材料明细表，在“材料明细表”属性管理器中选择“gb-bom-material”选项，如图 6.30 所示，将材料明细表插入到标题栏的正上方，最后编辑材料明细表和标题栏，结果如图 6.31 所示。

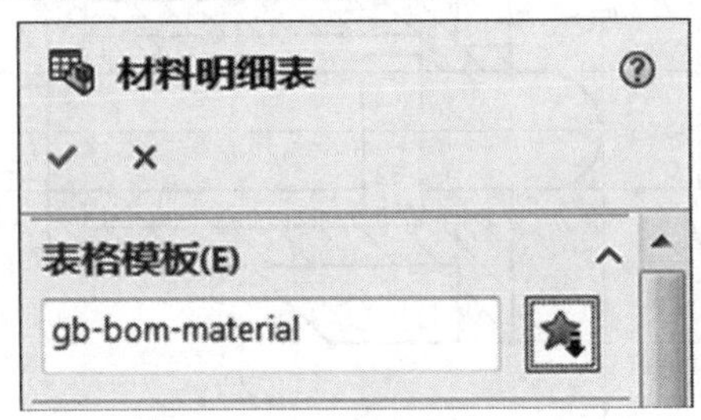

图 6.30　添加材料明细表

4	CAXC-01-4	盖	1	Q235A	
3	CAXC-01-3	定位轴	1	45	
2	CAXC-01-2	套筒	1	Q235A	
1	CAXC-01-1	支架	1	Q235A	
序号	代号	名称	数量	材料	备注

标记	处数	分区	更改文件号	签名	年 月 日	阶段标记	质量	比例	计数器
设计	魏峥		标准化				0.062	1：1	
校核			工艺						
主管设计			审核						CAXC-01
			批准			共 张 第 张	版本		替代

图 6.31　明细栏及标题栏

课后练习

绘制支架零件工程图，如图 6.32 所示。

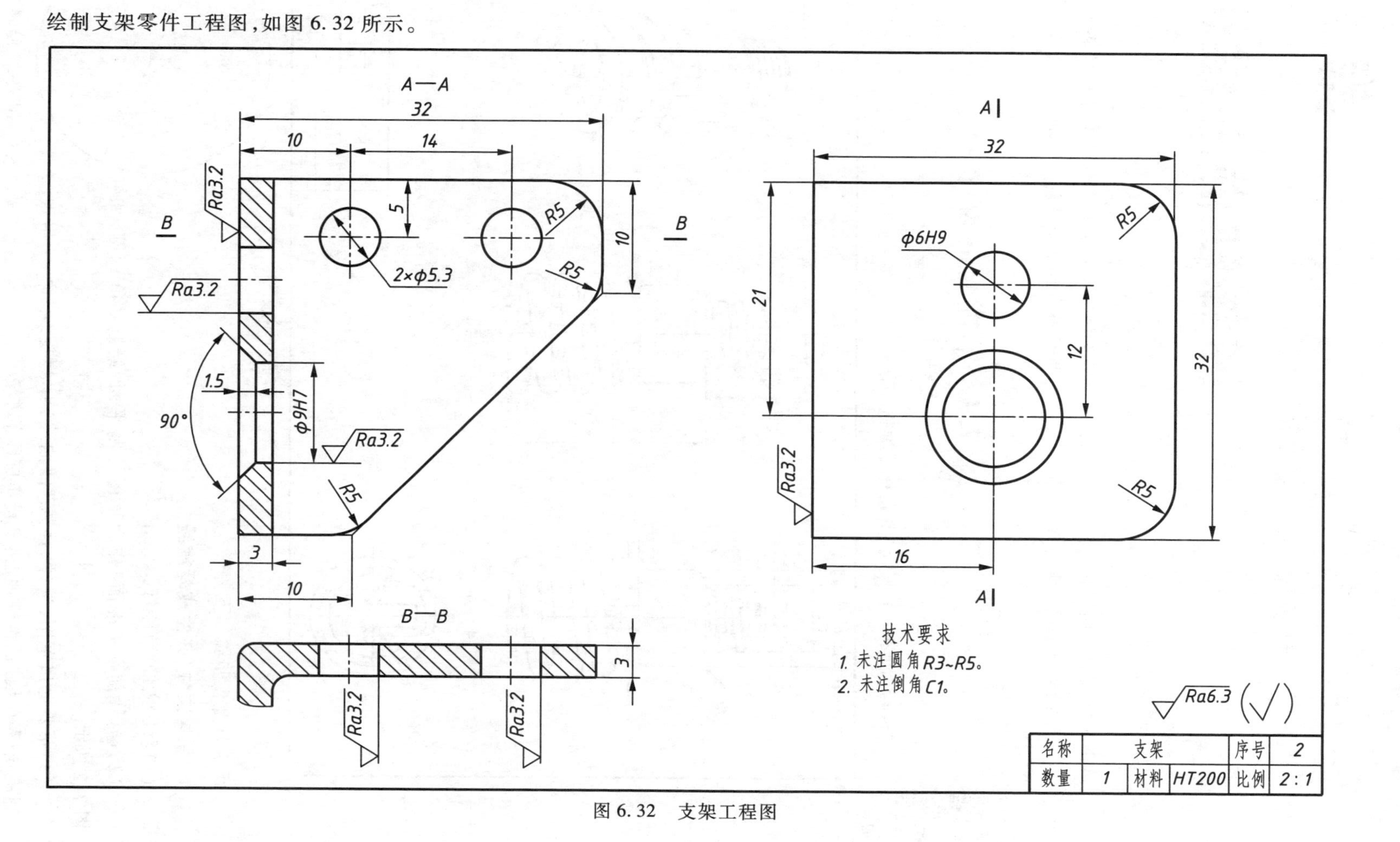

图 6.32 支架工程图

第 7 章 曲线曲面三维造型

SolidWorks 提供了曲线和曲面的设计功能。曲线和曲面是复杂和不规则实体模型的主要组成部分,尤其在工业设计中,该组命令的应用更为广泛。曲线和曲面使不规则实体的绘制更加灵活、快捷。

视频

节能灯的设计

7.1 节能灯的设计

节能灯如图 7.1 所示,完成其三维造型。

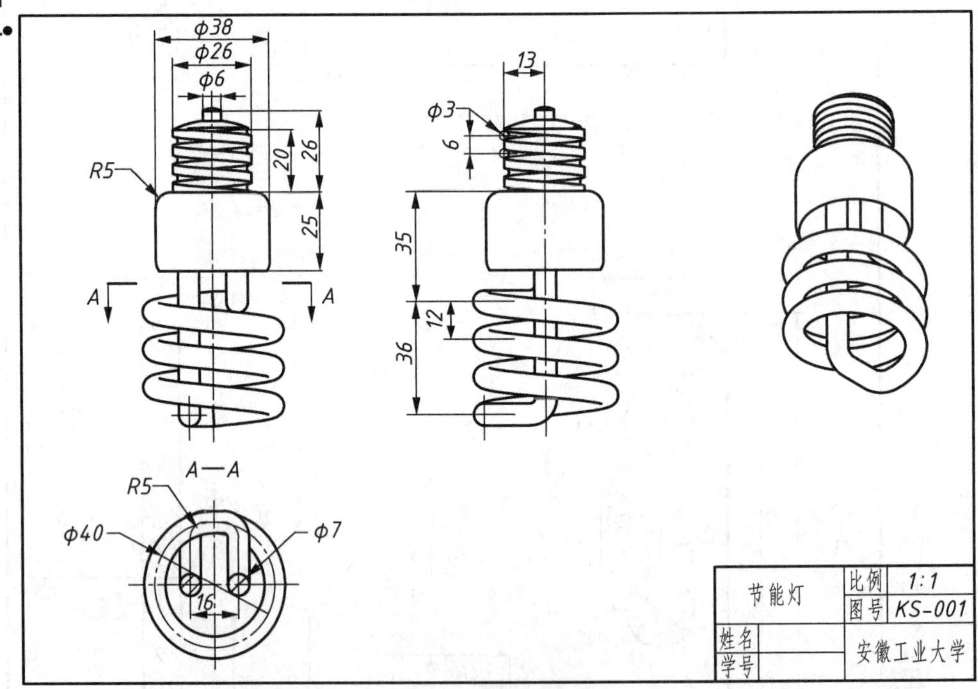

图 7.1 节能灯示意图

节能灯建模步骤如下:

1. 新建文件,并生成螺旋线

(1)新建文件“节能灯 . sldprt”。

(2)选择“前视基准面”作为草图绘制平面,绘制 $\phi40$ 的圆,如图 7.2 所示。

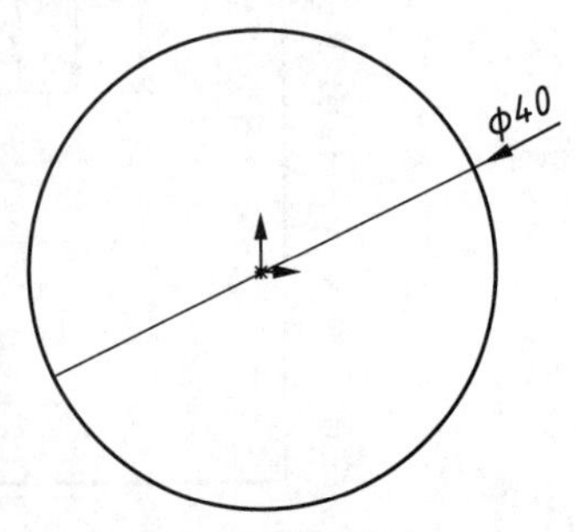

图 7.2 绘制圆

(3)不要退出草图,选择“插入”|“曲线”|“螺旋线”命令,出现“螺旋线/涡状线”属性管理器,设置螺旋线的参数:

“定义方式”选择“高度和螺距”;

“参数”选择“恒定螺距”,“高度”输入“36 mm”,“螺距”输入“12 mm”,“起始角度”设置为“0°”,默认螺旋线为“顺时针”,如图 7.3 所示。

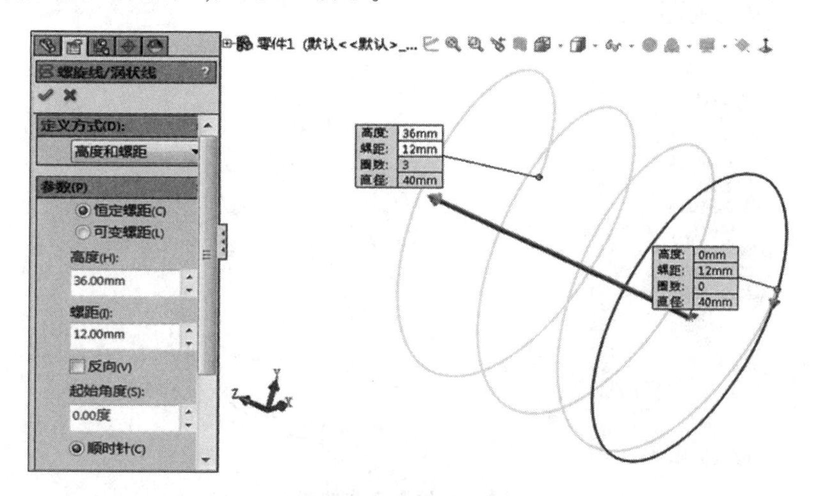

图 7.3 螺旋线设置

2. 用“3D 草图”绘制曲线 1

(1)单击“草图绘制”按钮 下的“3D 草图”按钮 ,进入 3D 草图绘制状态,绘制图 7.4 所示曲线,在绘制过程中通过【Tab】键切换绘制平面和图线方向。

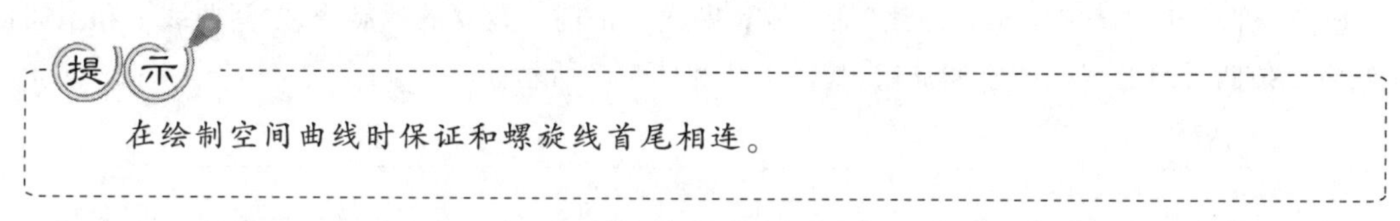

提示

在绘制空间曲线时保证和螺旋线首尾相连。

(2)单击“智能尺寸”按钮 对图线进行标注,如图 7.5 所示。

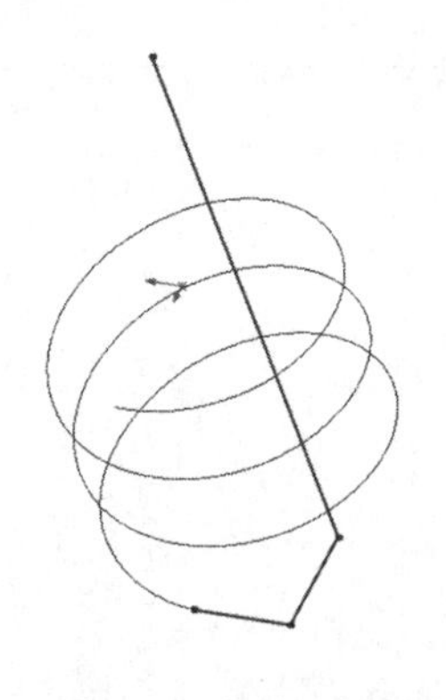

图 7.4 绘制空间曲线

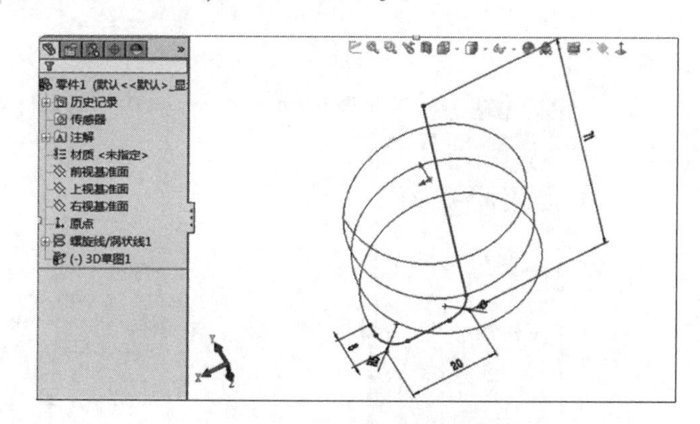

图 7.5 标注空间曲线

(3)再次单击“草图绘制”按钮 下的“3D 草图”按钮 ,退出 3D 草图绘制状态,完成“3D 草图 1”的绘制。

3. 用“3D 草图”绘制曲线 2

(1)单击“草图绘制”按钮 下的“3D 草图”按钮 ,进入 3D 草图绘制状态,绘制图 7.6 所示的曲线,在绘制过程中通过【Tab】键切换绘制平面和图线方向,并单击“智能尺寸”按钮 对草图进行标注。

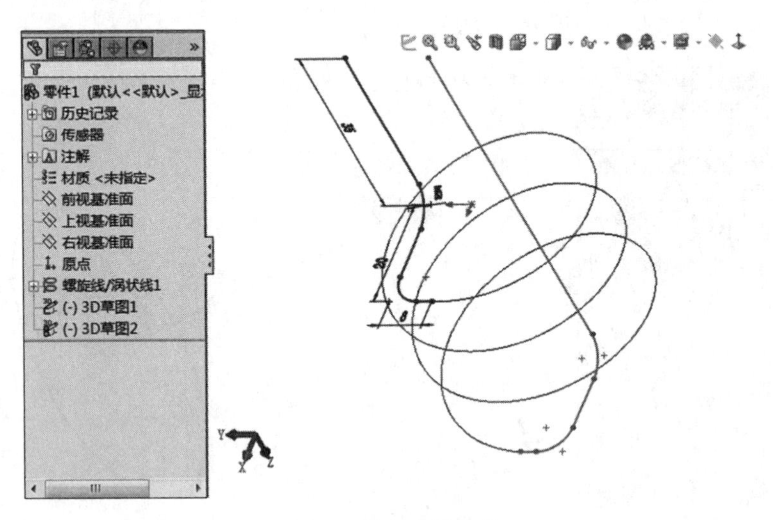

图 7.6 绘制空间曲线

(2)再次单击“草图绘制”按钮 下的“3D 草图”按钮 ,退出 3D 草图绘制状态,完成“3D 草图 2”的绘制。

4. 生成组合曲线

选择“插入”|“曲线”|“组合曲线”命令 ,顺次单击前面建立的螺旋线、空间曲线 1 和空间曲线 2,将三条曲线组合成一条空间曲线,如图 7.7 和图 7.8 所示。

如果此时产生错误,是由于三条曲线首尾不相连,应进入 3D 草图状态进行重新编辑调整。

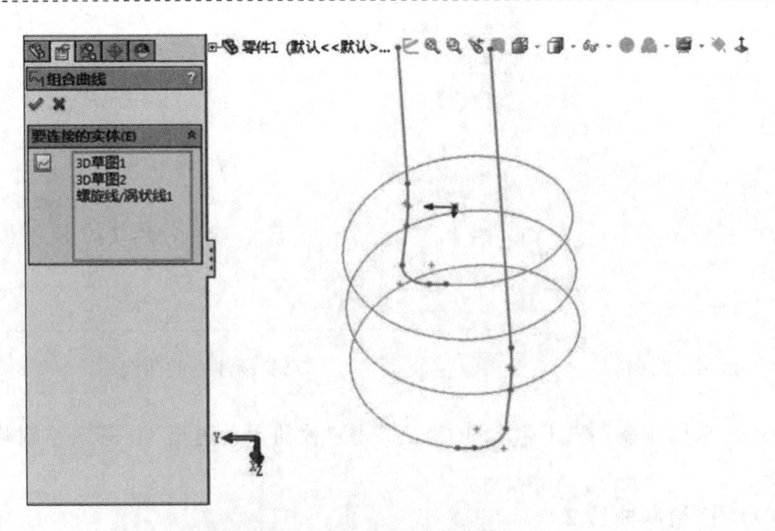

图 7.7 选择组合曲线

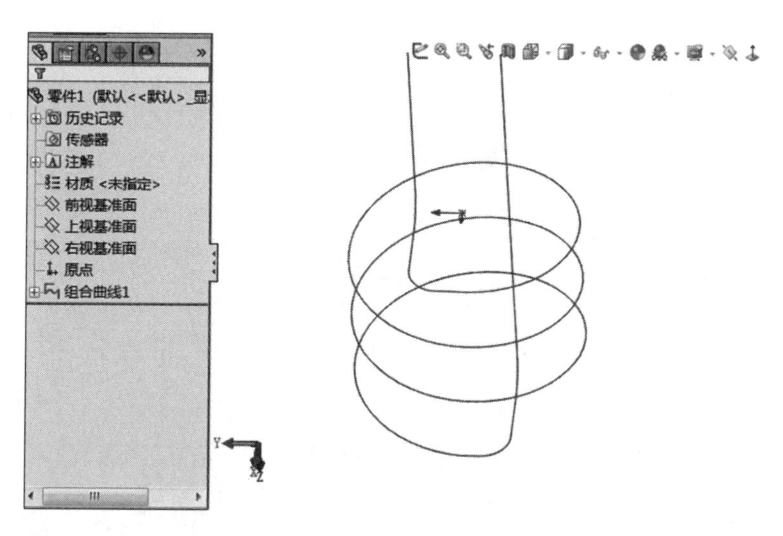

图 7.8　生成的组合曲线

5. 绘制轮廓

(1)插入基准面。选择“插入”|“参考几何体”|“基准面”命令，出现“基准面”属性管理器，在其中设置：

“第一参考”选择“组合曲线”的端点，设置“重合”；

“第二参考”选择“前视基准面”，设置“平行”，新建垂直于组合曲线轮廓且通过端点的基准面 1，如图 7.9 所示。

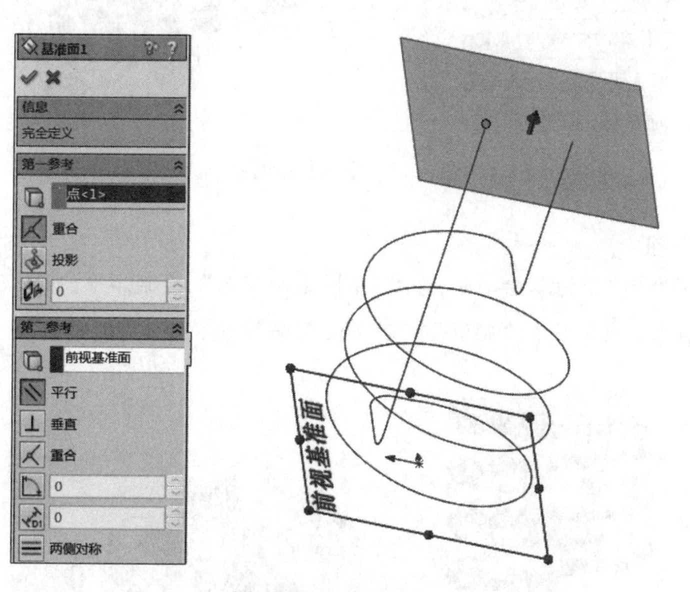

图 7.9　新建基准面 1

(2)绘制草图轮廓。以基准面 1 作为草图绘制平面，进入“草图绘制”状态，绘制 $\phi 7$ 的圆作为扫描轮廓，如图 7.10 所示。

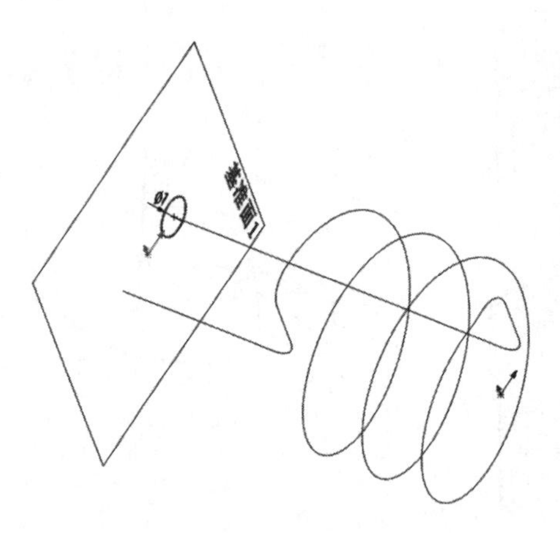

图 7.10　绘制扫描轮廓

6. 创建扫描特征

退出草图后，单击“特征”工具栏中的“扫描”按钮，出现“扫描”属性管理器，“扫描轮廓”选择“直径是 φ7 的圆”，“扫描路径”选择“组合曲线”，创建的扫描特征如图 7.11 所示。

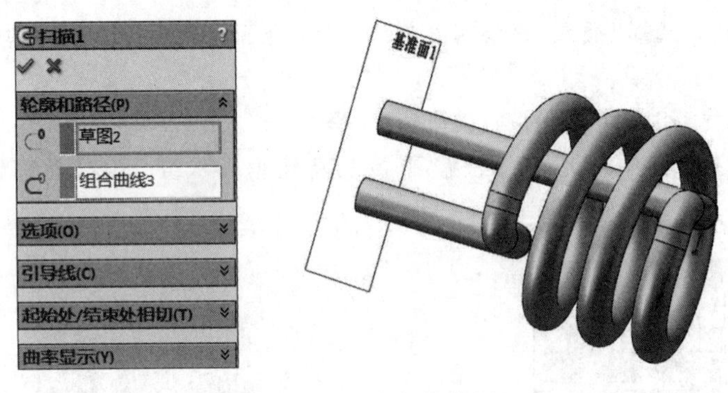

图 7.11　生成扫描特征

7. 生成拉伸特征

(1)把“上视基准面”作为草绘平面，进入“草图绘制状态”，绘制矩形，如图 7.12 所示。

(2)单击“特征”工具栏中的“旋转”按钮，创建旋转特征，这时不要合并结果，如图 7.13 所示。

图 7.12　绘制草图

图 7.13　生成旋转特征

8. 生成抽壳特征

(1)单击“特征”工具栏中的“抽壳”按钮 ,出现“抽壳”属性管理器,在“参数”组中设置“壁厚”为“2 mm”,选择旋转特征的下底面进行抽壳,如图 7.14 所示。

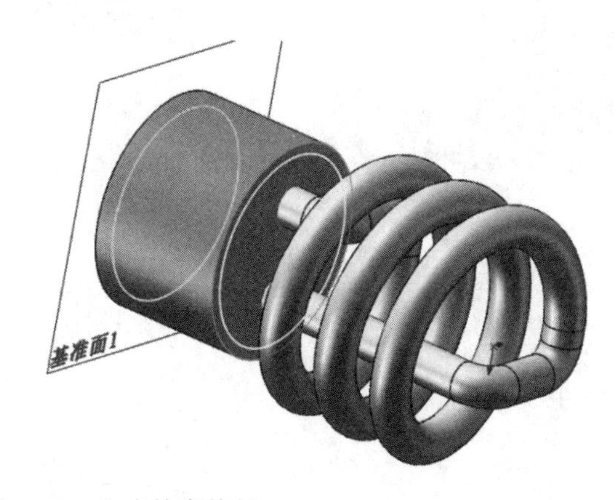

图 7.14 生成抽壳特征

(2)单击“特征”工具栏中的“圆角”按钮 ,设置“圆角半径”为“5 mm”,进行倒圆角操作,效果如图 7.15 所示。

9. 生成拉伸特征

(1)以上面生成旋转特征的上表面作为草图绘制平面,进入“草图绘制”环境,绘制直径为 ϕ26 mm 的圆,如图 7.16 所示。

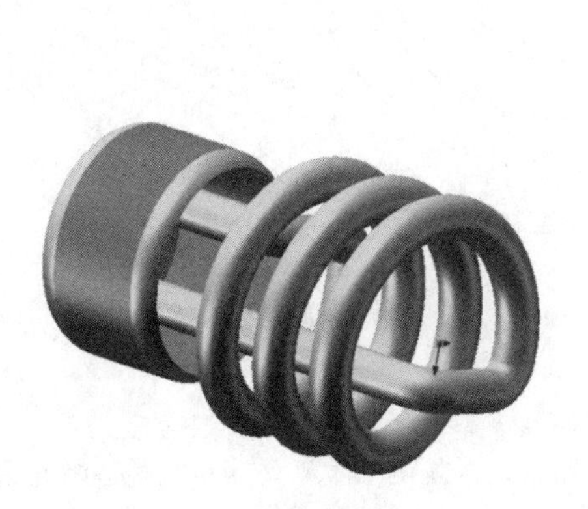

图 7.15 生成圆角特征

图 7.16 绘制草图

(2)单击“特征”工具栏中的“拉伸”按钮 ,创建拉伸特征,设置拉伸深度为“20 mm”,并合并结果,如图 7.17 所示。

10. 创建圆顶

单击“特征”工具栏中的“圆顶”按钮 ,出现“圆顶”属性管理器,“参数”设置选择为上述拉伸特征的上表面,“高度”设置为“3 mm”,如图 7.18 所示。

11. 生成扫描切除特征

(1)选择上述旋转特征的上表面作为草图绘制平面,进入“草图绘制”环境,绘制直径为 ϕ26 mm 的圆作为生成螺旋线的“基圆”,如图 7.19 所示。

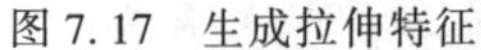

图 7.17　生成拉伸特征

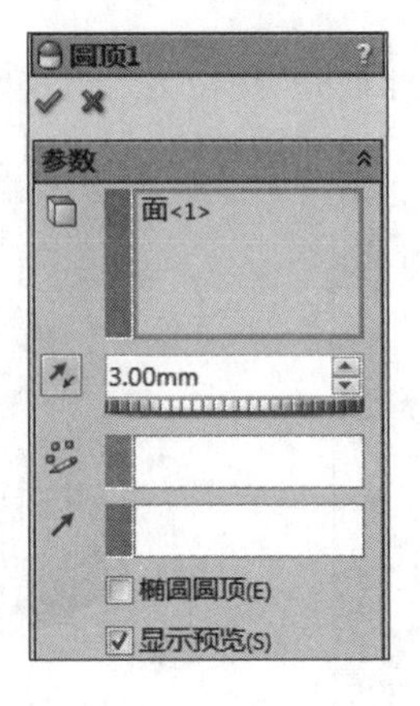

图 7.18　生成圆顶特征

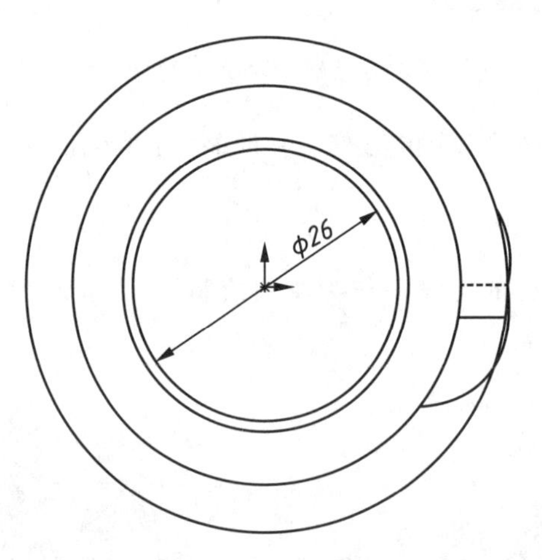

图 7.19　绘制草图

(2)选择“插入”|“曲线”|“螺旋线/涡状线”命令，出现“螺旋线/涡状线”属性管理器，设置螺旋线的参数：

“定义方式”选择“高度和螺距”；

“参数”选择“恒定螺距”，“高度”输入“20 mm”，“螺距”输入“6 mm”，“起始角度”设置为“0°”，默认螺旋线为“顺时针”，如图 7.20 所示。

(3)选择“插入”|“参考几何体”|“基准面”命令，出现“基准面”属性管理器，设置：

“第一参考”选择“螺旋线”的端点，设置“重合”；

“第二参考”选择“螺旋线”，设置“垂直”，新建垂直于螺旋线轮廓且通过端点的基准面 2，如图 7.21 所示。

(4)把“基准面 2”作为草图绘制平面，进入草图绘制环境，绘制直径为 $\phi3$ mm 的圆，如图 7.22 所示。

(5)退出草图，单击“特征”工具栏中的“扫描切除”按钮，出现“切除-扫描”属性管理器，选择“轮廓”为上述绘制的 $\phi3$ 的圆，“路径”为生成的“螺旋线/涡状线 2”，执行“扫描切除”操作后，结果如图 7.23 所示。

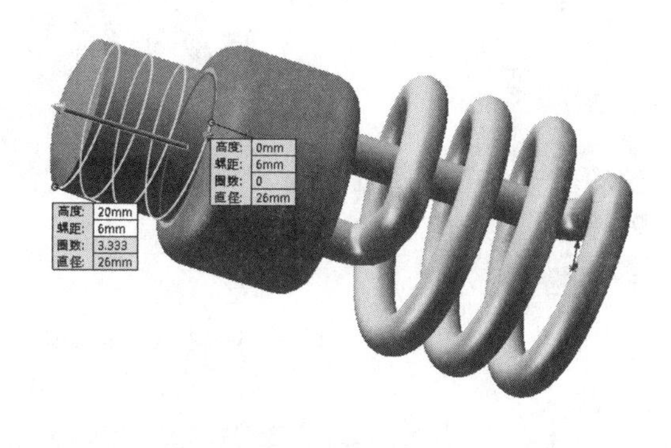

图 7.20　生成螺旋线

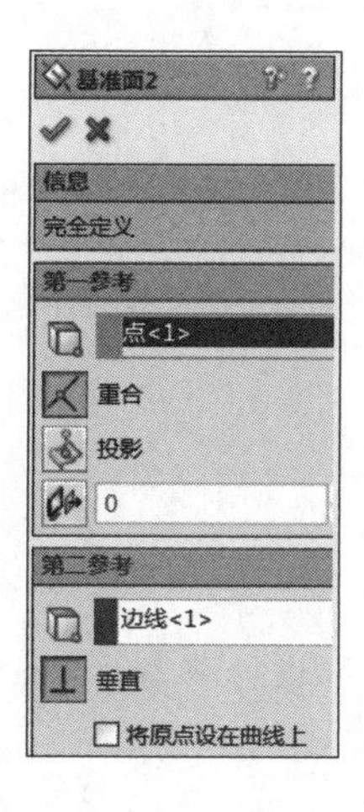

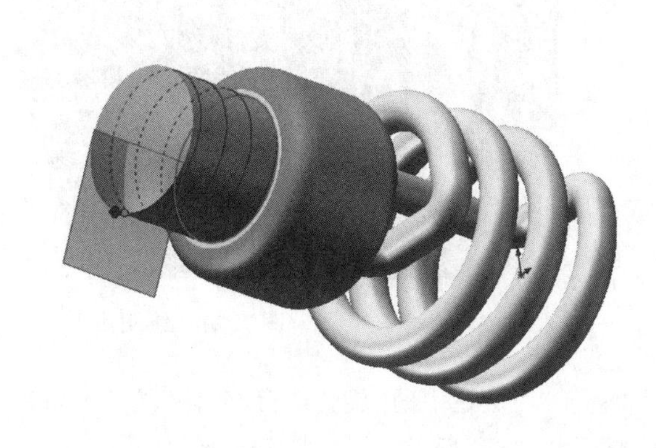

图 7.21　新建基准面 2

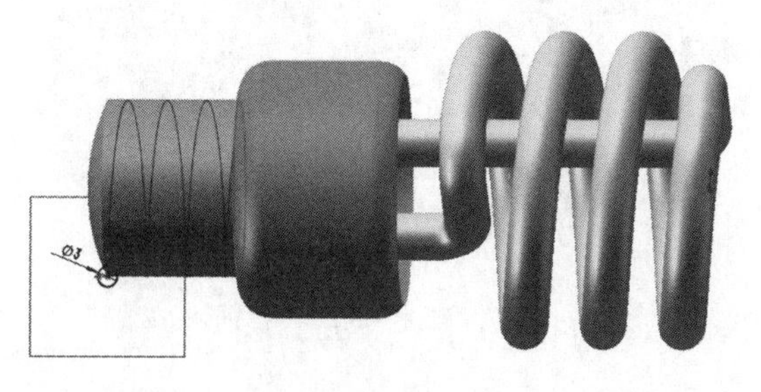

图 7.22　绘制圆

12. 生成旋转特征

(1)把“右视基准面”作为草图绘制平面,进入草图绘制环境,绘制长度为 6 mm、宽度为 3 mm 的矩形,如图 7.24 所示。

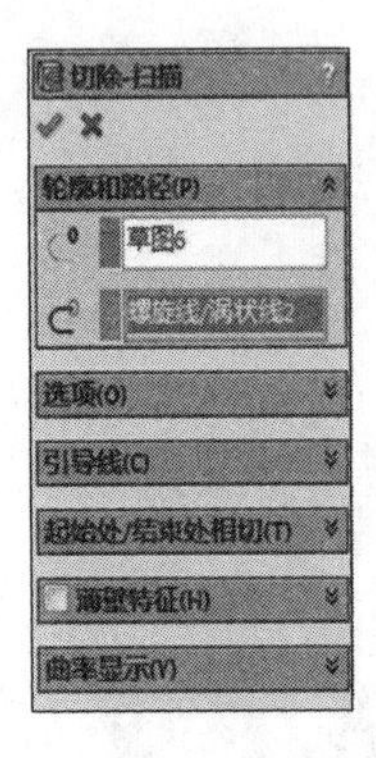

图 7.23　生成扫描切除特征

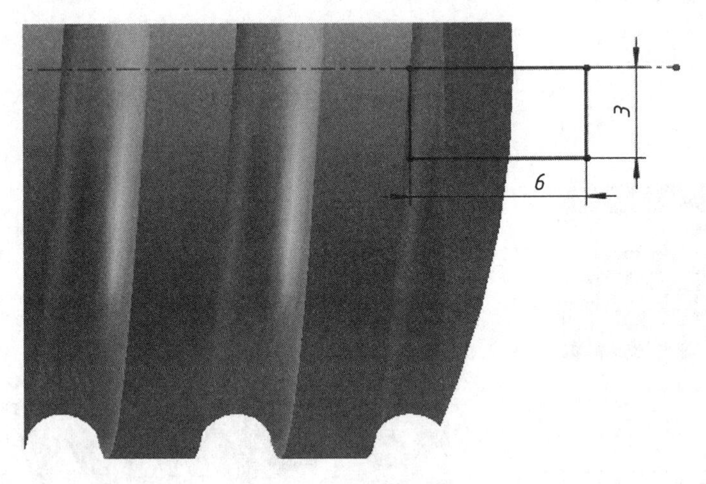

图 7.24　绘制矩形

(2)单击“特征”工具栏中的“旋转凸台/基体”按钮 ，在出现的属性管理器中选择“中心线”作为旋转轴，旋转“360 度”后，结果如图 7.25 所示。

图 7.25　生成旋转特征

13. 生成圆顶特征

单击“特征”工具栏中的“圆顶”按钮 ，出现“圆顶”属性管理器，在“参数”组中选择上述旋转特征的上表面，高度设置为 1.5 mm，如图 7.26 所示，最终的节能灯的造型如图 7.27 所示。

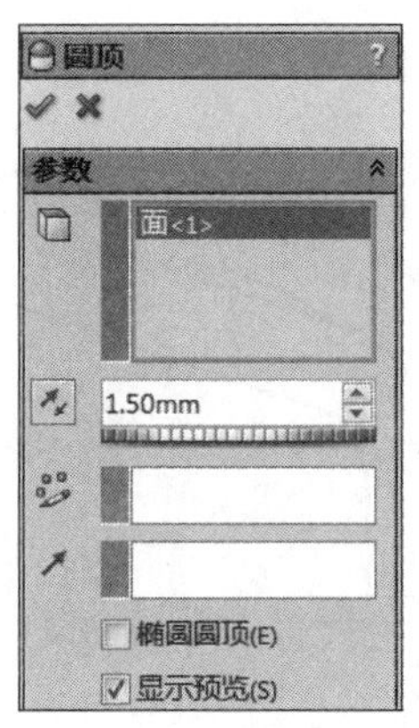

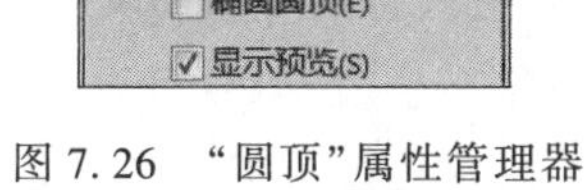

图 7.26 “圆顶”属性管理器　　　　图 7.27 节能灯

14. 存盘

选择“文件”|“保存”命令,保存“节能灯 . sldprt”文件。

 7.2 弯管的设计

弯管如图 7.28 所示,完成其三维造型。

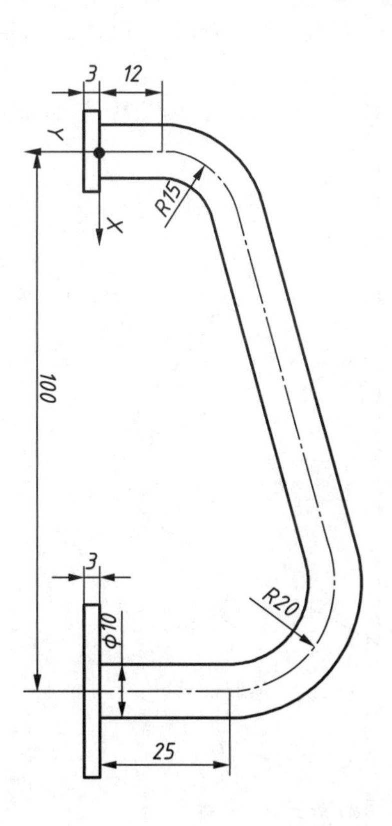

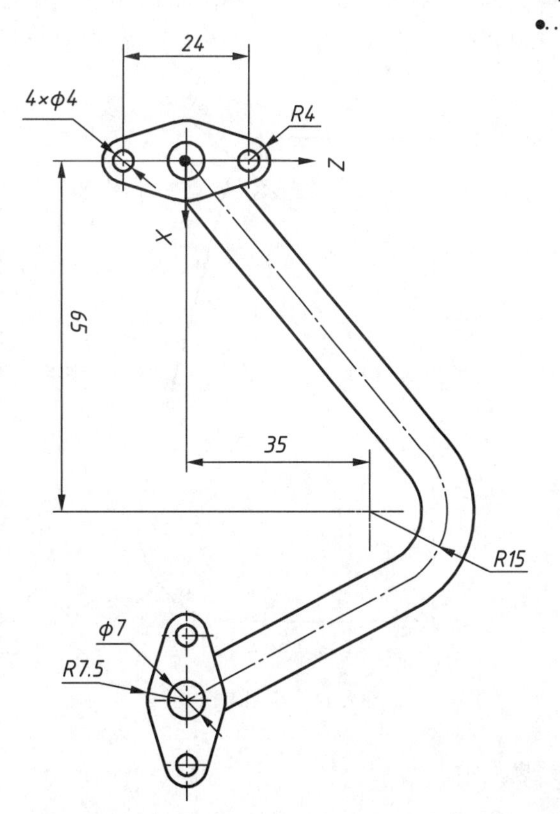

图 7.28

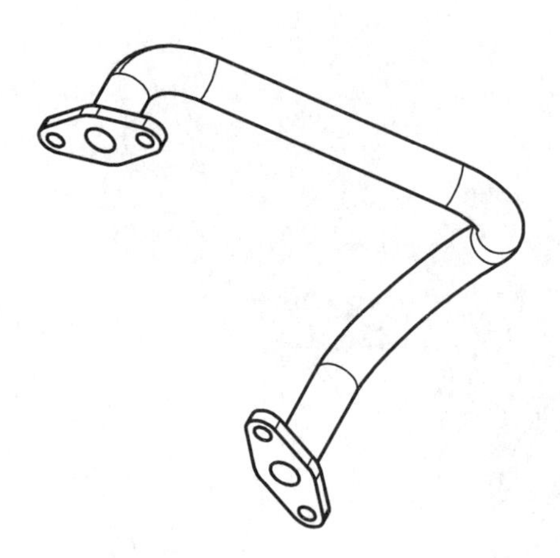

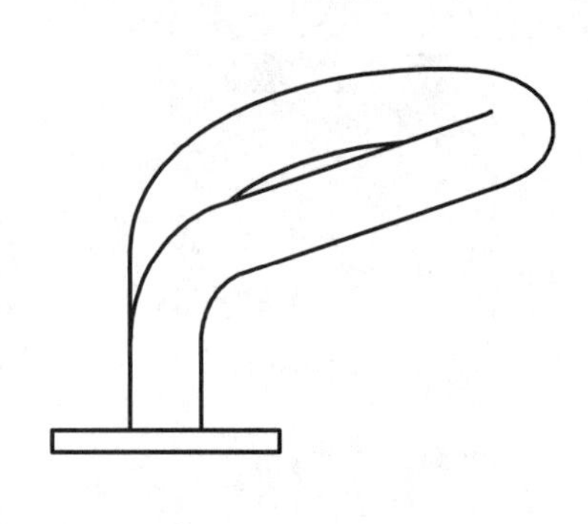

图 7.28　弯管

弯管建模步骤如下：

1. 新建文件，并生成投影曲线

(1)新建文件“弯管 . sldprt”。

(2)选择“前视基准面”作为草图绘制平面，进入“草图绘制”状态，利用“草图绘制”工具栏中的“直线”、“圆”、“剪裁实体”和“智能尺寸”等按钮绘制草图，并单击“显示/删除几何关系”工具栏中的“添加几何关系”按钮对草图进行位置约束，如图 7.29 所示。

(3)退出“草图 1”，选择“右视基准面”作为草图绘制平面，进入“草图绘制”状态，利用“草图绘制”工具栏中的“直线”、“绘制圆角”和“智能尺寸”等按钮绘制草图，如图 7.30 所示。

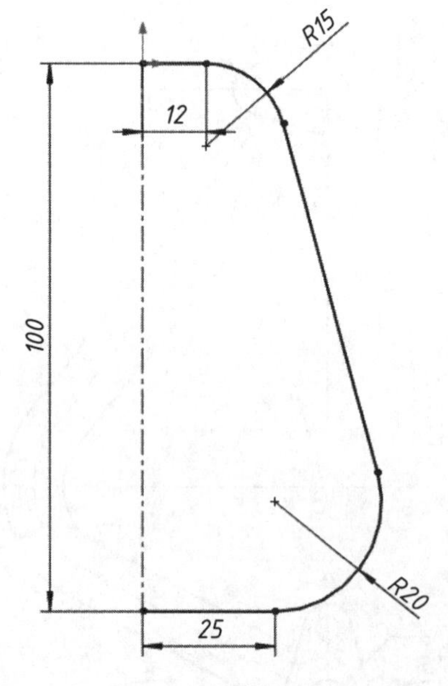

图 7.29　绘制草图 1

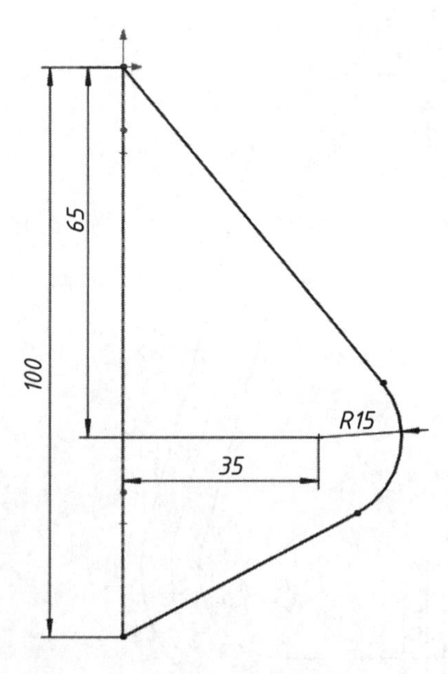

图 7.30　绘制草图 2

草图 1 和草图 2 的两个端点应该分别重合，退出草图后如图 7.31 所示。

(4)选择“插入”|“曲线”|“投影曲线”命令，出现“投影曲线”属性控制器，在其中设置：

“投影类型”选择“草图上草图”；

“要投影的一些草图”中选择“草图 1”和“草图 2”，如图 7.32 所示，单击“确定”按钮，如图 7.33 所示。

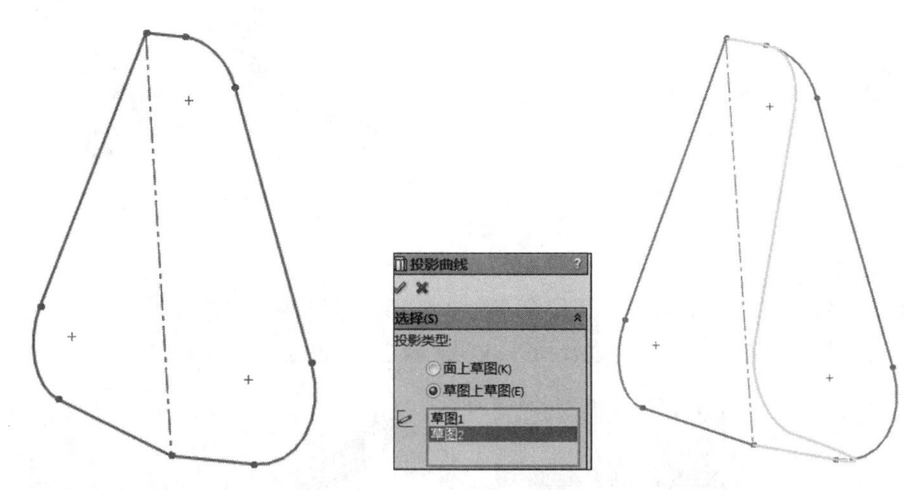

图 7.31 草图 1 和草图 2 的位置关系　　图 7.32 投影曲线

2. 绘制轮廓

(1)插入基准面。单击“插入”|“参考几何体”|“基准面”命令，出现“基准面”属性控制器，在其中设置：

“第一参考”选择“边线 3”，设置“垂直”；

“第二参考”选择“曲线的端点”，设置“重合”，单击“确定”按钮，如图 7.34 所示。

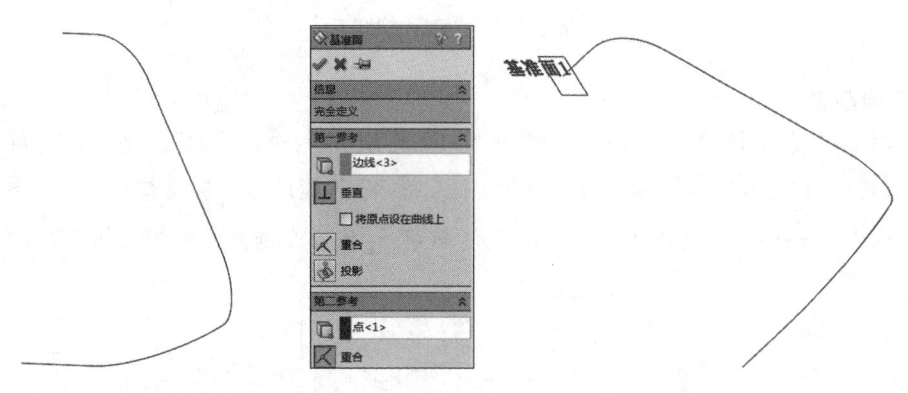

图 7.33 草图投影后　　图 7.34 创建基准面 1

(2)选择“基准面 1”作为草图绘制平面，进入“草图绘制”状态，利用“草图绘制”工具栏中的“圆”按钮绘制草图，如图 7.35 所示。

3. 扫描生成基体

退出草图后，单击“特征”工具栏中的“扫描”按钮，出现“扫描”属性管理器，“扫描轮廓”选择“直径是 $\phi 10$ 的圆”，“扫描路径”选择“投影曲线”，单击“确定”按钮，创建的扫描特征如图 7.36 所示。

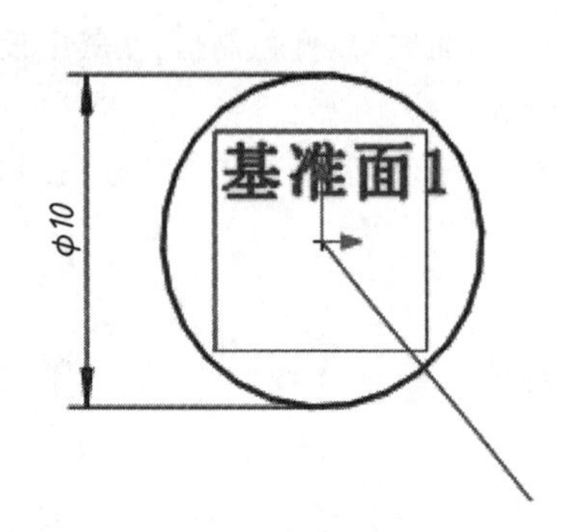

图 7.35　绘制草图

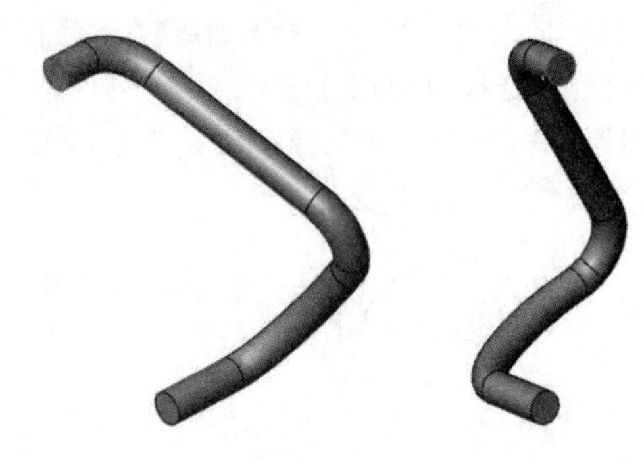
图 7.36　扫描生成基体

4. 生成抽壳特征

(1)单击“特征”工具栏中的“抽壳”按钮，出现“抽壳”属性管理器，在“参数”组中设置“壁厚”为 1.5 mm，选择弯管的上下底面进行抽壳，单击“确定”按钮，如图 7.37 所示。

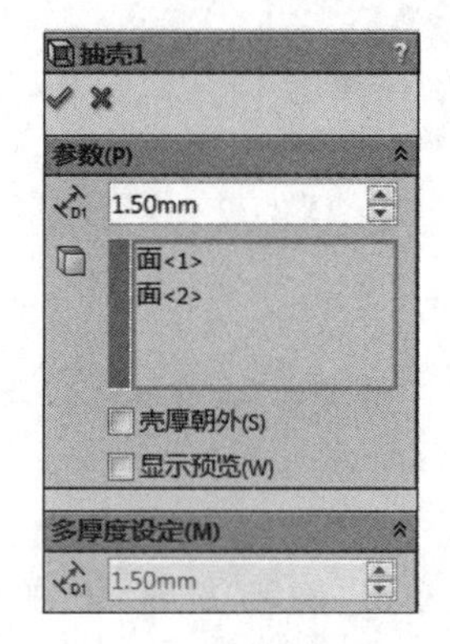

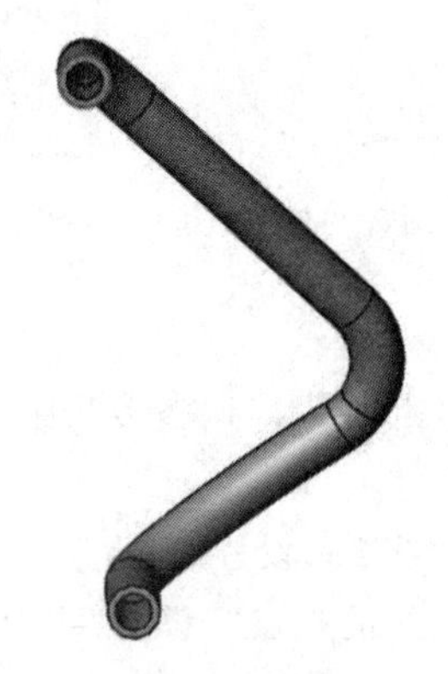

图 7.37　生成抽壳特征

5. 拉伸凸台

(1)绘制草图。选择“弯管上边的平面”作为草图绘制平面，进入“草图绘制”状态，利用“草图绘制”工具栏中的“直线”、“圆”、“剪裁实体”和“智能尺寸”等按钮绘制草图，并单击“显示/删除几何关系”工具栏中的“添加几何关系”按钮对草图进行位置约束，如图 7.38 所示。

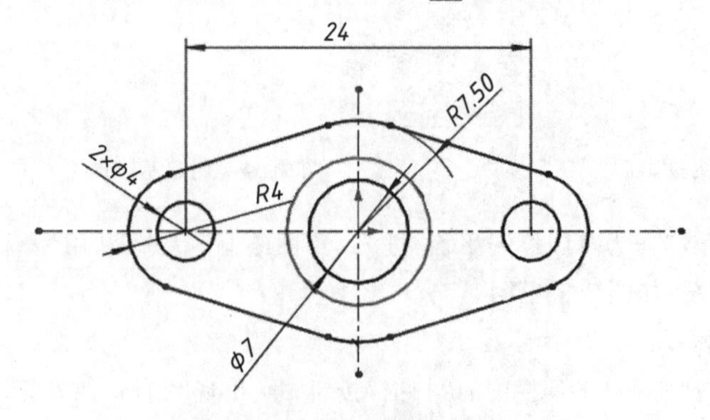

图 7.38　绘制草图

(2)单击“特征”工具栏中的“拉伸”按钮 ,出现“凸台-拉伸”属性管理器,创建拉伸特征,设置拉伸深度为 3 mm,不合并结果,单击“确定”按钮 ,如图 7.39 所示。

6. 移动旋转凸台

(1)移动复制凸台。单击“特征”工具栏中的“移动/复制实体” 按钮 ,出现“实体-移动/复制”属性管理器,设置“要移动复制的实体”为“凸台/拉伸 1”;选中“复制”复选框;“份数”设置为“1”;在“平移”组中设置“ΔX”为“0 mm”,“ΔY”为“ –100 mm”,“ΔZ”为“0 mm”,单击“确定”按钮 ,如图 7.40 所示。

图 7.39 拉伸凸台

图 7.40 移动复制凸台

(2)旋转凸台。单击“特征”工具栏中的“移动/复制实体”按钮 ,出现“实体-移动/复制”属性管理器,设置“要移动复制的实体”为“实体-移动/复制 1”;绕着“Z 轴”旋转“90 度”,单击“确定”按钮 ,如图 7.41 所示。

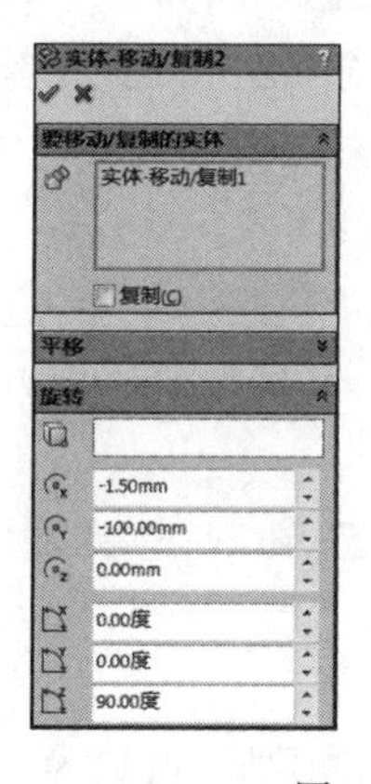

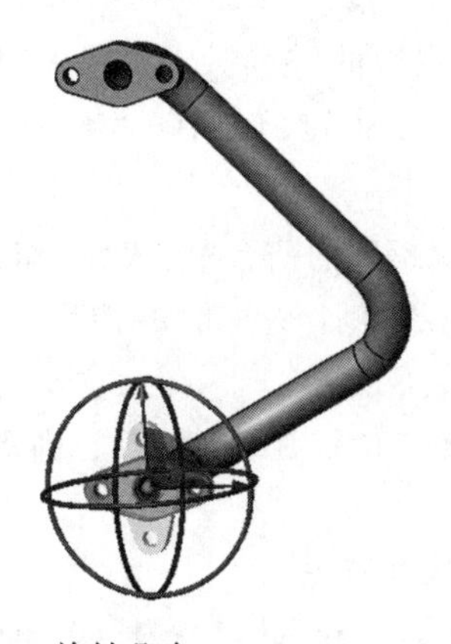

图 7.41 旋转凸台

7. 组合实体

选择“插入”|“特征”|“组合”命令 ,出现“组合”属性管理器,设置“操作类型”为“添加”,“要组合的实体” 为“凸台/拉伸 1”“抽壳 2”“实体-移动/复制 2”,单击“确定”按钮 ,如图 7.42 所示。

8. 存盘

选择“文件” | “保存”命令,保存“弯管 . sldprt”文件。

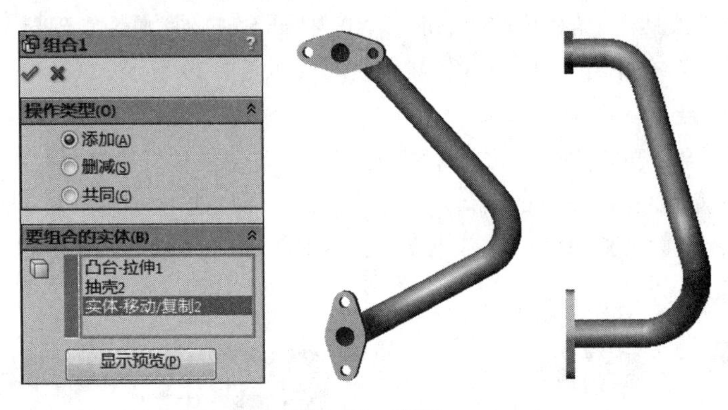

图 7.42　弯管

7.3　吊钩的设计

根据所给视图,创建起重吊钩的三维模型,如图 7.43 所示。

起重吊钩建模步骤如下:

1. 新建文件,绘制草图生成凸台

(1)新建文件"起重吊钩 . sldprt"。

(2)选择"前视基准面"作为草图绘制平面,进入"草图绘制"状态,利用"草图绘制"工具栏中的"直线" 和 "智能尺寸" 等按钮绘制草图并标注尺寸,如图 7.44 所示。

(3)单击"特征"工具栏中的"旋转凸台/基体"按钮 ,出现"切除-旋转"属性管理器,选择"中心线"作为旋转轴,旋转"360 度"后,单击"确定"按钮 ,如图 7.45 所示。

2. 切除螺纹

(1)选择上面需要切除螺纹的凸台"上表面"作为草图绘制平面,进入"草图绘制"状态,分别单击"草图绘制"工具栏中的"圆" 和"智能尺寸" 等按钮绘制草图并标注尺寸,如图 7.46 所示。

(2)选择"插入"|"曲线"|"螺旋线/涡状线"命令 ,出现"螺旋线/涡状线"属性管理器,设置螺旋线的参数:

"定义方式"选择"高度和螺距";

"参数"选择"恒定螺距","高度"设置为"80 mm","螺距"设置为"10 mm",选中"反向"复选框,"起始角度"设置为"0 度",默认螺旋线是"顺时针",单击"确定"按钮 ,如图 7.47 所示。

(3)选择"插入"|"参考几何体"|"基准面"命令 ,出现"基准面"属性管理器,设置:

"第一参考"选择"螺旋线",设置"垂直";

"第二参考"选择"螺旋线"的端点,设置"重合",新建垂直于螺旋线轮廓且通过端点的基准面 1,单击"确定"按钮 如图 7.48 所示。

(4)选择"基准面 1"作为草图绘制平面,进入"草图绘制"状态,利用"草图绘制"工具栏中的"直线" 、"绘制圆角" 、"移动实体" 和"智能尺寸" 等按钮绘制草图并标注尺寸,如图 7.49 所示。

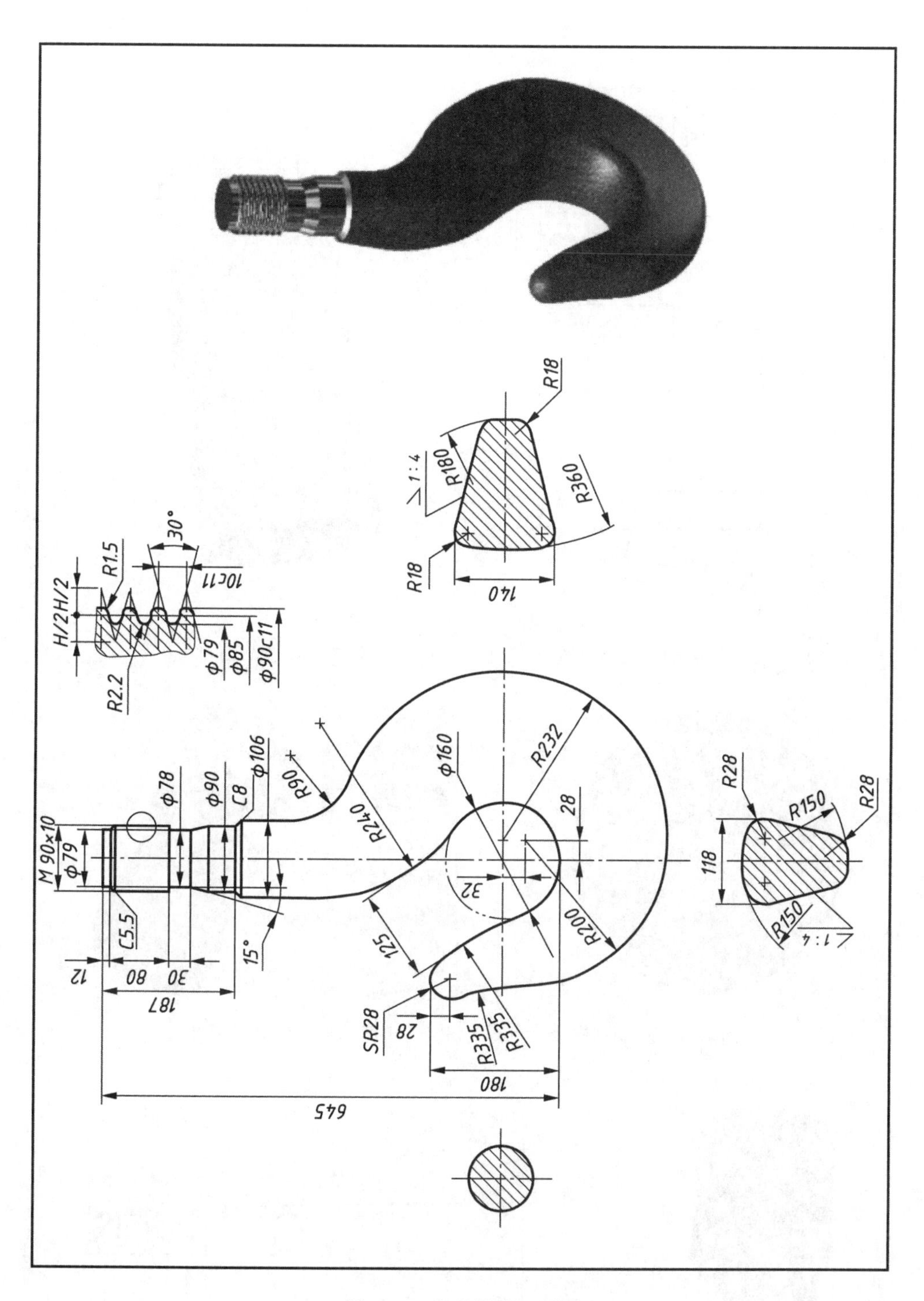

图 7.43　起重吊钩工程图

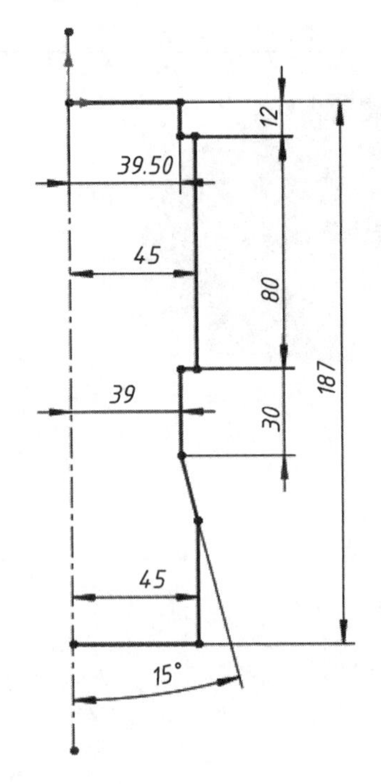

图 7.44　绘制草图

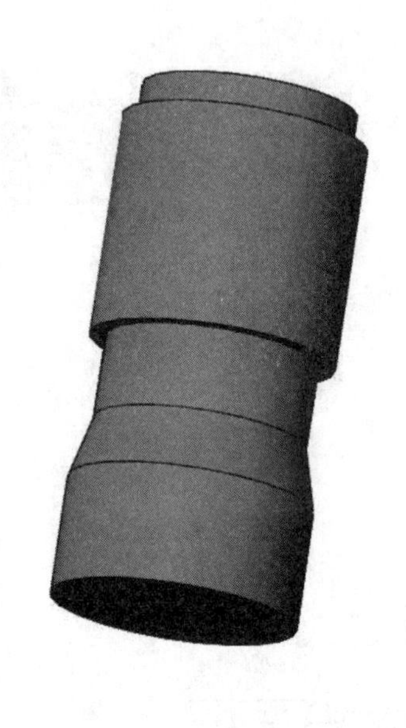

图 7.45　生成凸台

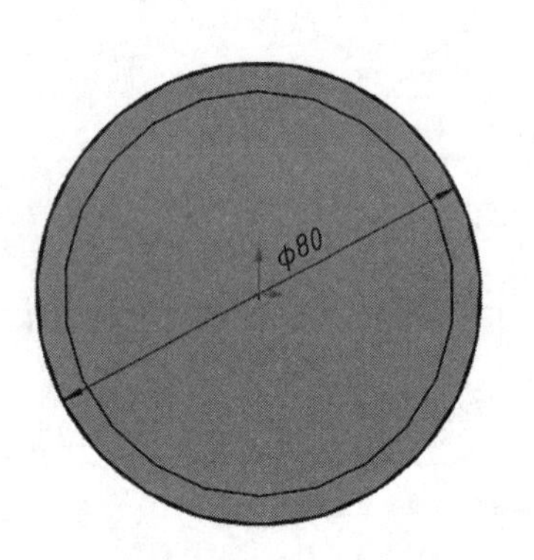

图 7.46　绘制草图

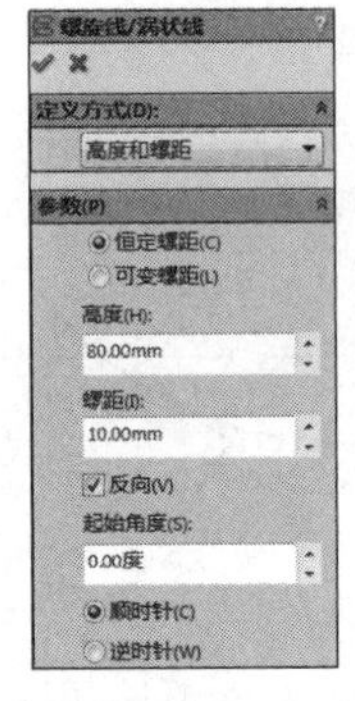

图 7.47　生成螺旋线

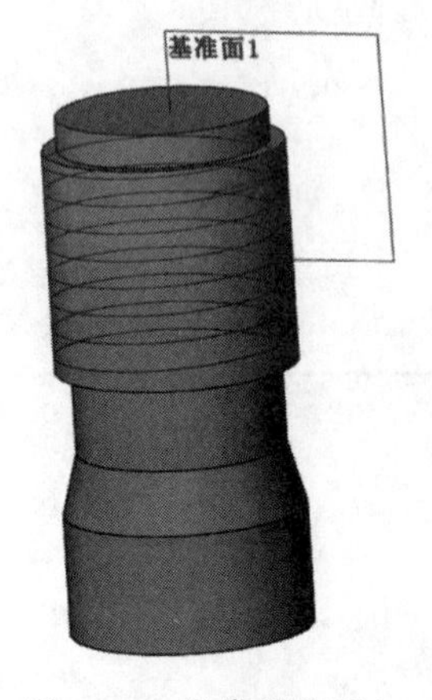

图 7.48　新建基准面 1

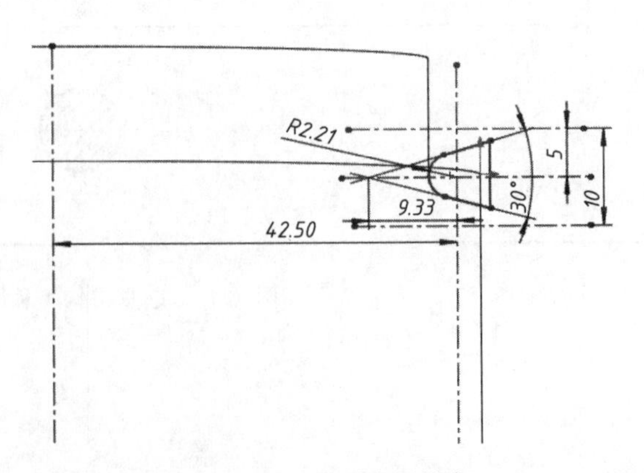

图 7.49　绘制草图轮廓

(5)退出草图,单击“特征”工具栏中的“扫描切除”按钮,出现“切除-扫描”属性管理器,选择“轮廓”为上述绘制的“草图 3”,“路径”为生成的螺旋线,执行“扫描切除”操作,单击“确定”按钮,结果如图 7.50 所示。

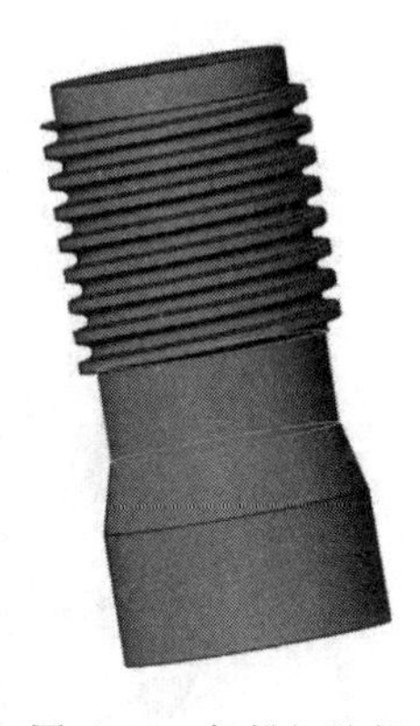

图 7.50 扫描切除螺纹

3. 生成放样特征

(1)绘制放样路径。

①选择“右视基准面”作为草图绘制平面,进入“草图绘制”状态,利用“草图绘制”工具栏中的“直线”、“圆”、“中心线”和“智能尺寸”等按钮绘制草图并标注尺寸,单击“显示/删除几何关系”工具栏中的“添加几何关系”按钮对草图进行位置约束,绘制放样路径 1 草图,如图 7.51 所示,并退出草图。

②选择“右视基准面”作为草图绘制平面,进入“草图绘制”状态,和上述操作方法一样绘制放样路径 2 草图,如图 7.52 所示,并退出草图。

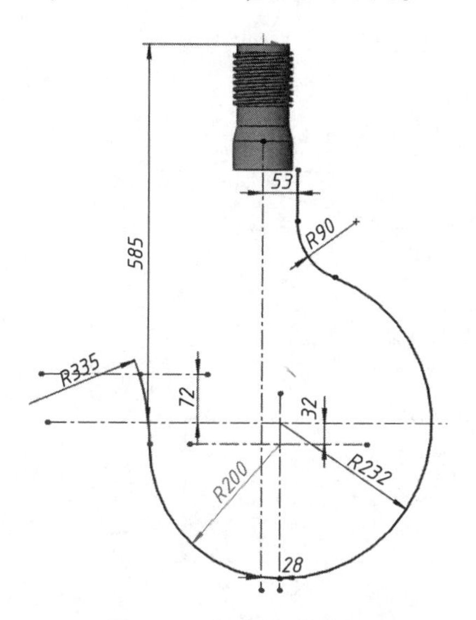

图 7.51 绘制放样路径 1

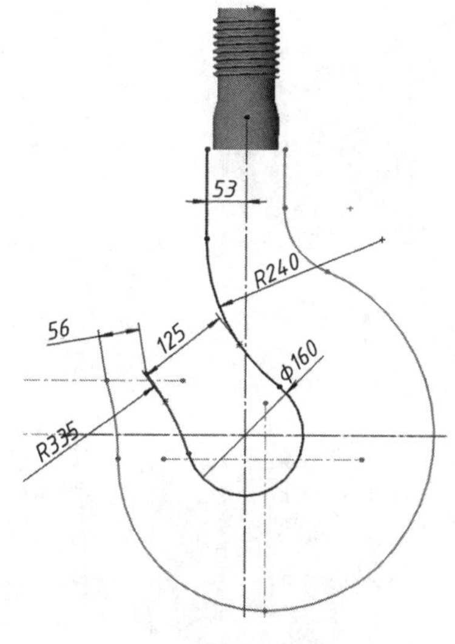

图 7.52 绘制放样路径 2

(2)绘制放样轮廓 1。选择生成螺纹凸台“下表面”作为草图绘制平面,进入“草图绘制”状态,利用“草图绘制”工具栏中的“圆”和“智能尺寸”等按钮绘制轮廓草图 1 并标注尺寸,如图 7.53 所示,退出草图。

(3)绘制放样轮廓 2。

①选择“插入”|“参考几何体”|“基准面”命令,出现“基准面”属性管理器,设置:

“第一参考”选择“凸台的下底面”,设置“距离”为“378 mm”,新建平行于凸台底面且成一定距离的基准面 2, 单击“确定”按钮,如图 7.54 所示。

②选择“基准面 2”作为草图绘制平面,进入“草图绘制”状态,利用“草图绘制”工具栏中的“直线”、“圆”、“中心线”、“点”和“智能尺寸”等按钮绘制草图并标注尺寸,单击“显示/删除几何关系”工具栏中的“添加几何关系”按钮对草图进行位置约束,绘制放样轮廓草图 2,如图 7.55 所示,经过修剪倒圆角等操作,最终草图如图 7.56 所示,退出草图。

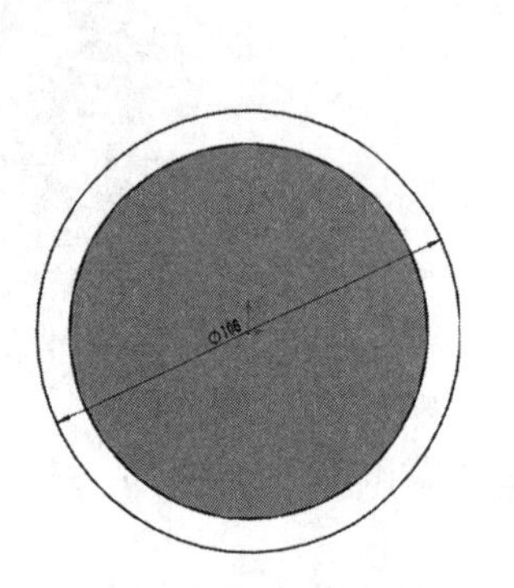

图 7.53　绘制轮廓草图 1

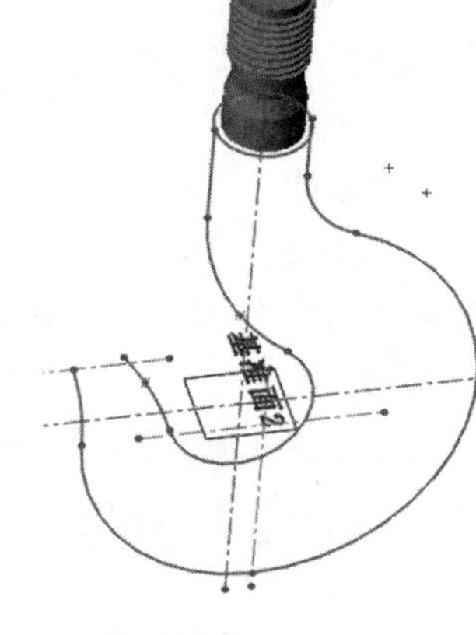

图 7.54　新建基准面 2

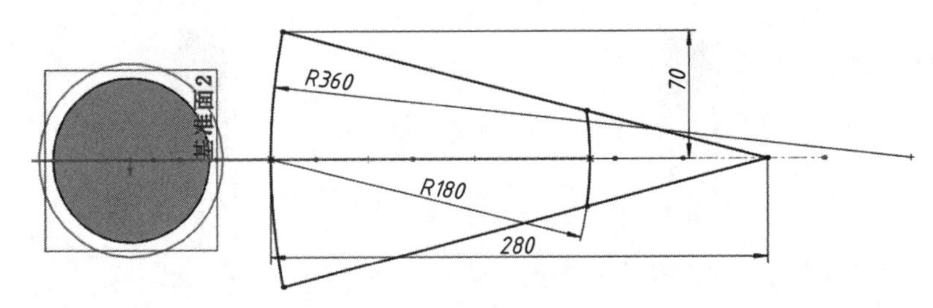

图 7.55　绘制草图并添加约束

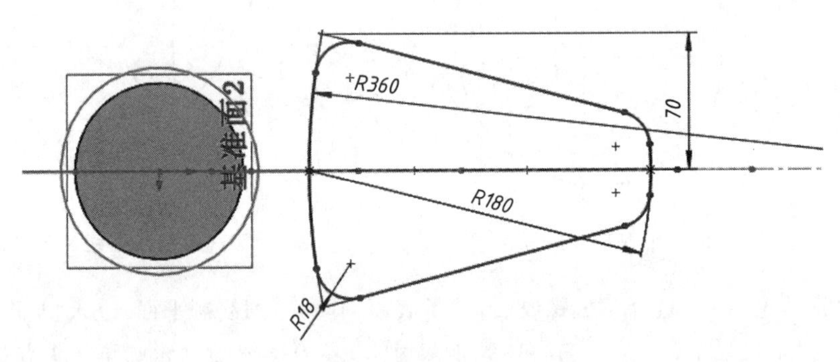

图 7.56　绘制轮廓草图 2

在轮廓草图的左右两端绘制两个点，并使用“添加几何关系”设置左右两个点和路径草图是“穿透”的几何关系。

(4)绘制放样轮廓 3。选择“前视基准面”作为草图绘制平面，进入“草图绘制”状态，利用“草图绘制”工具栏中的“直线”、“圆”、“中心线”、“点”和“智能尺寸”等按钮绘制草图并标注尺寸，单击“显示/删除几何关系”工具栏中的“添加几何关系”按钮对草图进行位置约束，绘制放样轮廓草图 3，如图 7.57 所示，经过修剪倒圆角等操作，最终草图如图 7.58 所示，退出草图。

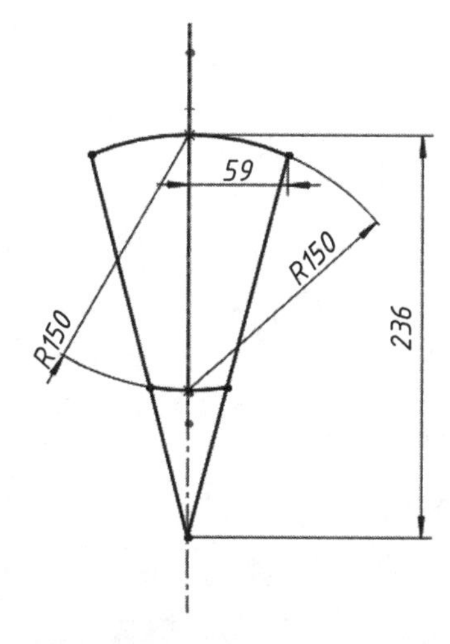

图 7.57 绘制草图并添加约束

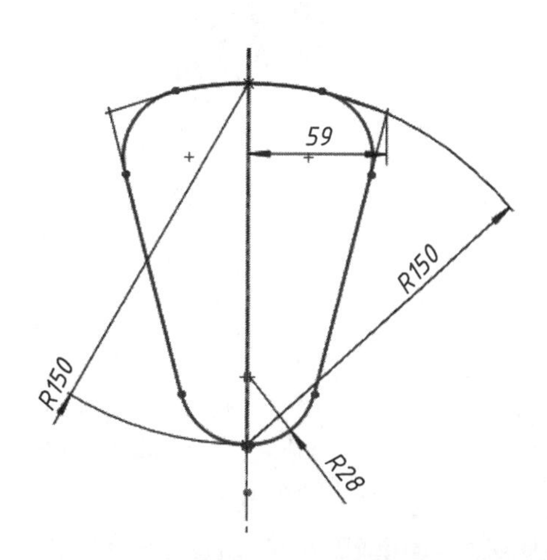

图 7.58 绘制草图轮廓 3

(5)绘制放样轮廓 4。

①选择“右视基准面”作为草图绘制平面，进入“草图绘制”状态，绘制草图如图 7.59 所示。

②选择“插入”|“参考几何体”|“基准面”命令，出现“基准面”属性管理器，设置：

“第一参考”选择“直线 1@ 草图 9”，设置“垂直”；

“第二参考”选择“点 22@ 草图 5”，设置“重合”，如图 7.60 所示，单击“确定”按钮。

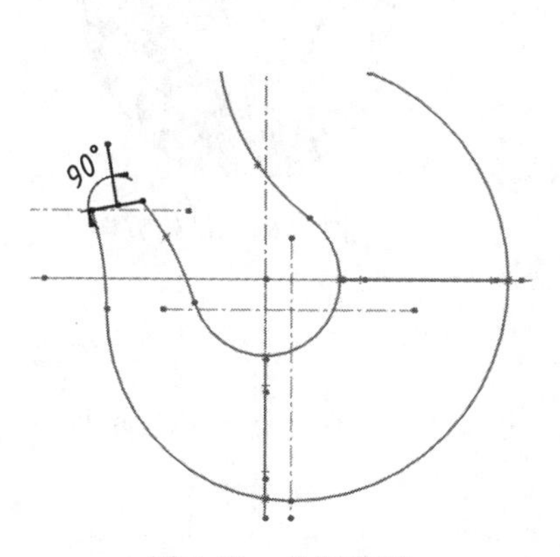

图 7.59 绘制草图

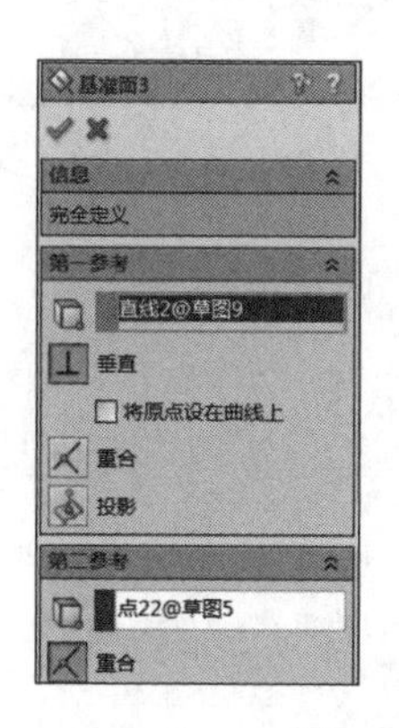

图 7.60 新建基准面 3

③选择“基准面 3”作为草图绘制平面，进入“草图绘制”状态，利用“草图绘制”工具栏中的“圆”按钮，绘制 $\phi56$ mm 的圆，也就是放样轮廓草图 4，如图 7.61 所示，并退出草图。

④单击“特征”工具栏中的“放样凸台/基体”按钮，出现“放样”属性管理器，在其中设置：激活“轮廓”选项，依次按顺序选择“草图 6，草图 7、草图 8 和草图 10”，激活“引导线”选项，选择“草图 4 和草图 5”，如图 7.62 所示，单击“确定”按钮，结果如图 7.63 所示。

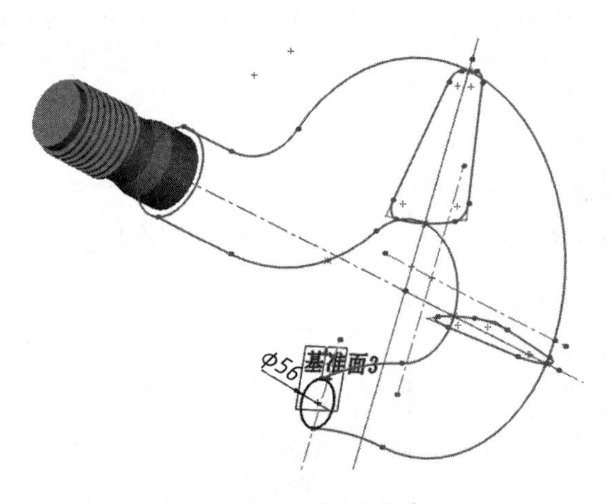

图 7.61 绘制放样轮廓 4

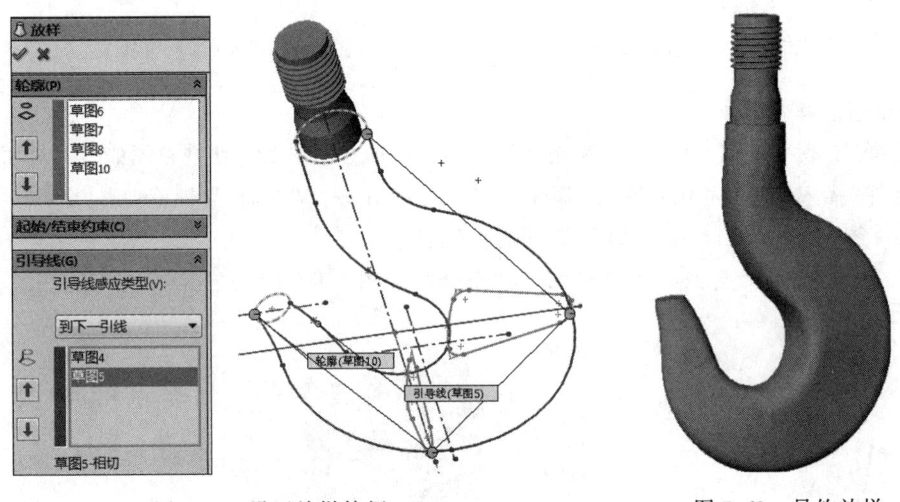

图 7.62 设置放样特征

图 7.63 吊钩放样

此时,一次放样 4 个轮廓,如果不能顺利完成的话,可以分 2 次进行放样特征操作,放样的路径都是一样的。

4. 生成圆顶特征

选择“插入”|“特征”|“圆顶”命令 ,出现“圆顶”属性管理器,设置:在“参数”组中,“到圆顶的面”选择放样生成的实体表面,“高度”设置为“28 mm”,如图 7.64 所示,单击“确定”按钮 ,最终效果如图 7.65 所示。

5. 存盘

选择“文件” | “保存”命令,保存“起重吊钩 . sldprt”文件。

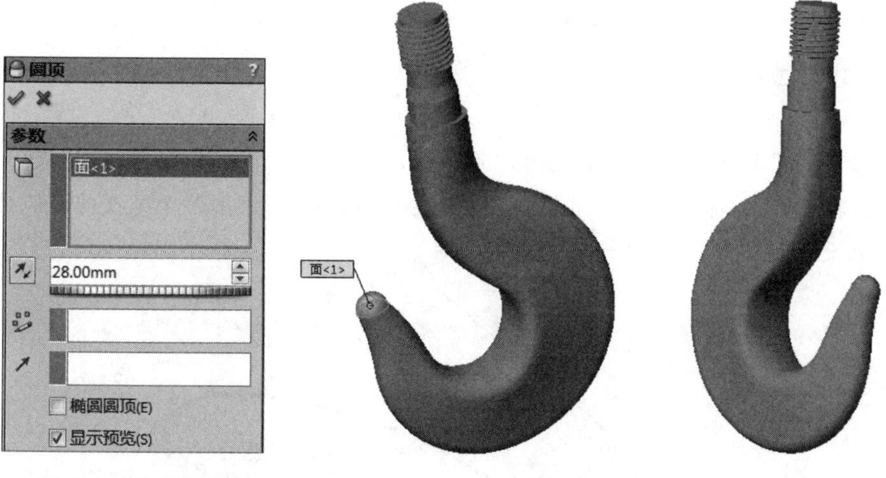

图 7.64　生成圆顶　　　　图 7.65　起重吊钩

7.4　曲面造型设计

7.4.1　曲面概述

曲面是一种可以用来生成实体特征的几何体(如圆角曲面等)。一个零件中可以有多个曲面实体。

SolidWorks 提供了生成曲面的工具栏和菜单命令。选择“插入”|“曲面”命令可以选择生成相应曲面的类型,如图 7.66 所示,或者选择“视图”|“工具栏”|“曲面”命令,调出“曲面”工具栏,如图 7.67 所示。

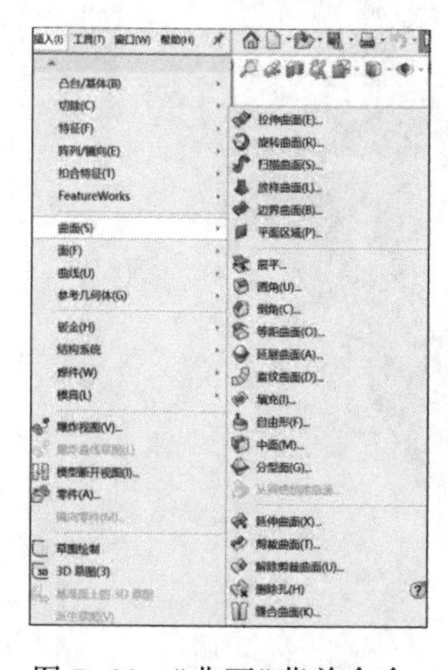

图 7.66　“曲面”菜单命令

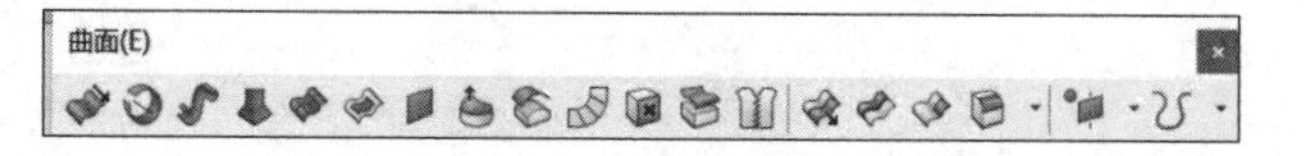

图 7.67　“曲面”工具栏

下面通过具体实例熟悉曲面造型的命令。

7.4.2 勺子的曲面造型设计

1. 建立边界曲面

(1)绘制草图1:选择“上视基准面”作为草图绘制平面,进入“草图绘制”状态,利用“草图绘制”工具栏中的“圆”、“圆弧”、“剪裁实体”和“智能尺寸”等按钮绘制出勺子底部的边线并标注尺寸,单击“添加几何关系”按钮添加各个圆弧的相切关系,如图7.68所示,并退出草图。

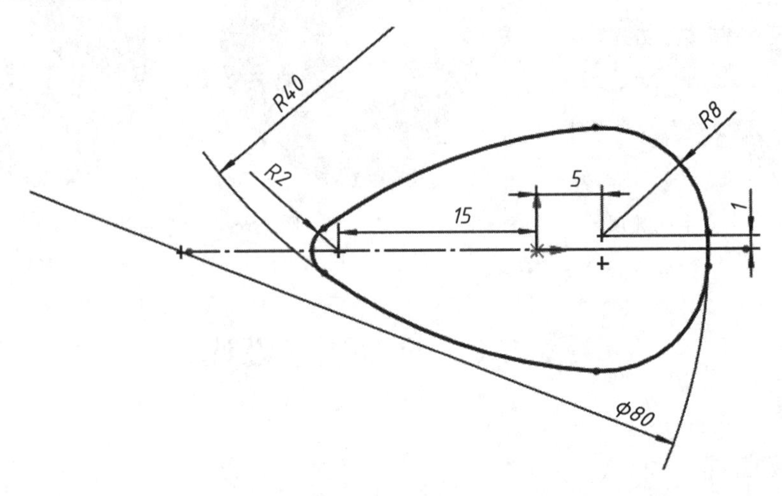

图7.68 绘制草图1

(2)建立基准面1:选择“插入”|“参考几何体”|“基准面”命令,建立与上视基准面距离25 mm的基准面1,如图7.69所示,然后单击“确定”按钮。

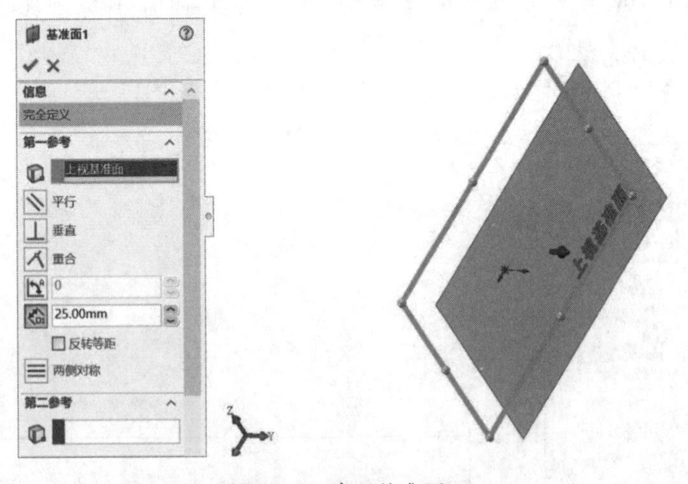

图7.69 建立基准面1

(3)绘制草图2:选择“基准面1”作为草图绘制平面,进入“草图绘制”状态,利用“草图绘制”工具栏中的“样条曲线”、“圆”和“智能尺寸”等按钮绘制出勺子上部的边线并标注尺寸,单击“添加几何关系”按钮添加样条曲线与圆弧的相切关系,如图7.70所示,并退出草图。

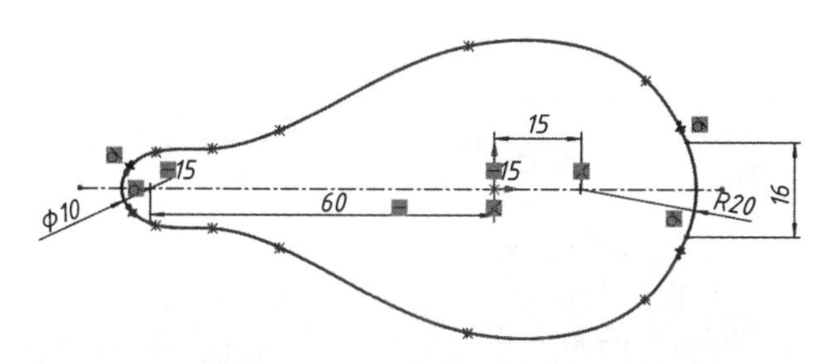

图 7.70　绘制草图 2

(4)绘制草图 3:选择“前视基准面”作为草图绘制平面,进入“草图绘制”状态,利用“草图绘制”工具栏中的“圆” 、“剪裁实体” 和“智能尺寸” 等按钮绘制出放样路径的边线并标注尺寸,单击“添加几何关系”按钮 添加路径边线的端点与草图 1 和草图 2 的相穿透关系,如图 7.71 所示,并退出草图。

(5)绘制草图 4:选择“右视基准面”作为草图绘制平面,进入“草图绘制”状态,利用“草图绘制”工具栏中的“圆弧” 、“剪裁实体” 和“智能尺寸” 等按钮绘制出放样路径的另一边线并标注尺寸,单击“添加几何关系”按钮 添加路径边线的端点与草图 1 和草图 2 的相穿透关系,如图 7.72 所示,并退出草图。

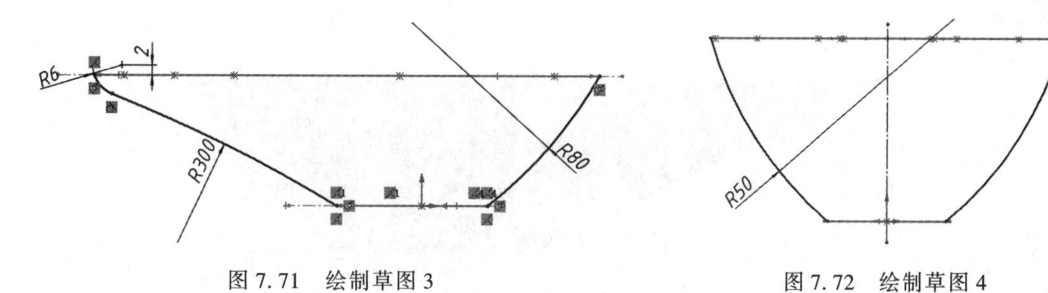

图 7.71　绘制草图 3　　　　图 7.72　绘制草图 4

(6)选择“插入”|“曲面”|“边界曲面”命令 ,出现“边界-曲面 1”属性管理器,在“方向 1 曲线感应”区域设置“类型”为“整体”,“曲线”选择“草图 2”和“草图 1”;在“方向 2 曲线感应”区域设置“类型”为“到下一曲线”,“曲线”分别选择“草图 3”和“草图 4”中的 4 条曲线,如图 7.73 所示,单击“确定”按钮 ,如图 7.74 所示。

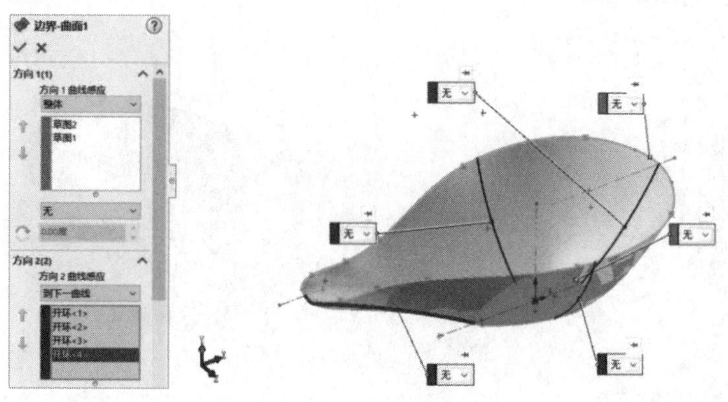

图 7.73　建立边界曲面

选择曲线后，弹出图 7.75 所示的对话框，单击“确认”按钮 即可。

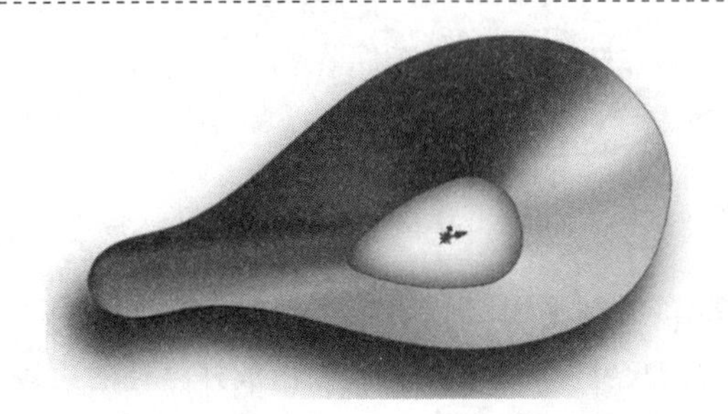

图 7.74　生成边界曲面

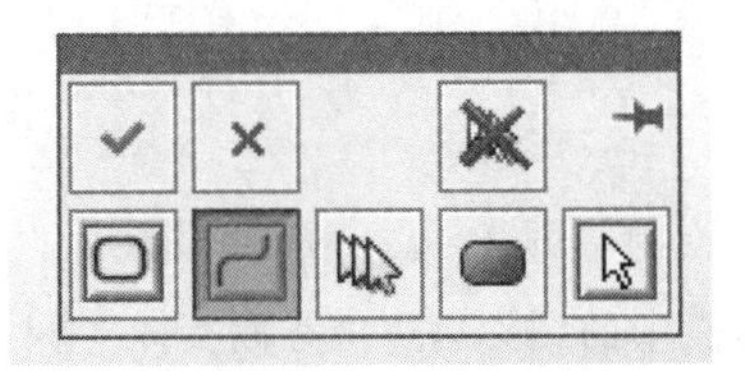

图 7.75　选择对话框

2. 建立拉伸曲面

(1)绘制草图 5：选择“前视基准面”作为草图绘制平面，进入“草图绘制”状态，利用“草图绘制”工具栏中的“直线”、“圆弧”、“剪裁实体”和“智能尺寸”等按钮绘制出勺子底部的边线并标注尺寸，单击“添加几何关系”按钮 添加直线和圆弧的相切关系，如图 7.76 所示。

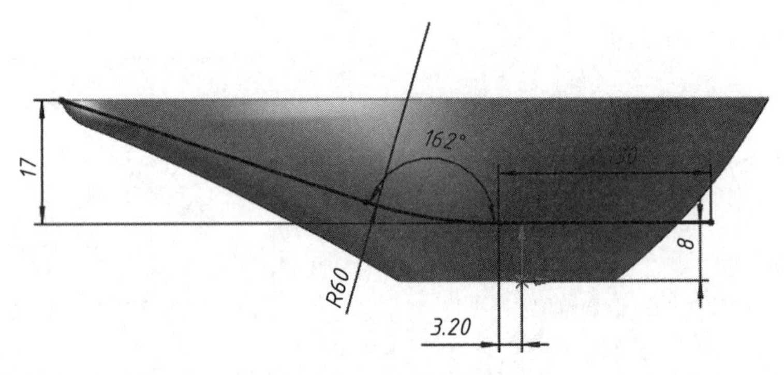

图 7.76　绘制草图 5

(2)选择“插入”|“曲面”|“拉伸曲面”命令，出现“曲面-拉伸 1”属性管理器，在“方向 1”区域设置“终止条件”为“两侧对称”；在“拉伸深度”文本框中输入“60 mm”；“所选轮廓”选择“草图 5”，如图 7.77 所示，单击“确定”按钮。

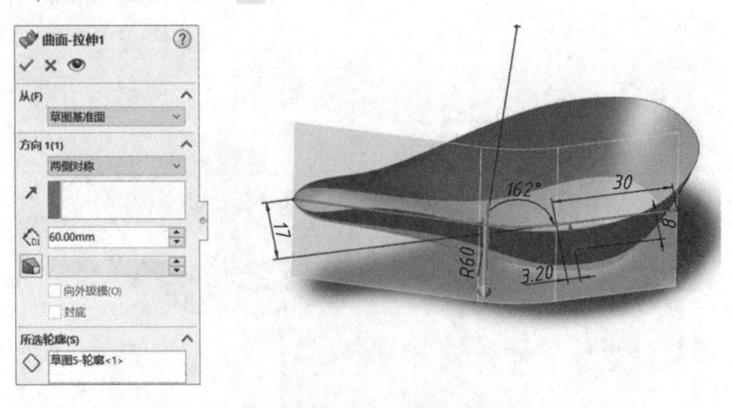

图 7.77　建立拉伸曲面

3. 剪裁曲面

选择“插入”|“曲面”|“曲面剪裁”命令 ，出现“曲面-剪裁 1”属性管理器，设置“剪裁类型”为“标准”，“剪裁工具”为“曲面-拉伸 1”，并选中“移除选择”单选按钮，“要移除的部分”为“边界-曲面 1-剪裁 1”（选择曲面的上面部分），“曲面分割选项”选择“自然”，如图 7.78 所示，单击“确定”按钮 ，并隐藏“曲面-拉伸 1”，剪裁前后对比结果如图 7.79 所示。

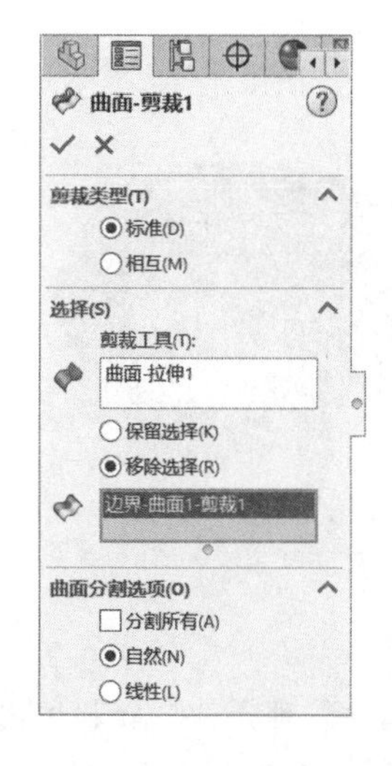

图 7.78　剪裁曲面设置

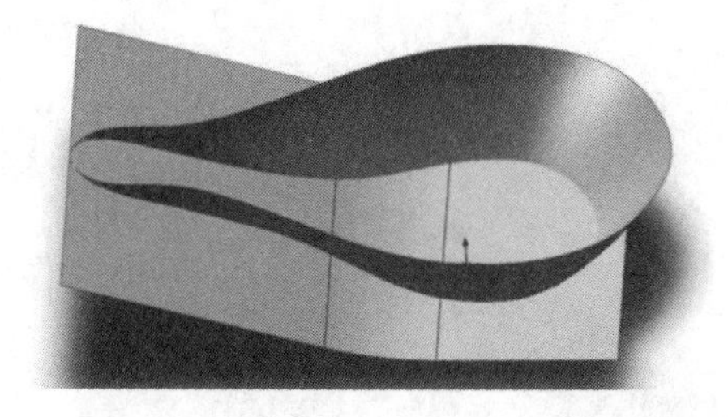
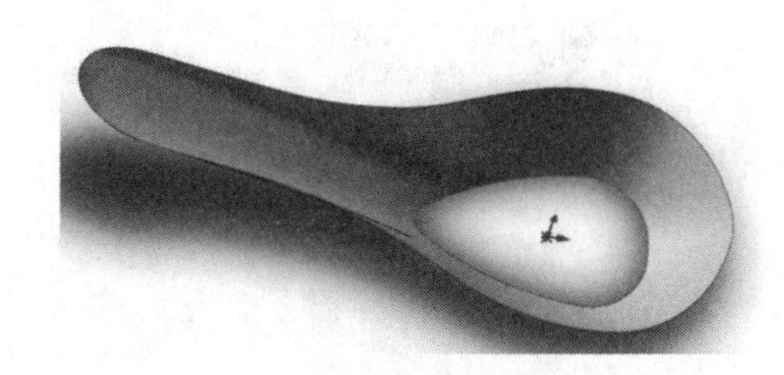

图 7.79　剪裁前后对比

4. 填充曲面

选择“插入”|“曲面”|“平面区域”命令 ，出现“曲面-基准面 1”属性管理器，在“边界实体”列表框中选择底部边线，如图 7.80 所示，单击“确定”按钮 。

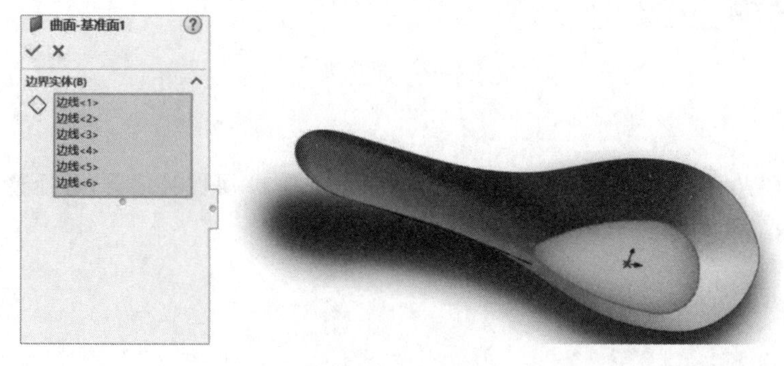

图 7.80　填充曲面

5. 缝合曲面

选择“插入”|“曲面”|“缝合曲面”命令，出现“曲面-缝合 1”属性管理器，选择“曲面-剪裁 1”和“曲面-基准面 1”，选中“合并实体”复选框，如图 7.81 所示，单击“确定”按钮。

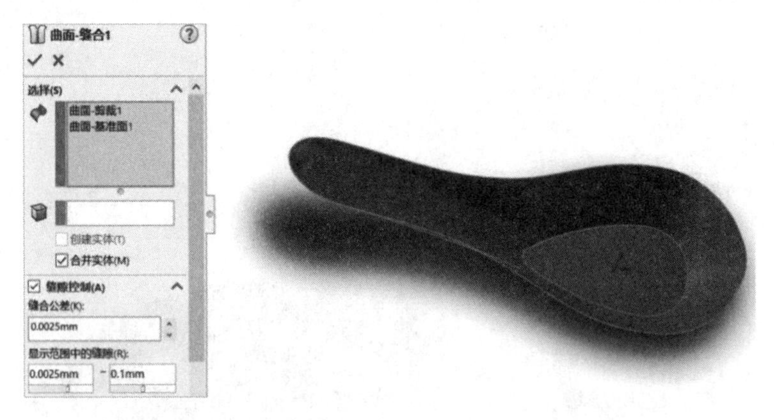

图 7.81 缝合曲面

6. 倒圆角

单击“特征”工具栏中的“圆角”按钮，出现“圆角 1”属性管理器，在“要圆角化的项目”列表框中选择底部边线，“圆角半径”设置为“1 mm”，如图 7.82 所示，单击“确定”按钮。

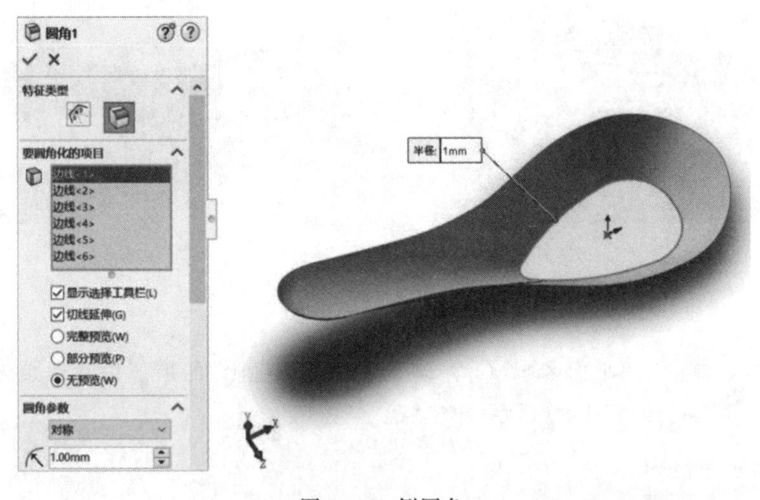

图 7.82 倒圆角

7. 加厚曲面

选择“插入”|“凸台/集体”|“加厚”命令，出现“加厚 1”属性管理器，选择整个曲面，“加厚参数”设置为“0.8 mm”，如图 7.83 所示，单击“确定”按钮。

图 7.83　加厚曲面

8. 倒圆角

单击“特征”工具栏中的“圆角”按钮 ，出现“圆角 2”属性管理器，在“要圆角化的项目”列表框中选择上部内边线，“圆角半径”设置为“0.4 mm”，如图 7.84 所示，单击“确定”按钮 。

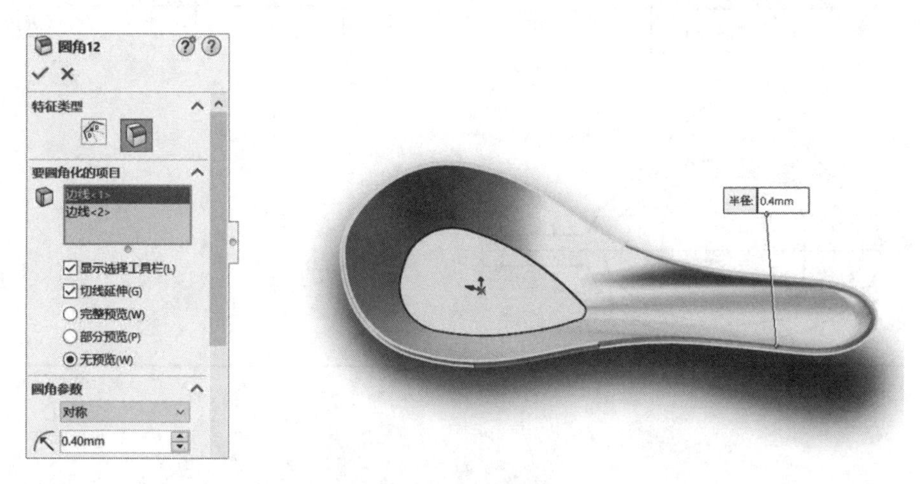

图 7.84　倒圆角

9. 存盘

勺子最终模型如图 7.85 所示，选择“文件”|“保存”命令，保存“勺子 . sldprt”文件。

图 7.85　勺子

视频
课后练习

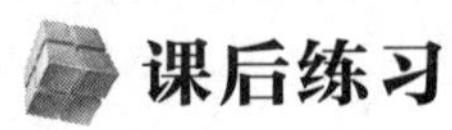

课后练习

根据图 7.86 所示视图，创建该立体的三维模型，未注圆角为 $R3$。

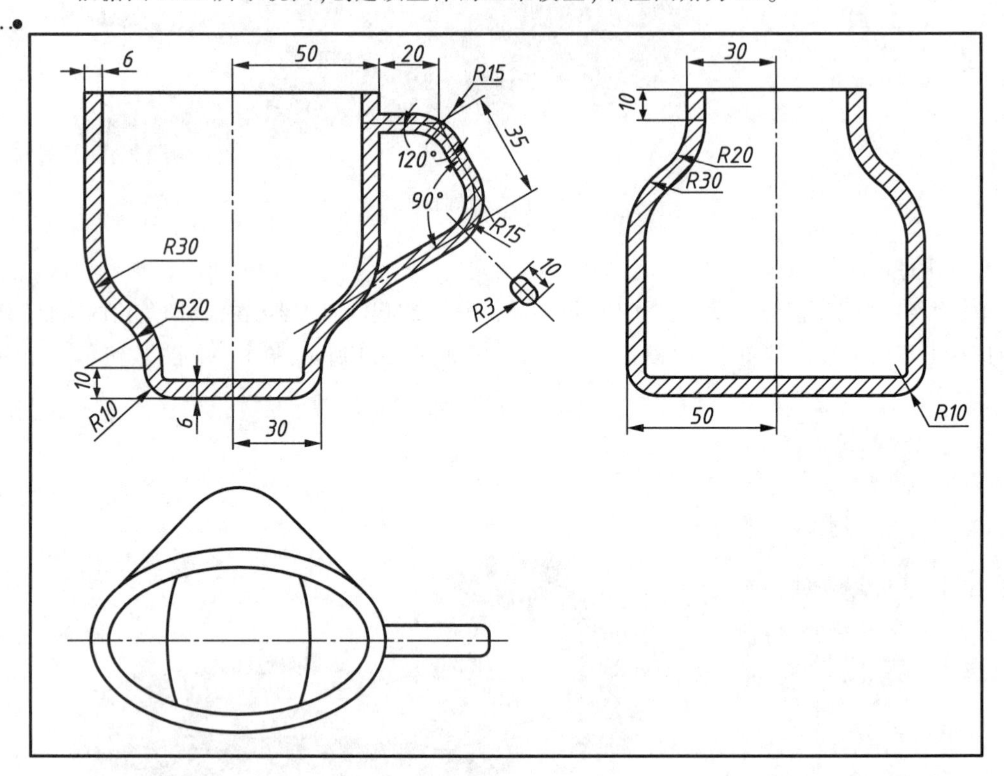

图 7.86　杯子

第8章 钣金零件的三维建模

8.1 概述

钣金零件通常用作零部件的外壳，或者用于支撑其他零部件。SolidWorks 可以独立设计钣金零件，可以使用特有的钣金命令生成钣金零件。SolidWorks 中的钣金工具栏如图 8.1 所示。

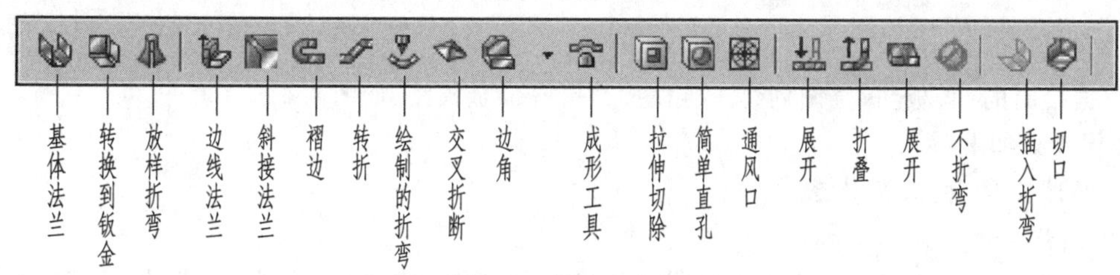

图 8.1　钣金工具栏

钣金工具栏中，基体法兰、边线法兰、褶边和展开等是经常用到的基本命令。

在钣金零件设计中经常涉及如下术语：

(1)折弯系数 BA：折弯系数是沿材料中性轴所测量的圆弧长度。在生成折弯时，可以输入数值给任何一个钣金折弯，以指定明确的折弯系数。以下方程式用来决定使用折弯系数数值时的总平展长度。

$$L_t = A + B + \mathrm{BA}$$

式中，L_t 表示总展开长度；A 和 B 的含义如图 8.2 所示；BA 表示折弯系数值。

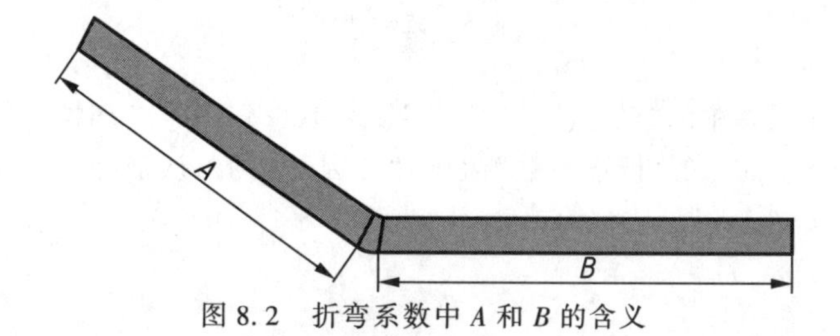

图 8.2　折弯系数中 A 和 B 的含义

(2)K 因子：K 因子代表中立板相对于钣金零件厚度的位置的比率。包含 K 因子的折弯系数使用以下公式计算。

$$\mathrm{BA} = \prod(R + KT)\,\mathrm{A}/180^\circ$$

式中，BA 表示折弯系数值；R 表示内侧折弯半径；T 表示材料厚度；A 表示折弯角度(经过折弯材料的角度)。

(3)折弯扣除：折弯扣除通常是指回退量，也是一种简单算法来描述钣金折弯的过程。在生成折弯时，可以通过输入数值给任何钣金折弯指定明确的折弯扣除。

以下方程用来决定使用折弯扣除数值时的总平展长度。

$$L_t = A + B - \mathrm{BD}$$

式中,L_t 表示总展开长度;A 和 B 的含义如图 8.3 所示;BD 表示折弯扣除值。

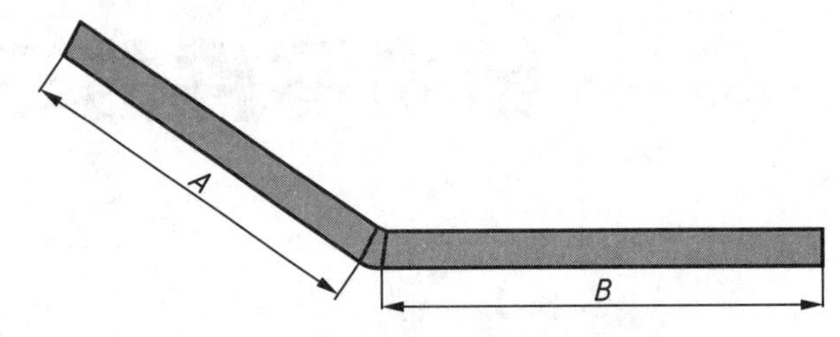

图 8.3　折弯扣除中 A 和 B 的含义

视频

钣金设计实例

 8.2　钣金建模实例

根据给出的“盖板”钣金图创建三维模型并展开钣金模型,如图 8.4 所示。

盖板建模步骤如下:

1. 新建文件,生成基体法兰

(1)新建文件“盖板 . sldprt”。

(2)选择“前视基准面”作为草图绘制平面,进入“草图绘制”状态,利用“草图绘制”工具栏中的“中心矩形” 和“智能尺寸” 等按钮绘制草图并标注尺寸,如图 8.5 所示。

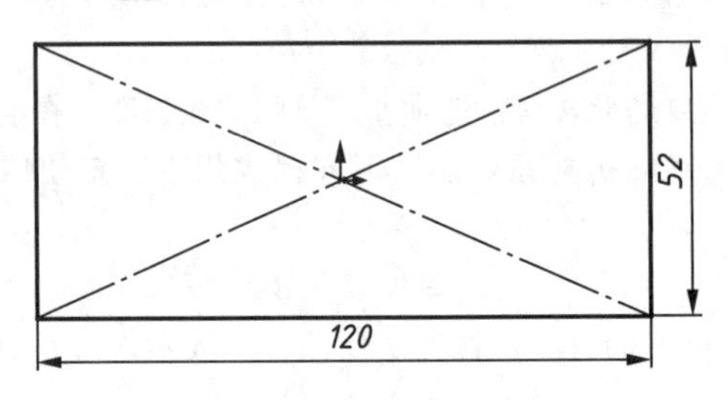

图 8.5　绘制草图

(3)单击“钣金”工具栏中的“基体法兰”按钮 ,出现“基体法兰”属性管理器,在“钣金参数”中,设置“厚度”为“0.5 mm”,在“折弯系数”组中,“K 因子”的默认值为“0.5”,单击“确定”按钮 ,如图 8.6 所示。

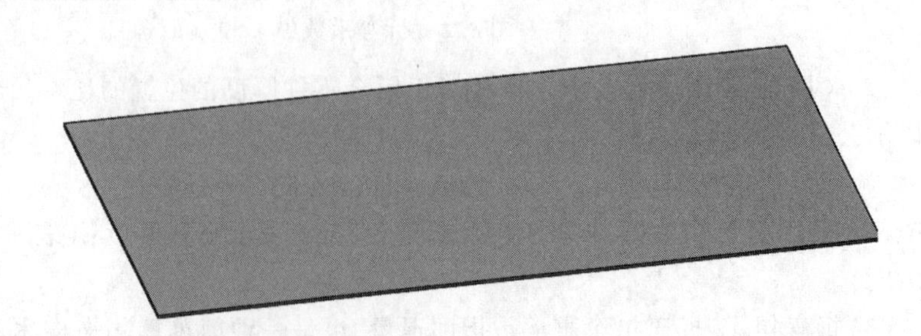

图 8.6　生成基体法兰

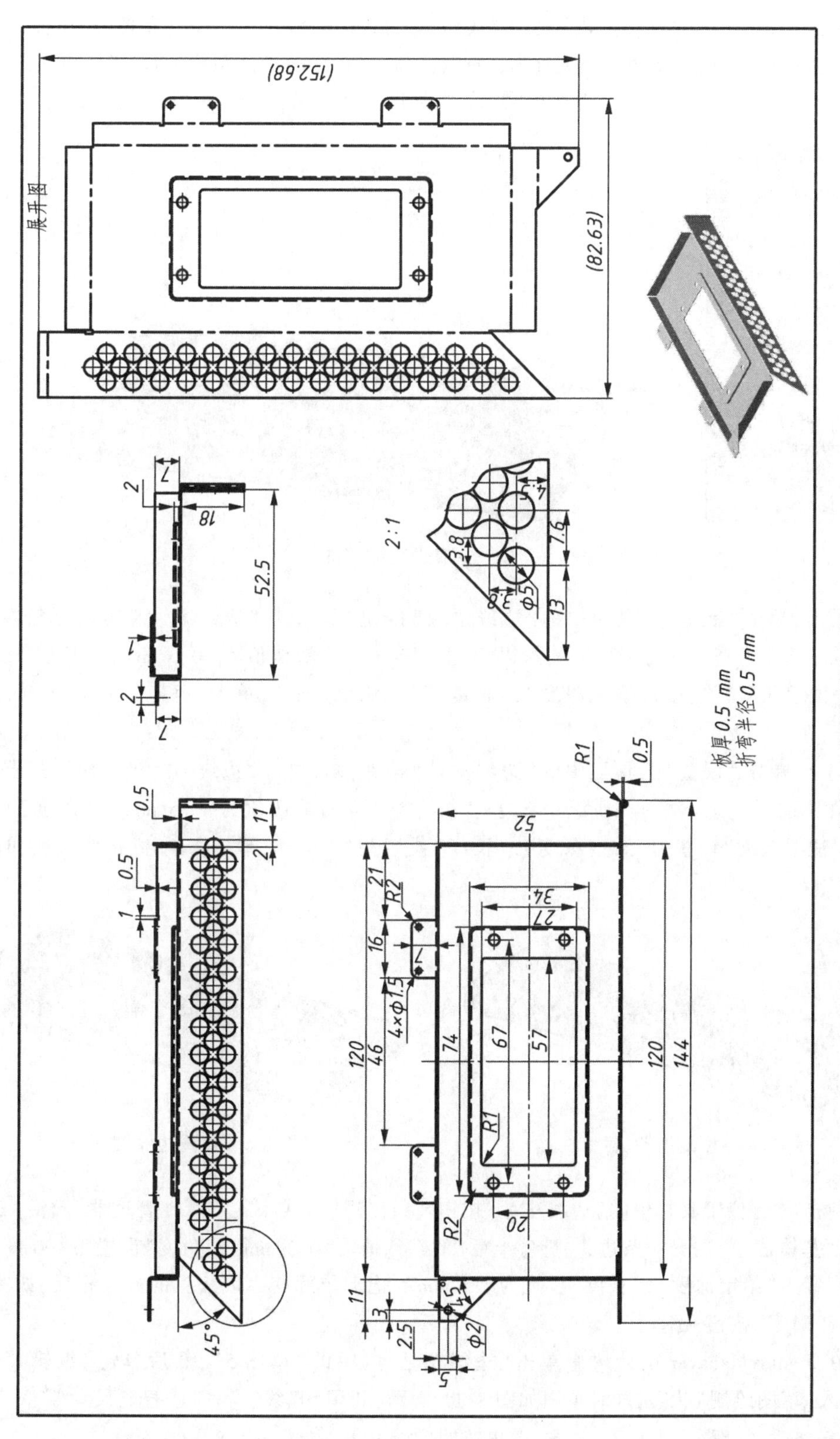

图 8.4 "盖板"钣金图

2. 生成边线法兰

(1)单击“钣金”工具栏中的“边线法兰”按钮，出现“边线-法兰”属性管理器，激活“法兰参数”，选择“基体法兰”的一条边，“折弯半径”的默认值为“0.5 mm”；“角度”设置为“90 度”；“法兰长度”设置为“给定深度”，“长度”设置为“7 mm”，如图 8.7 所示，单击“确定”按钮。

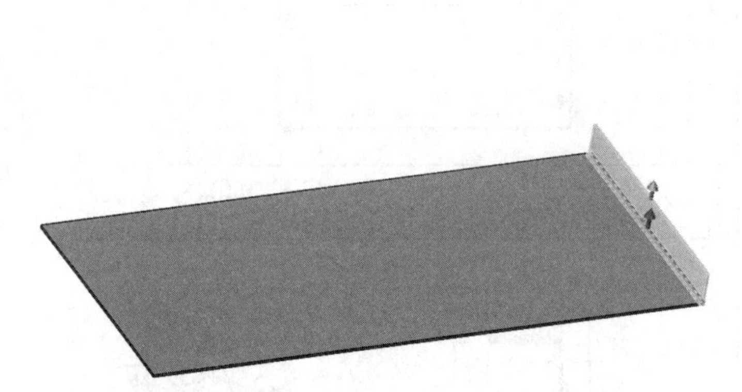

图 8.7　生成边线-法兰 1

(2)同上，单击“钣金”工具栏中的“边线法兰”按钮，出现“边线-法兰”属性管理器，激活“法兰参数”，选择“基体法兰”的另一条边，“折弯半径”的默认值为“0.5 mm”；“角度”设置为“90 度”；“法兰长度”设置为“给定深度”，“长度”设置为“7 mm”，单击“确定”按钮，如图 8.8 所示。

(3)同上，单击“钣金”工具栏中的“边线法兰”按钮，出现“边线-法兰”属性管理器，激活“法兰参数”，选择“基体法兰”的另一条边，“折弯半径”的默认值为“0.5 mm”；“角度”设置为“90 度”；“法兰长度”设置为“给定深度”，“长度”设置为“7 mm”，单击“确定”按钮，如图 8.9 所示。

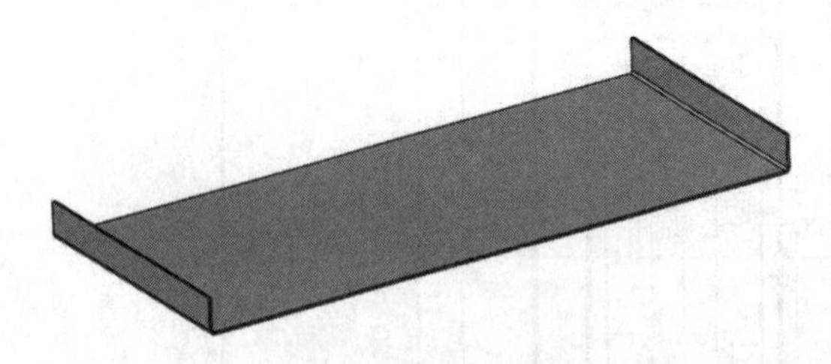

图 8.8　生成边线-法兰 2

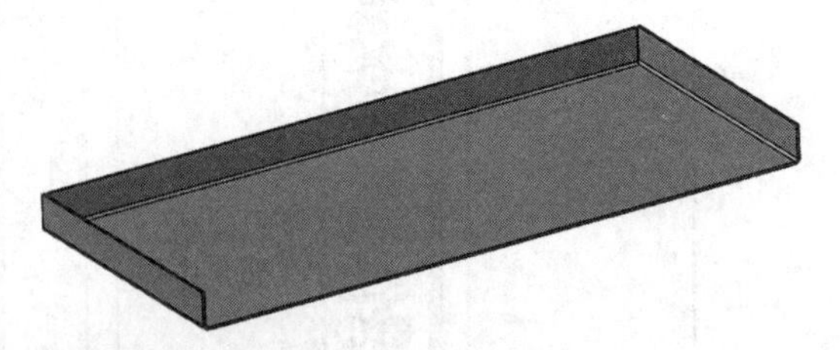

图 8.9　生成边线-法兰 3

(4)单击“钣金”工具栏中的“边线法兰”按钮，出现“边线-法兰”属性管理器，激活“法兰参数”，选择“基体法兰”的另一条边，“折弯半径”的默认值为“0.5 mm”；“角度”设置为“90 度”；“法兰长度”设置为“给定深度”，“长度”设置为“18 mm”，拖动鼠标使生成法兰的方向相反，如图 8.10 所示，单击“确定”按钮。

(5)在 FeatureManager 设计树中单击“边线法兰 4”中的“草图 5”，然后单击“编辑草图”按钮，进入“草图绘制”状态，这时草图如图 8.11 所示，利用“直线”和“智能尺寸”等按钮对草图进行修改，如图 8.12 所示，单击“退出草图”按钮，结果如图 8.13 所示。

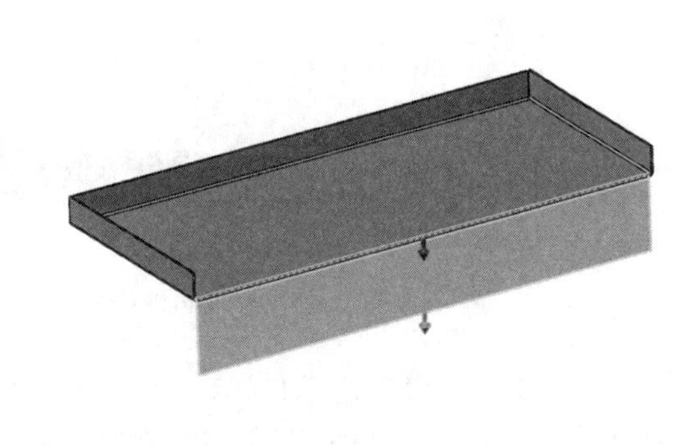

图 8.10　生成边线-法兰 4

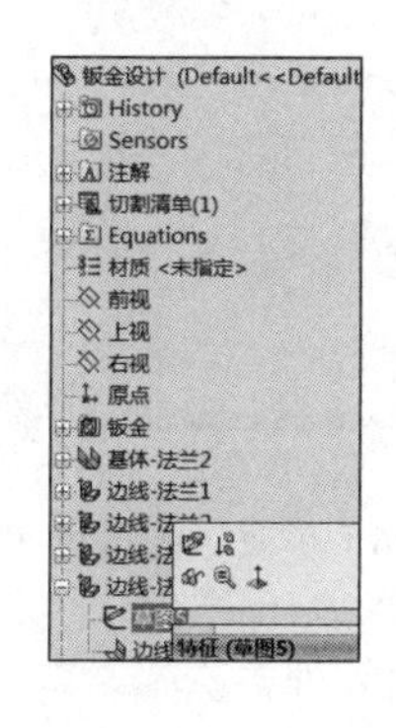

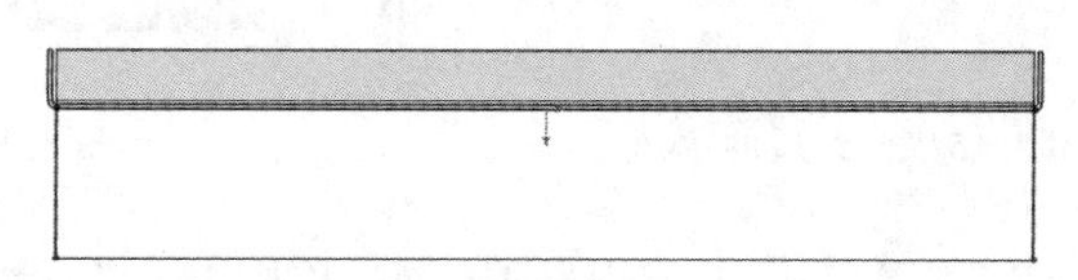

图 8.11　边线法兰 4 中的草图

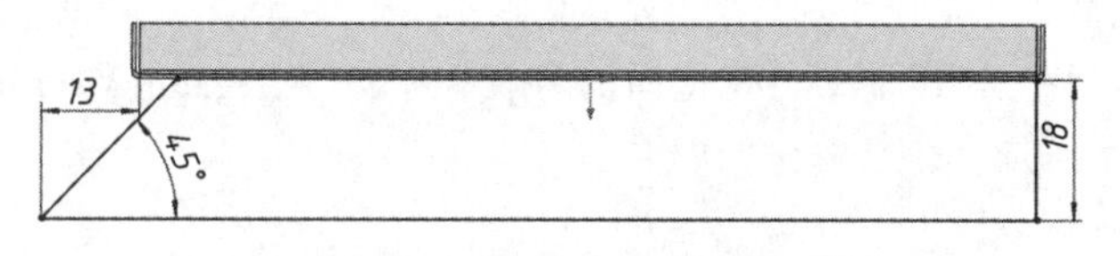

图 8.12　修改后的草图

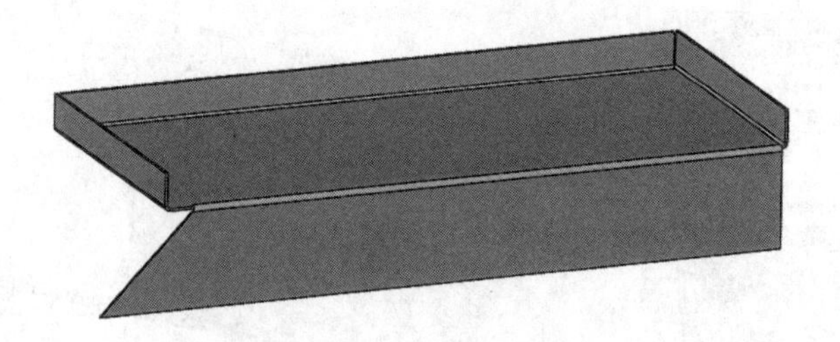

图 8.13　修改后的边线-法兰 4

3. 继续生成边线-法兰

(1)单击“钣金”工具栏中的“边线法兰”按钮，出现“边栏-法线”属性管理器，激活“法兰参数”，选择“边线-法兰 3”的一条边，“折弯半径”的默认值为“0. 5 mm”；“角度”设置为“90 度”；“法兰长度”设置为“给定深度”，“长度”设置为“7 mm”，单击“确定”按钮，如图 8. 14 所示。

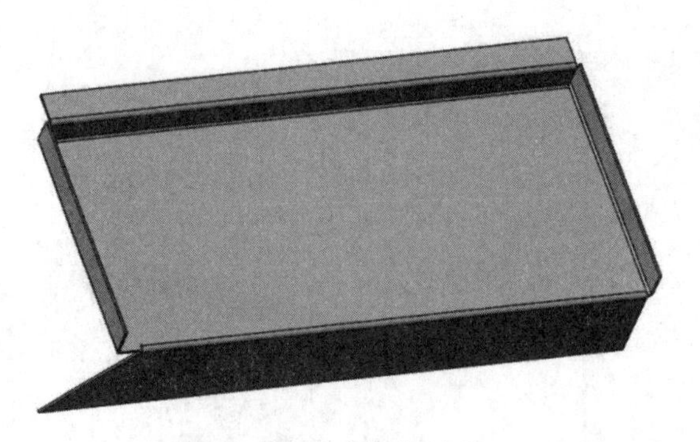

图 8.14　生成边线-法兰 5

(2)在 FeatureManager 设计树中单击“边线法兰 5”中的“草图 6”,然后单击“编辑草图”按钮 ,进入“草图绘制”状态,利用“直线” 、“圆” 、“绘制圆角” 和“智能尺寸” 等按钮对草图进行修改,修改后的草图如图 8.15 所示,单击“退出草图”按钮 ,结果如图 8.16 所示。

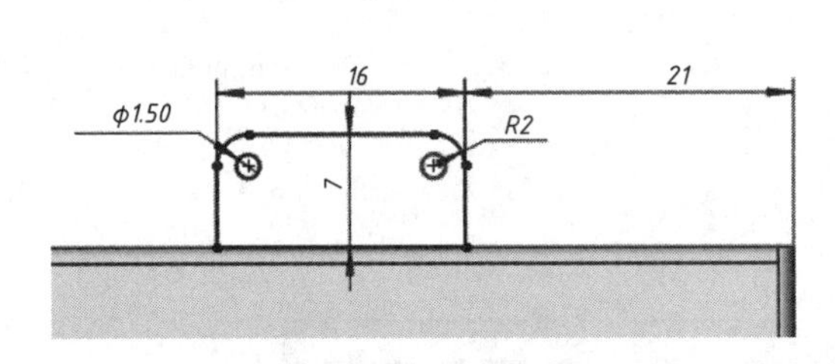

图 8.15　修改后的草图

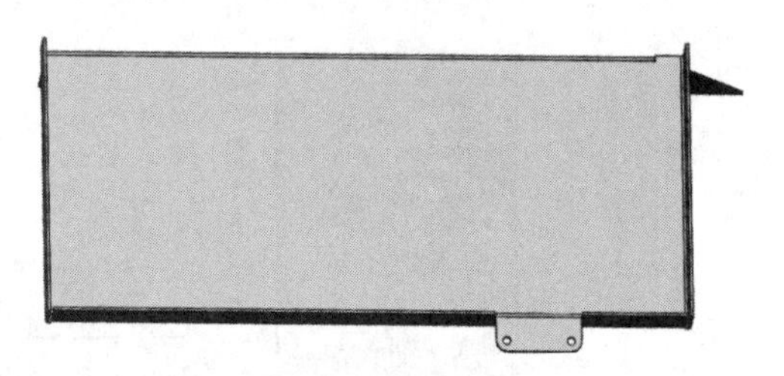

图 8.16　修改后的边线-法兰 5

(3)单击“特征”工具栏中的“镜向”按钮 ,出现“镜向”属性管理器。

①在“镜向面/基准面”组中,激活“镜向面”列表,在 FeatureManager 设计树中选择“右视基准面”;

②在“要镜向的特征”组中,激活“要镜向的特征”列表,在 FeatureManager 设计树中选择“边线-法兰 5”,如图 8.17 所示,单击“确定”按钮 。

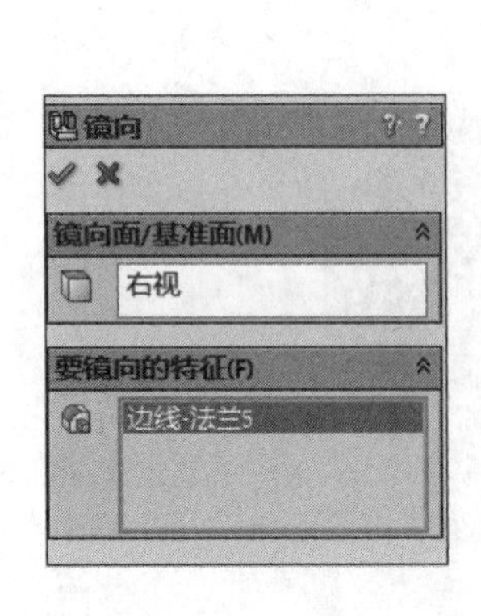

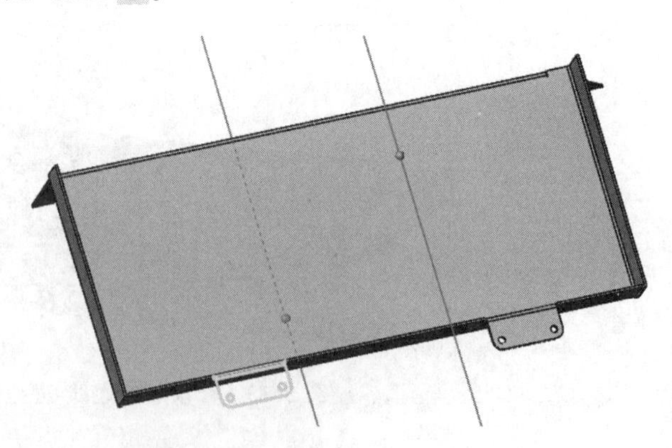

图 8.17　镜像边线-法兰

(4)单击“钣金”工具栏中的“边线法兰”按钮 ,出现“边线-法兰”属性管理器,激活“法兰参数”,选择“边线-法兰 1”的一条边,“折弯半径”的默认值为“0.5 mm”;“角度”设置为“90 度”;“法兰长度”设置为“给定深度”,“长度”设置为“11 mm”,单击“确定”按钮 ,如图 8.18 所示。

图 8.18 生成边线-法兰 6

(5)在 FeatureManager 设计树中单击“边线法兰 6”中的“草图 7”,然后单击“编辑草图”按钮,进入“草图绘制”状态,利用“直线”、“圆”、“绘制圆角”和“智能尺寸”等按钮对草图进行修改,修改后的草图如图 8.19 所示,单击“退出草图”按钮,结果如图 8.20 所示。

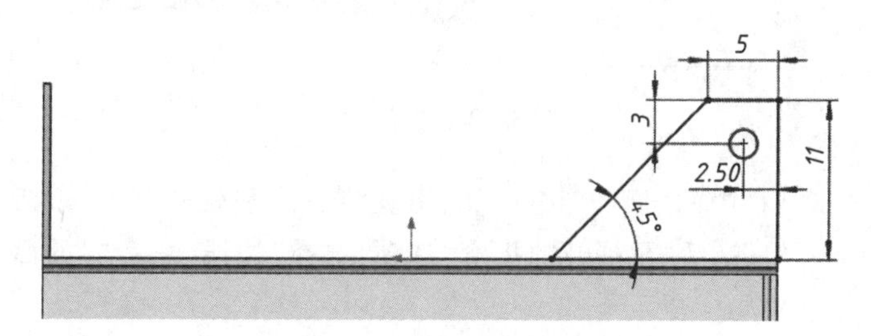

图 8.19 修改后的草图

图 8.20 修改后的边线-法兰 6

(6)单击“钣金”工具栏中的“边线法兰”按钮,出现“边线-法兰”属性管理器,激活“法兰参数”,选择“边线-法兰 4”的一条边,“折弯半径”的默认值为“0.5 mm”;“角度”设置为“90 度”;“法兰长度”设置为“给定深度”,“长度”设置为“11 mm”,单击“确定”按钮,如图 8.21 所示。

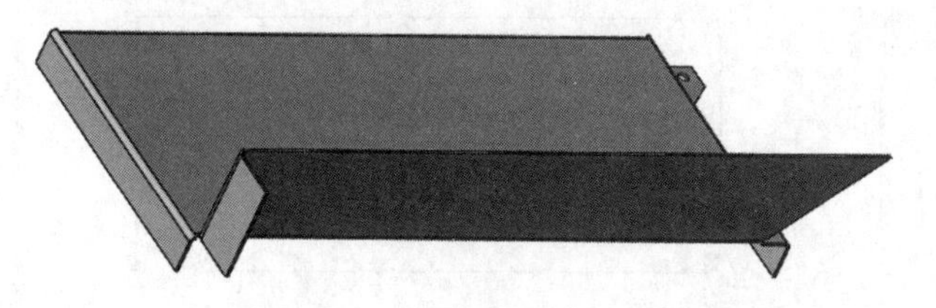

图 8.21 生成边线-法兰 7

4. 生成褶边

(1)单击“钣金”工具栏中的“褶边”按钮，出现“褶边”属性管理器，激活“边线”，选择“边线-法兰 7”的一条边；在“类型和大小”组中，单击“滚轧”按钮，“角度”设置为“270 度”，“半径”设置为“1 mm”，其余选项保持默认值即可，如图 8.22 所示，单击“确定”按钮。

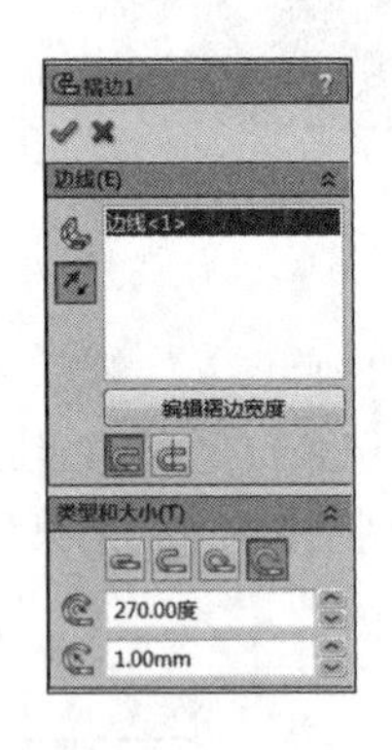

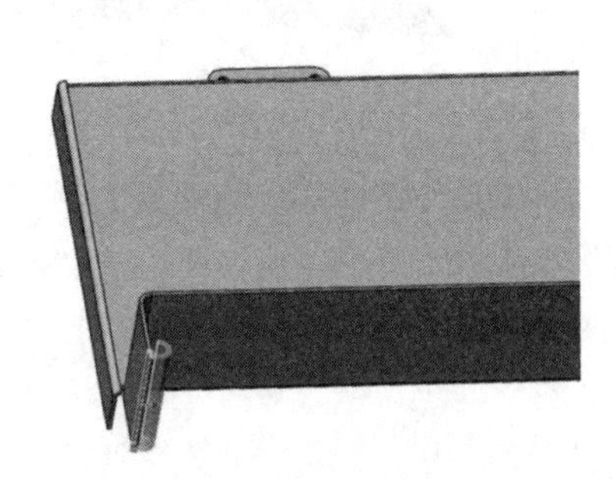

图 8.22　生成褶边

(2)单击“钣金”工具栏中的“展开”按钮，出现“展开”属性管理器，激活“固定面”选项，选择“边线-法兰 4”的面固定；激活“要展开的折弯”选项，选择“边线-法兰 7”的面，单击“确定”按钮，如图 8.23 所示。

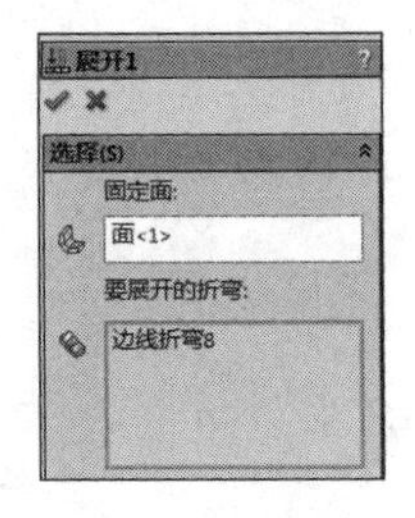

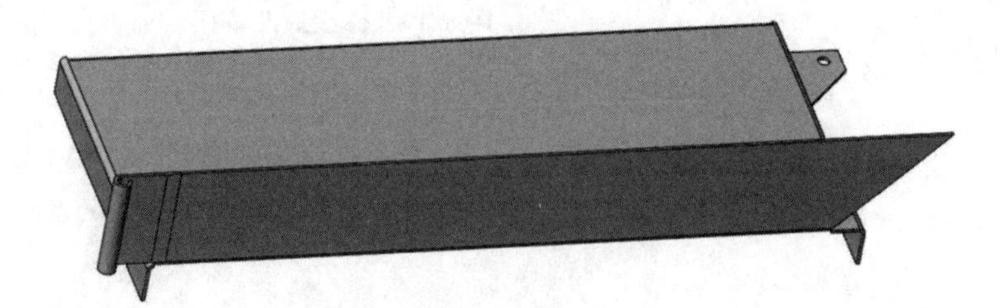

图 8.23　展开边线-法兰 7

5. 生成凸台

(1)选择“基体-法兰 1 的面”作为草图绘制平面，进入“草图绘制”状态，利用“草图绘制”工具栏中的“中心矩形”、“绘制圆角”和“智能尺寸”等按钮绘制草图并标注尺寸，如图 8.24 所示。

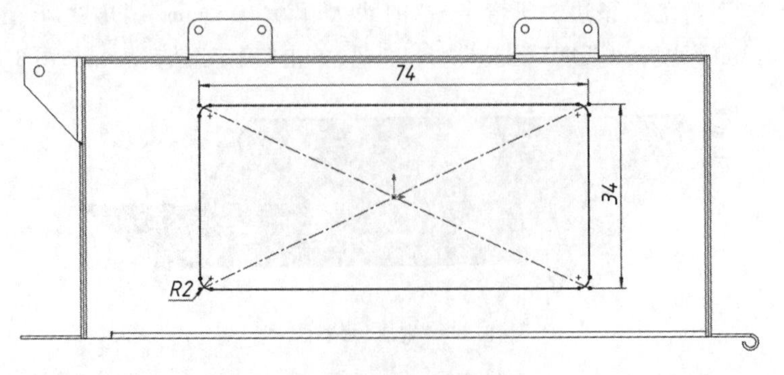

图 8.24　绘制草图

(2)单击“特征”工具栏中的“拉伸凸台/基体”按钮，出现“凸台-拉伸”属性管理器，在“方向 1”组中，从“终止条件列表中”选择“给定深度”，“深度”设置为“2 mm”，选择“合并结果”复选框，单击“确定”按钮，如图 8.25 所示。

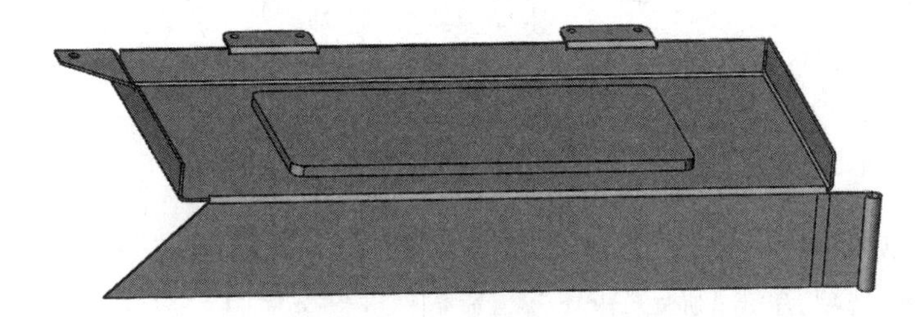

图 8.25　生成凸台

6. 切除孔

(1)选择“凸台的面”作为草图绘制平面，进入“草图绘制”状态，利用“草图绘制”工具栏中的“中心矩形”、“绘制圆角”、“圆”、“镜像实体”和“智能尺寸”等按钮绘制草图并标注尺寸，如图 8.26 所示。

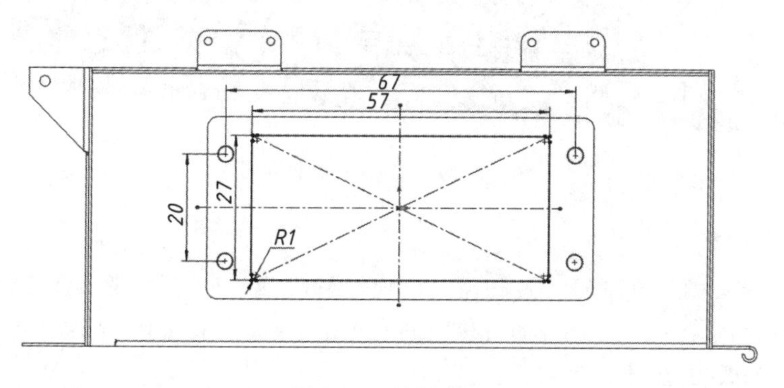

图 8.26　绘制草图

(2)单击“特征”工具栏中的“拉伸切除”按钮，出现“切除-拉伸”属性管理器，选择“完全贯穿”选项，注意方向，单击“确定”按钮，如图 8.27 所示。

图 8.27　切除孔

(3)选择“边线-法兰 4 的面”作为草图绘制平面，进入“草图绘制”状态，利用“草图绘制”工具栏中的“圆”按钮、“线性草图阵列”按钮和“智能尺寸”按钮绘制草图并标注尺寸，如图 8.28 所示。

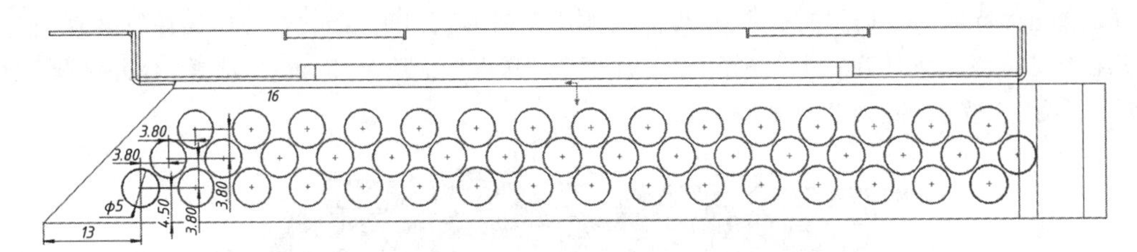

图 8.28　绘制草图

(4)不要退出草图,单击“特征”工具栏中的“拉伸切除”按钮,出现“切除-拉伸”属性管理器,选择“完全贯穿”选项,单击“确定”按钮,盖板三维模型如图 8.29 所示。

图 8.29　盖板三维模型

7. 展开模型

单击“钣金”工具栏中的“展开”按钮,出现“展开”属性管理器,激活“固定面”选项,选择“基体-法兰”的面固定;激活“要展开的折弯”选项,单击“收集所有折弯(A)”选项,单击“确定”按钮,盖板展开如图 8.30 所示。

图 8.30　盖板展开模型

8. 存盘

选择“文件”|“保存”命令,保存“盖板 . sldprt”文件。

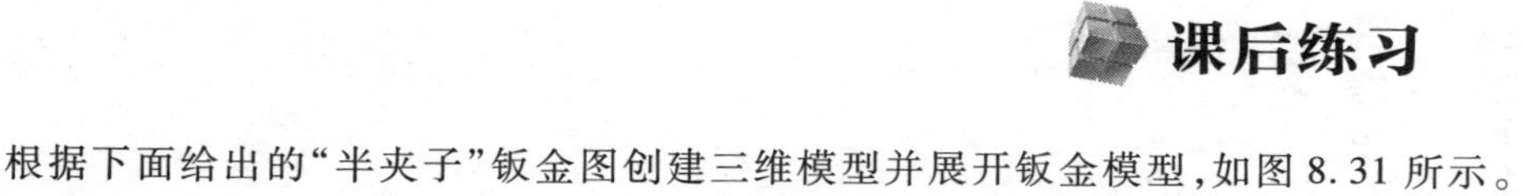

课后练习

根据下面给出的“半夹子”钣金图创建三维模型并展开钣金模型，如图 8.31 所示。

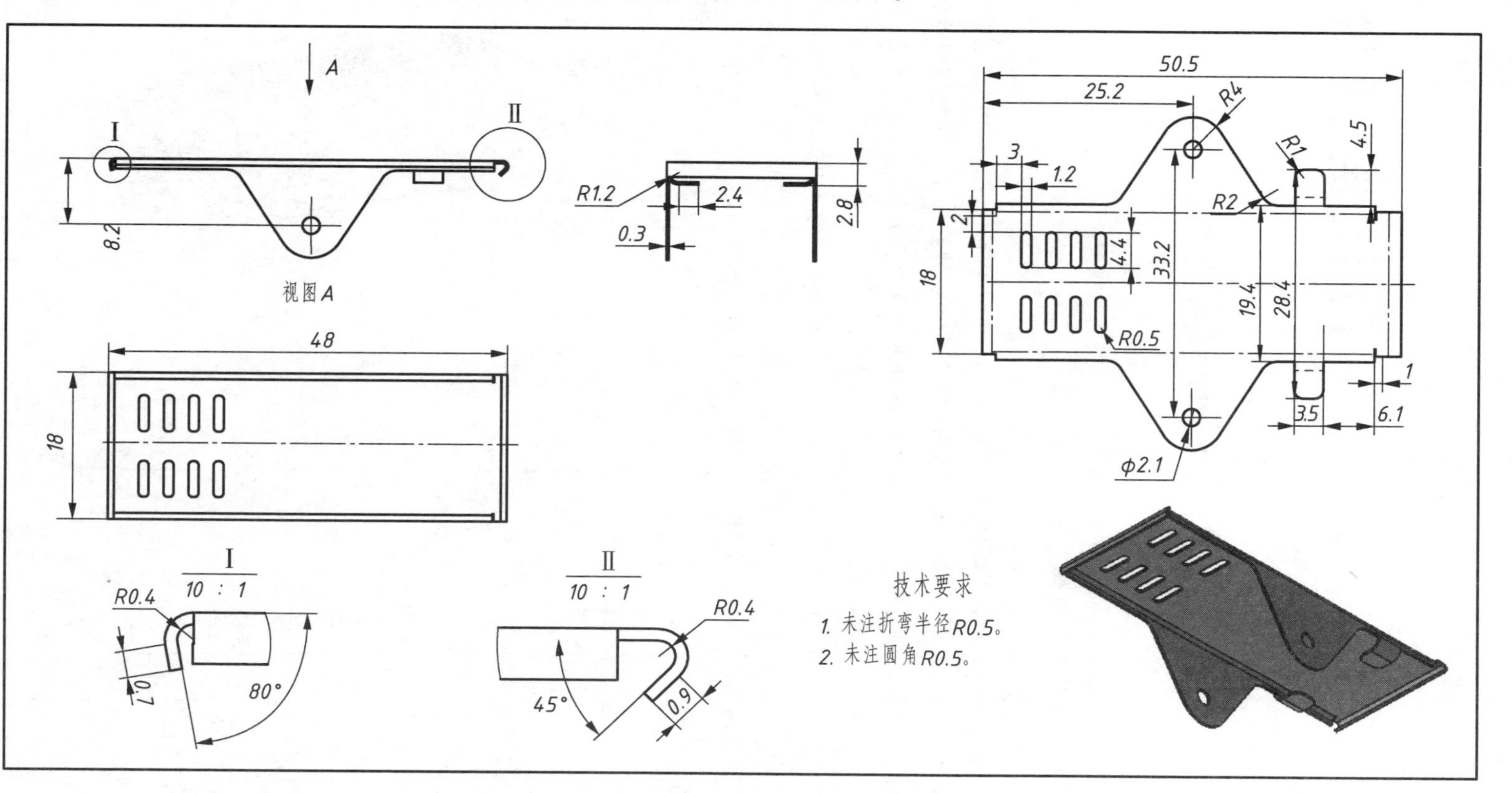

图 8.31 “半夹子”钣金图

第9章

自由造型及渲染

9.1 饮料瓶的设计

饮料瓶建模步骤如下：

1. 新建文件，生成瓶身基体

(1)新建文件“饮料瓶.sldprt”。

(2)选择“前视基准面”作为草图绘制平面，进入“草图绘制”状态，利用“草图绘制”工具栏中的“直线”、“圆”、“三点圆弧”、“剪裁实体”和“智能尺寸”等按钮绘制草图并标注尺寸，单击“显示/删除几何关系”工具栏中的“添加几何关系”按钮对草图进行位置约束，如图9.1所示。

(3)单击“特征”工具栏中的“旋转凸台/基体”按钮，出现“切除-旋转”属性管理器，设置“旋转轴”为“草图右边的竖线”，“方向”设置为“给定深度”并旋转“360度”，单击“所选轮廓”出现蓝色，选择绘制的草图轮廓，单击“确定”按钮，旋转后的实体如图9.2所示。

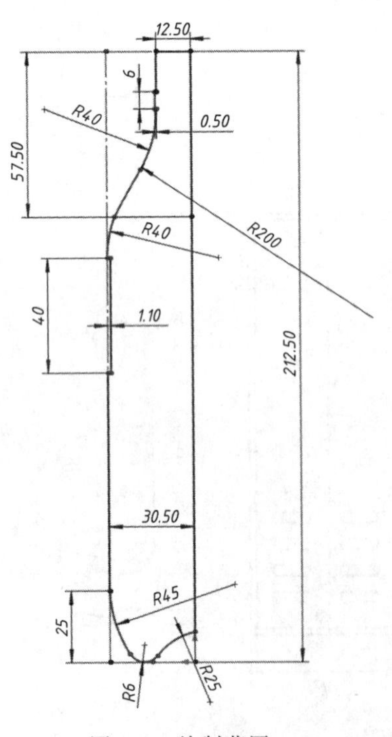

图9.1 绘制草图

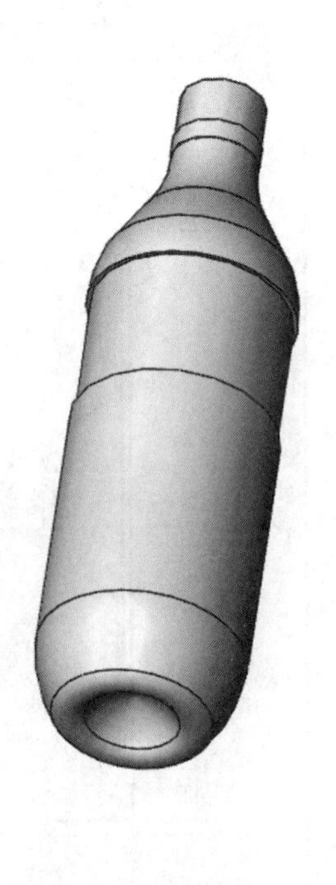

图9.2 生成基体

2. 切割瓶身

(1)选择“右视基准面”作为草图绘制平面,进入“草图绘制”状态,在瓶身的下部,利用“草图绘制”工具栏中的“直线” 、“三点圆弧” 和“智能尺寸” 等按钮绘制草图并标注尺寸,如图 9.3 所示。

(2)单击“特征”工具栏中的“拉伸切除”按钮 ,出现“切除-拉伸”属性管理器,选择“两侧对称”,“深度”设置为“100 mm”(切通即可),单击“确定”按钮 ,如图 9.4 所示。

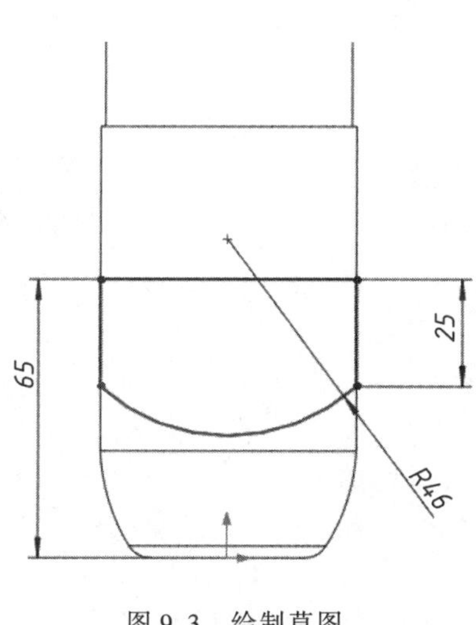

图 9.3　绘制草图

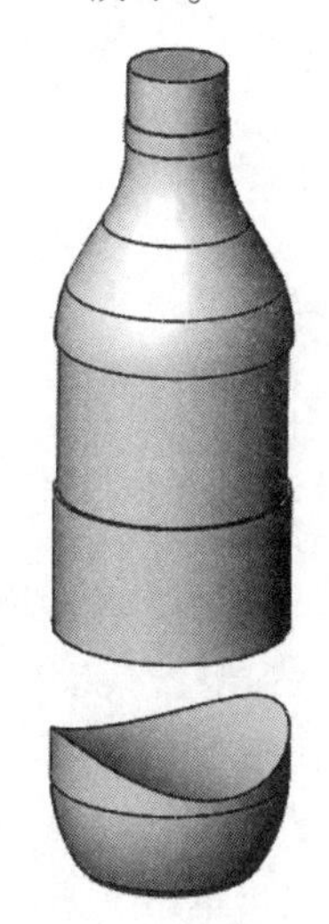

图 9.4　切除瓶身

(3)选择“插入”|“参考几何体”|“基准面”命令 ,出现“基准面”属性管理器,设置:

“第一参考”选择“前视基准面”;

“第二参考”选择“右视基准面”,系统自动新建一个和前视基准面和右视基准面共轴线且互成 45°角的基准面 1,如图 9.5 所示,单击“确定”按钮 。

(4)选择“基准面 1”作为草图绘制平面,进入“草图绘制”状态,在瓶身的下部,利用“草图绘制”工具栏中的“直线” 、“三点圆弧” 和“智能尺寸” 等按钮绘制草图并标注尺寸,如图 9.6 所示。

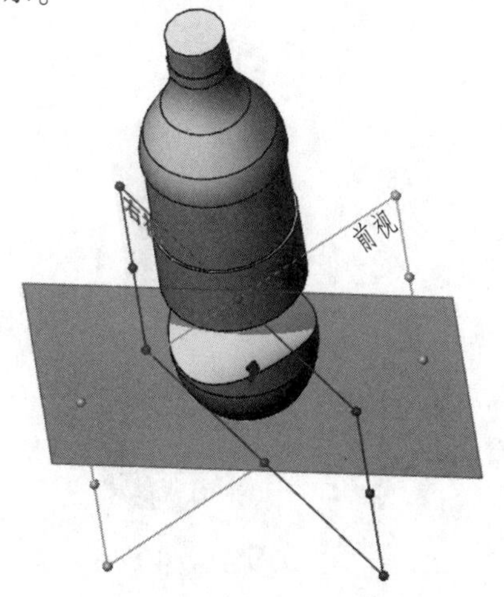

图 9.5　新建基准面 1

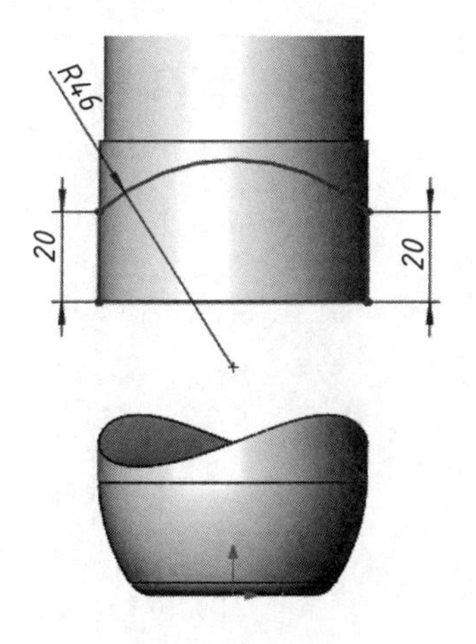

图 9.6　绘制草图

(5)单击“特征”工具栏中的“拉伸切除”按钮，出现“切除-拉伸”属性管理器，在“方向1”组中，选择“完全贯穿-两者”选项，如图9.7所示，单击“确定”按钮，如图9.8所示。

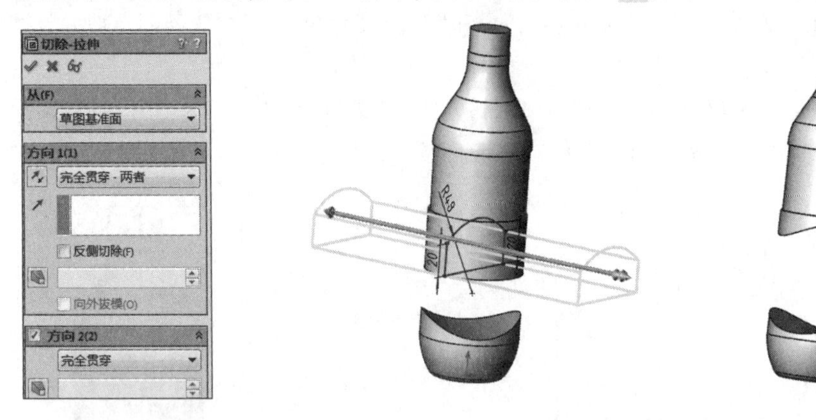

图9.7　拉伸切除

图9.8　瓶身切除2

3. 在瓶身中部生成放样特征

(1)选择“瓶身上表面”作为草图绘制平面，进入“草图绘制”状态，在瓶身的下部，利用“草图绘制”工具栏中的“圆”和“智能尺寸”等按钮绘制草图并标注尺寸，如图9.9所示，退出草图。

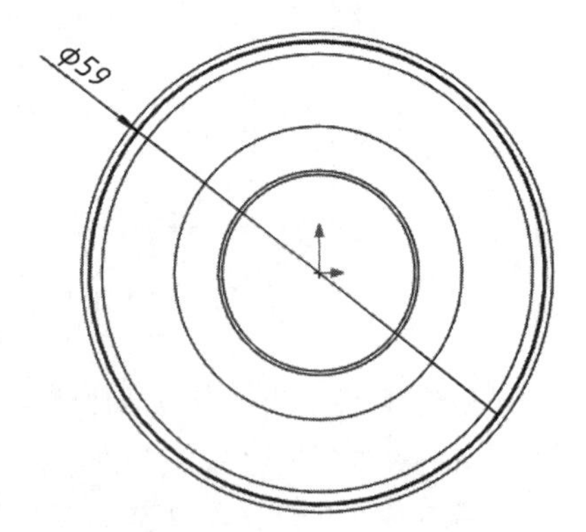

图9.9　绘制草图4

(2)选择“插入”|“曲线”|“分割线”命令，出现“分割线”属性管理器，设置“分割类型”为“投影”，选择“要投影的草图”为“草图4”，“要分割的面”为“拉伸-切除的一个曲面”，如图9.10所示，单击“确定”按钮。

(3)同上，选择“插入”|“曲线”|“分割线”命令，出现“分割线”属性管理器，设置“分割类型”为“投影”，选择“要投影的草图”为“草图4”(草图4在分割线1中)，“要分割的面”为“拉伸-切除的另一个曲面”，如图9.11所示，单击“确定”按钮。

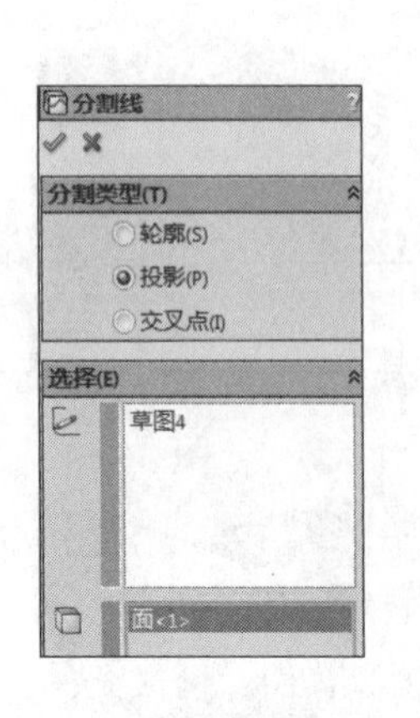

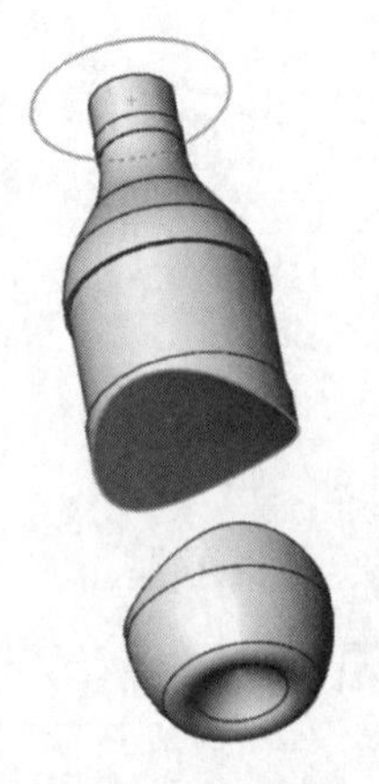

图9.10　生成分割线1

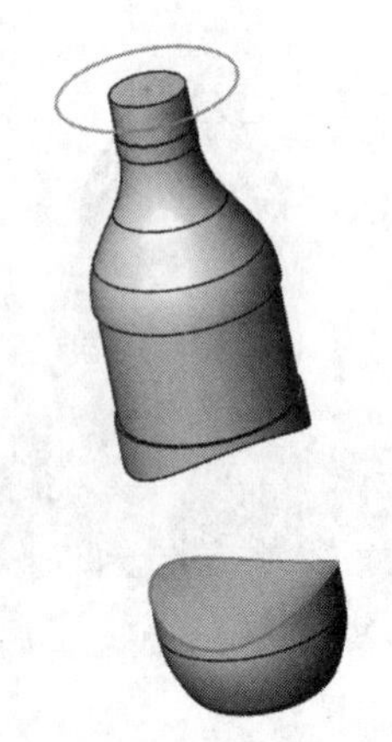

图9.11　生成分割线2

(4)选择“右视基准面”作为草图绘制平面,进入“草图绘制”状态,在瓶身的下部,利用“草图绘制”工具栏中的“圆心/起/终点画弧” 和“智能尺寸” 等按钮绘制草图并标注尺寸,单击“显示/删除几何关系”工具栏中的“添加几何关系”按钮 对草图的端点和上面生成分割线的轮廓设置“穿透”,如图 9.12 所示,单击“退出草图”按钮 。

(5)同上,再次选择“右视基准面”作为草图绘制平面,进入“草图绘制”状态,在瓶身的下部,利用“草图绘制”工具栏中的“圆心/起/终点画弧” 和“智能尺寸” 等按钮绘制草图并标注尺寸,单击“显示/删除几何关系”工具栏中的“添加几何关系”按钮 对草图的端点和上面生成分割线的轮廓设置“穿透”,如图 9.13 所示,单击“退出草图”按钮 。

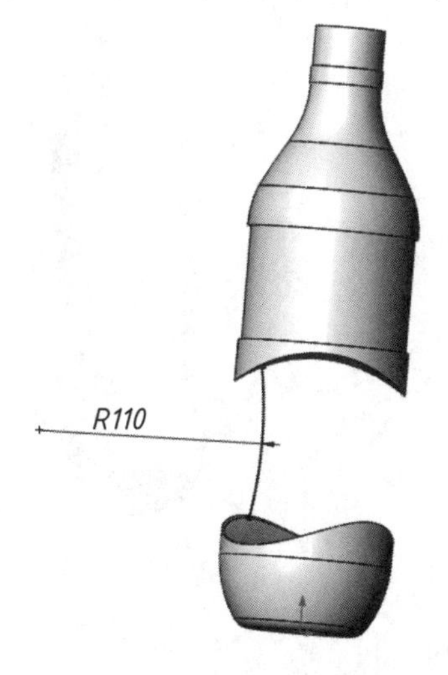

图 9.12 绘制草图 5

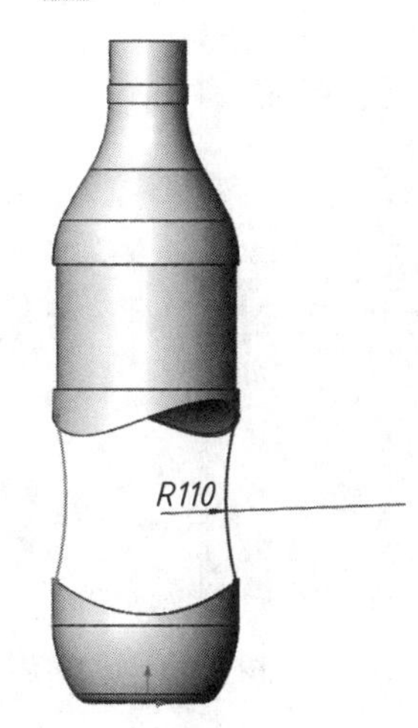

图 9.13 绘制草图 6

(6)选择“前视基准面”作为草图绘制平面,进入“草图绘制”状态,在瓶身的下部,利用“草图绘制”工具栏中的“圆心/起/终点画弧” 和“智能尺寸” 等按钮绘制草图并标注尺寸,单击“显示/删除几何关系”工具栏中的“添加几何关系” 按钮 对草图的端点和上面生成分割线的轮廓设置“穿透”,如图 9.14 所示,单击“退出草图”按钮 。

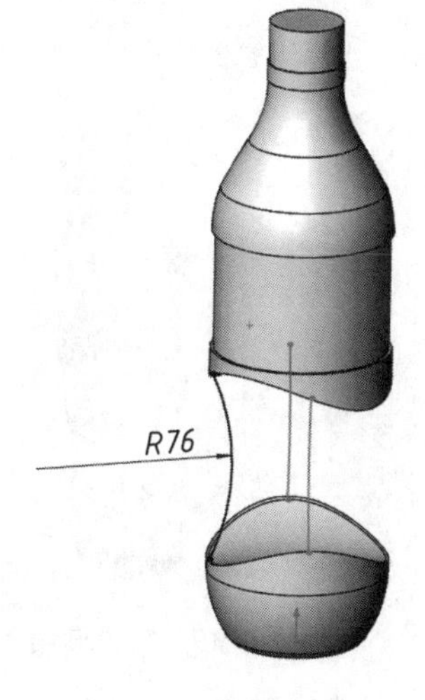

图 9.14 绘制草图 7

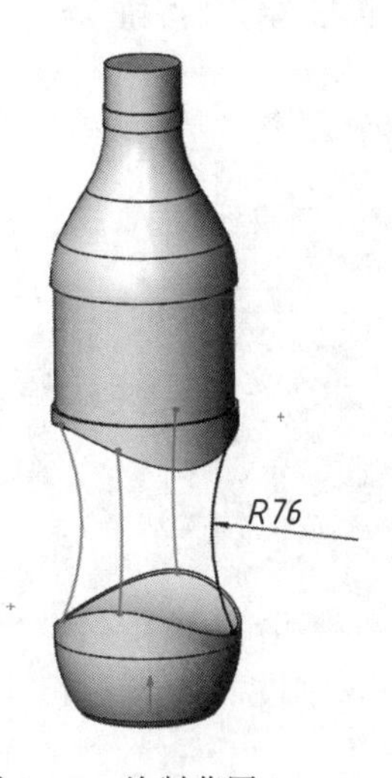

图 9.15 绘制草图 8

(7)同上,再次选择"前视基准面"作为草图绘制平面,进入"草图绘制"状态,在瓶身的下部,利用"草图绘制"工具栏中的"圆心/起/终点画弧"按钮和"智能尺寸"等按钮绘制草图并标注尺寸,单击"显示/删除几何关系"工具栏中的"添加几何关系"按钮对草图的端点和上面生成分割线的轮廓设置"穿透",如图 9.15 所示,单击"退出草图"按钮。

(8)单击"特征"工具栏中的"放样凸台/基体"按钮,出现"放样"属性管理器,激活"轮廓"选项,在绘图区域依次按顺序选择"分割线 1 和分割线 2",激活"引导线"选项,选择"草图 5、草图 6、草图 7 和草图 8",如图 9.16 所示,单击"确定"按钮,结果如图 9.17 所示。

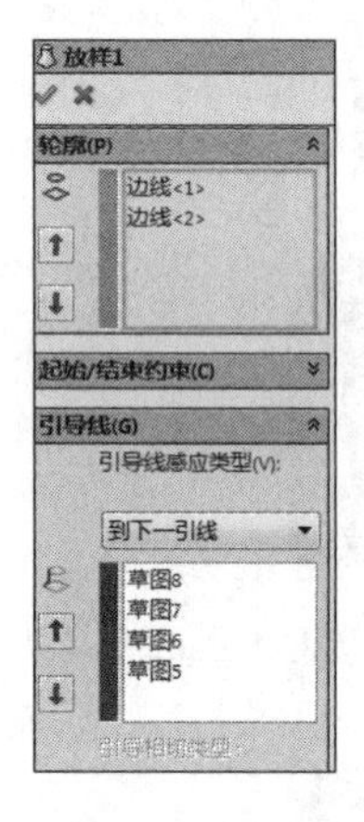

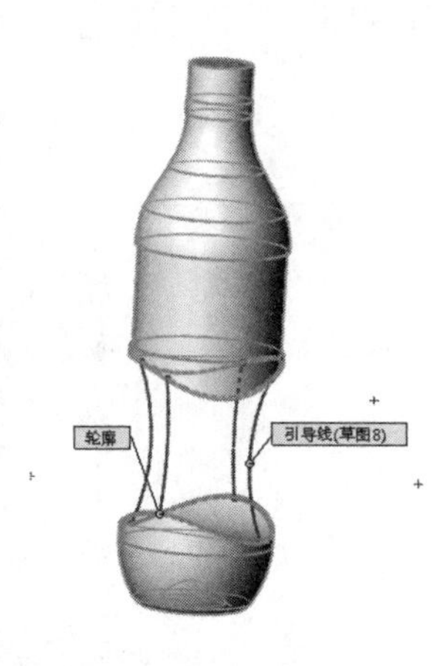

图 9.16　放样特征设置

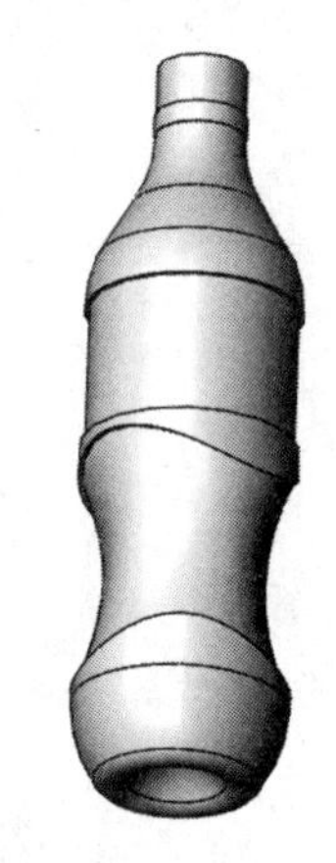

图 9.17　生成放样特征

4. 倒圆角

(1)单击"特征"工具栏中的"圆角"按钮,出现"圆角"属性管理器,设置"圆角类型"为"恒定大小圆角";激活"圆角项目",选择外侧的"边线 1"和"边线 2";"圆角参数"设置为"1 mm",如图 9.18 所示,单击"确定"按钮。

(2)单击"特征"工具栏中的"圆角"按钮,出现"圆角"属性管理器,设置"圆角类型"为"恒定大小圆角";激活"圆角项目",选择内侧的"边线 1"和"边线 2";"圆角参数"设置为"0.5 mm",如图 9.19 所示,单击"确定"按钮。

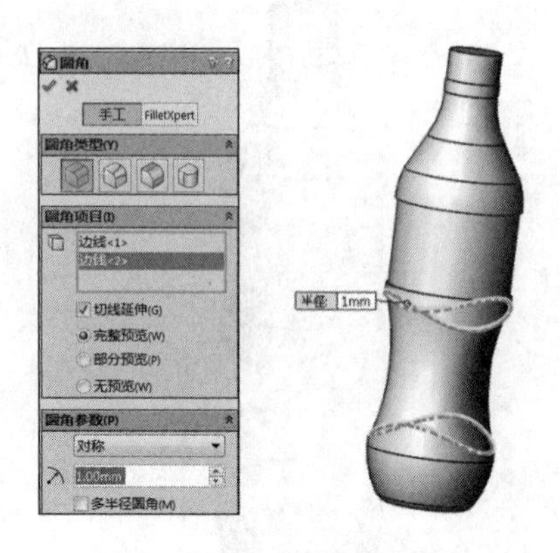

图 9.18　生成圆角 1

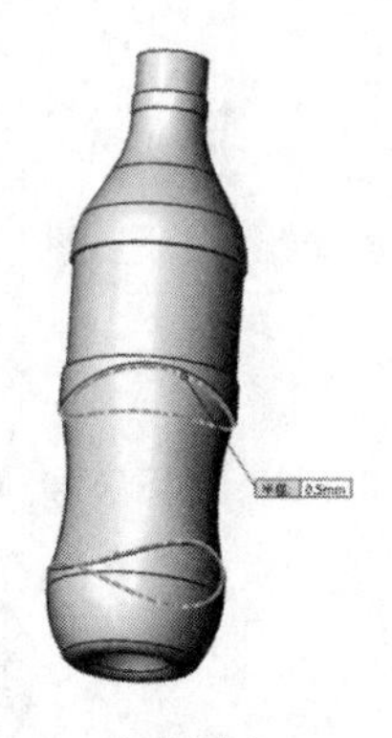

图 9.19　生成圆角 2

5. 生成瓶底放样特征

(1)选择“右视基准面”作为草图绘制平面,进入“草图绘制”状态,在瓶身的下部,利用“草图绘制”工具栏中的“中心线” 和“智能尺寸” 等按钮绘制草图并标注尺寸,如图 9.20 所示。

(2)选择“插入”|“参考几何体”|“基准面”命令 ,出现“基准面”属性管理器,设置:

“第一参考”选择前面绘制的“草图 9 中的直线”,设置“垂直”;

“第二参考”选择“草图 9 中直线上的点”,设置“重合”,如图 9.21 所示,单击“确定”按钮 ,新建基准面 2。

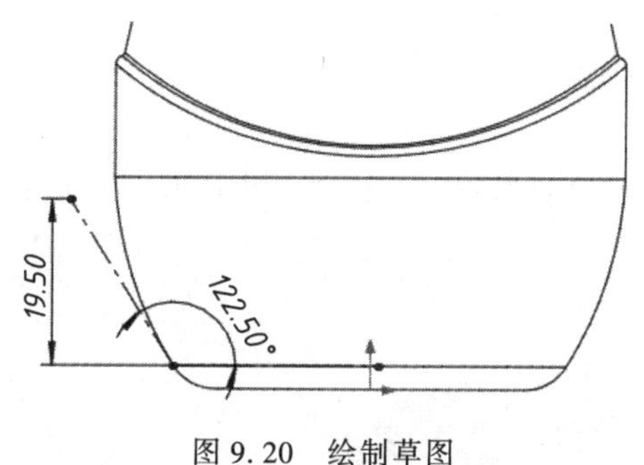

图 9.20 绘制草图

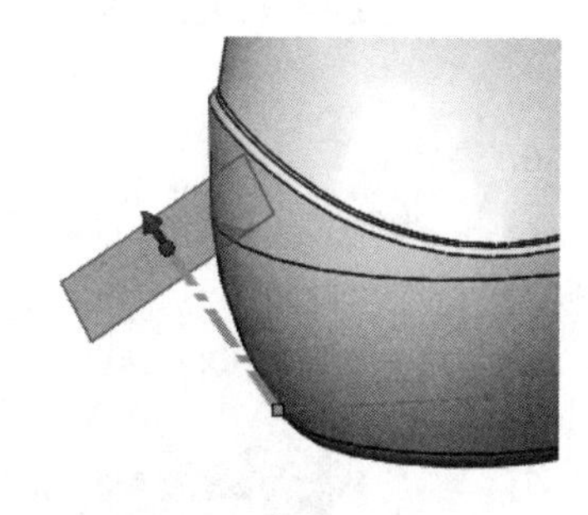

图 9.21 新建基准面 2

(3)选择“基准面 2”作为草图绘制平面,进入“草图绘制”状态,利用“草图绘制”工具栏中的“直线” 、“绘制圆角” 和“智能尺寸” 等按钮绘制草图并标注尺寸,草图 10 如图 9.22 所示,单击“退出草图”按钮 退出草图。

(4)选择“右视基准面”作为草图绘制平面,进入“草图绘制”状态,利用“草图绘制”工具栏中的“圆心/起/终点画弧” 和“智能尺寸” 等按钮绘制草图并标注尺寸,此时单击“显示/删除几何关系”工具栏中的“添加几何关系”按钮 设置直线上部的端点和草图 10 的轮廓“穿透”,如图 9.23 所示,单击“退出草图”按钮 退出草图。

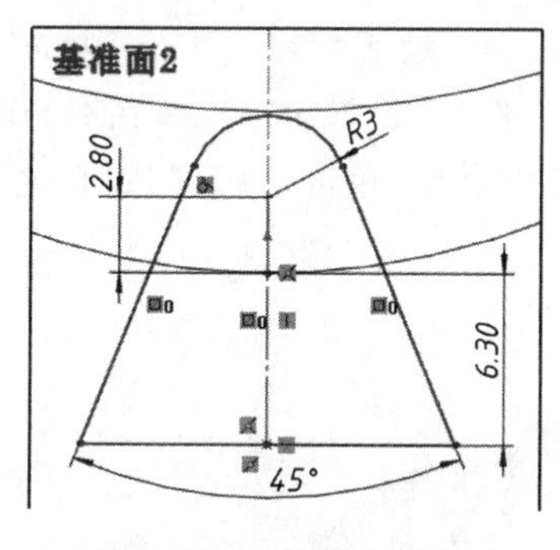

图 9.22 绘制草图轮廓

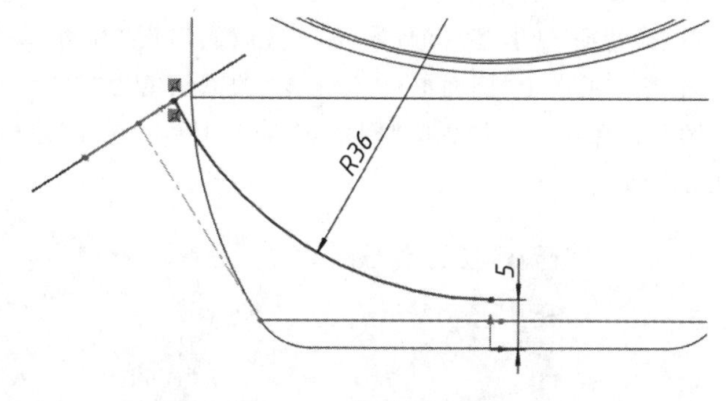

图 9.23 绘制草图路径

(5)单击“特征”工具栏中的“扫描切除”按钮 ,出现“切除-扫描”属性管理器,激活“轮廓”选项,选择“草图 10”;激活“路径”选项,选择“草图 11”,如图 9.24 所示,单击“确定”按钮 ,如图 9.25 所示。

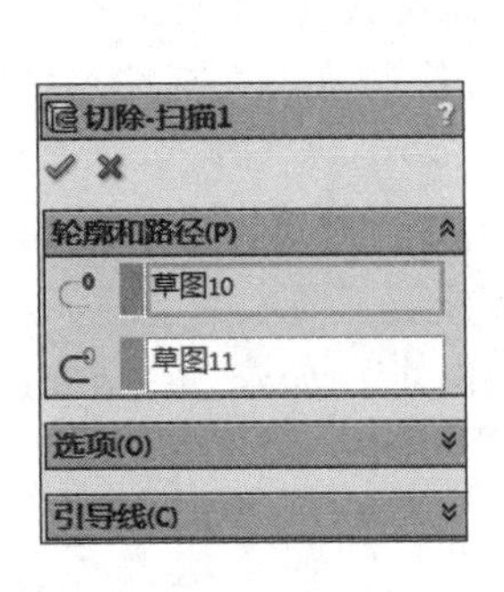

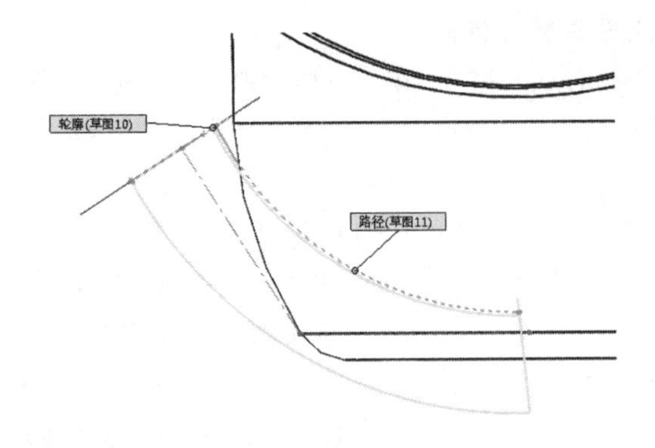

图 9.24 扫描切除设置

6. 倒圆角

单击“特征”工具栏中的“圆角”按钮，出现“圆角”属性管理器，设置“圆角类型”为“恒定大小圆角”；激活“圆角项目”，选择扫描切除特征的“边线”；“圆角参数”设置为“5 mm”，如图 9.26 所示，单击“确定”按钮。

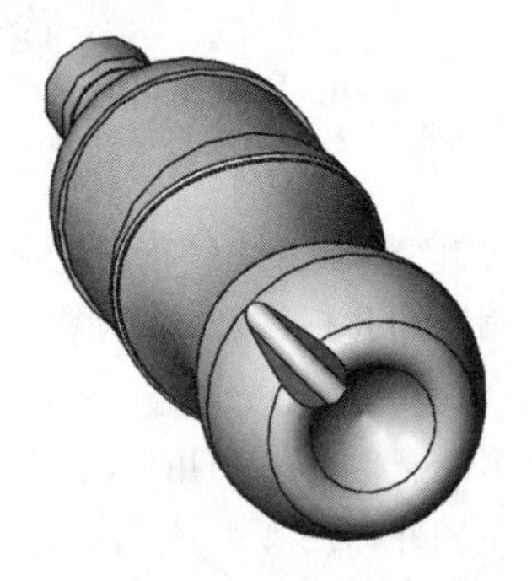

图 9.25 生成扫描切除

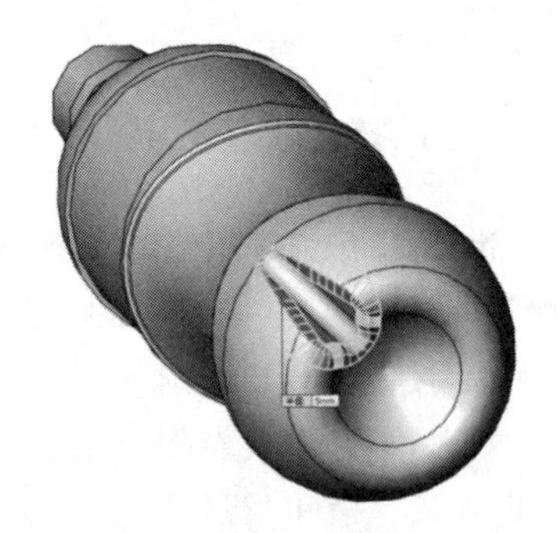

图 9.26 生成圆角

7. 生成阵列特征

单击“特征”工具栏中的“圆角”按钮，出现“圆角”属性管理器，激活“参数”中的“方向”选项，选择瓶身的一个“圆面 1”，“总角度”的默认值为“360 度”，“实例数”设置为“4”；激活“特征和面”选项，选择“特征树”中的“圆角 4”和“切除-扫描 1”，如图 9.27 所示，单击“确定”按钮，如图 9.28 所示。

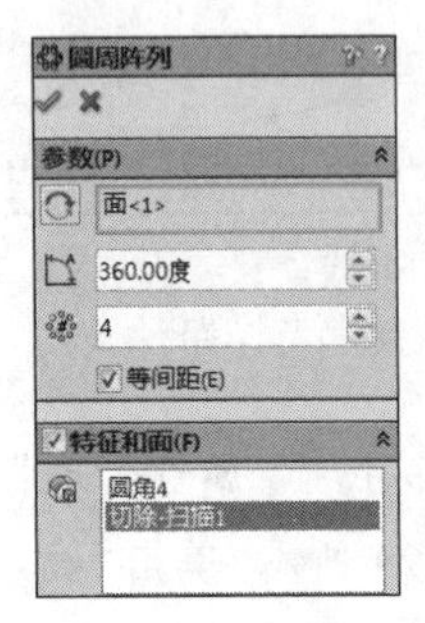

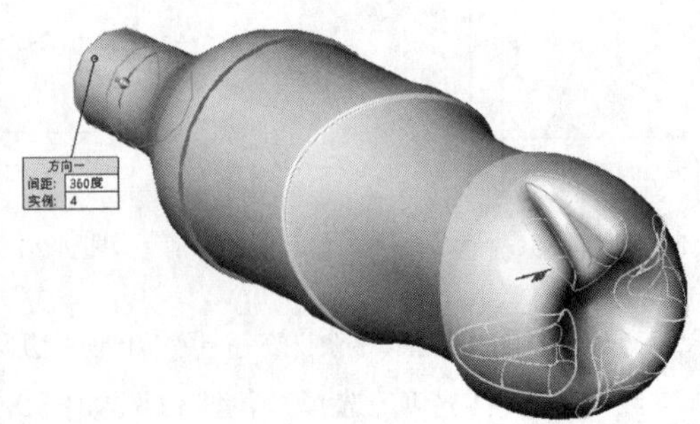

图 9.27 阵列特征设置

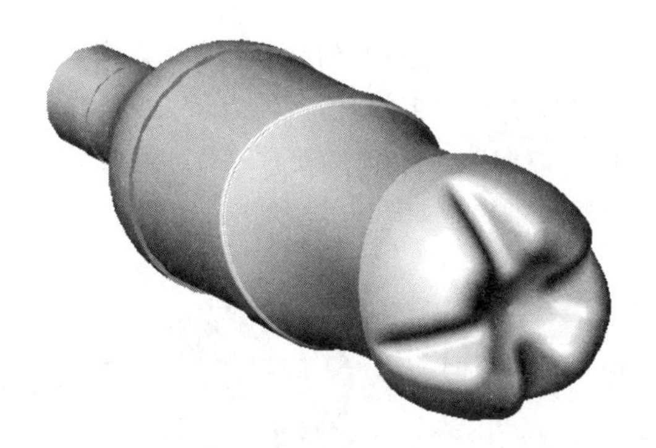

图 9.28　生成阵列特征

8. 生成抽壳特征

单击“特征”工具栏中的“抽壳”按钮，出现“抽壳”属性管理器，在“参数”组中选择“瓶身的上表面”，“厚度”设置为“0.6 mm”；“多厚度设定”中选择瓶身上部的“2 个圆柱面”，“厚度”设置为“0.75 mm”，如图 9.29 所示，单击“确定”按钮。

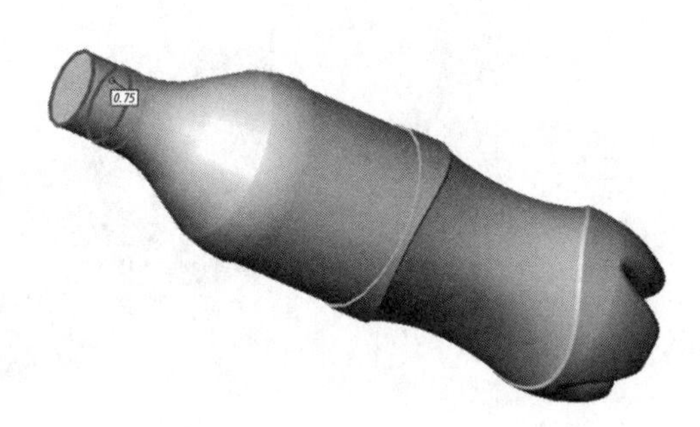

图 9.29　设置抽壳特征

9. 生成旋转特征

(1)选择“前视基准面”作为草图绘制平面，进入“草图绘制”状态，在瓶身的上部，利用“草图绘制”工具栏中的“直线”、“圆心/起/终点画弧”、“绘制圆角”和“智能尺寸”等按钮绘制草图并标注尺寸，如图 9.30 所示。

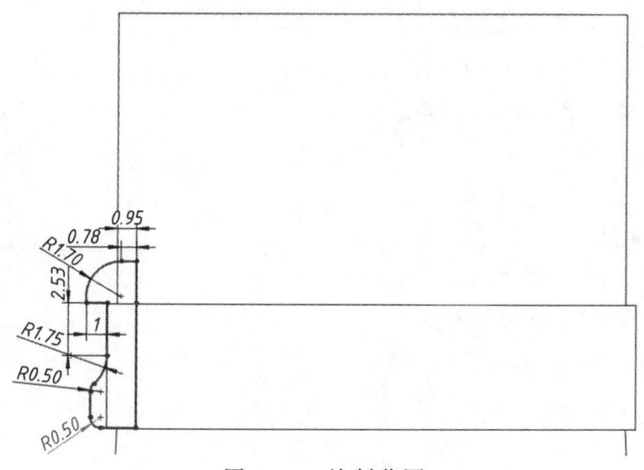

图 9.30　绘制草图

(2)选择"视图"1"临时轴"命令，将瓶身的临时轴显示出来。

(3)单击"特征"工具栏中的"旋转凸台/基体"按钮，出现"旋转"属性管理器，设置"旋转轴"为显示的瓶身的"临时轴"；"方向"设置为"给定深度"，"角度"设置为"360 度"，如图 9.31 所示，单击"确定"按钮，饮料瓶三维模型如图 9.32 所示。

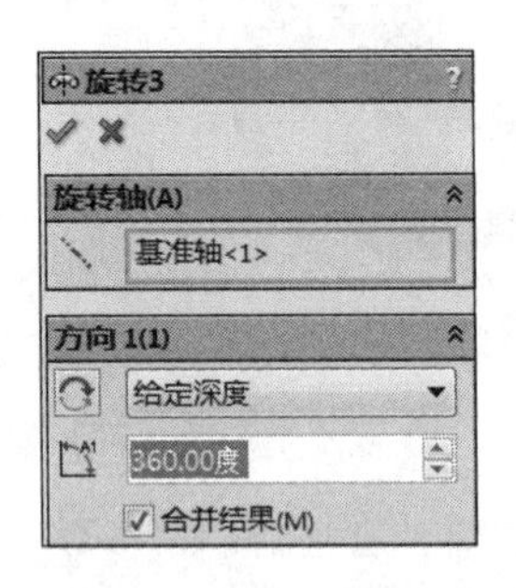

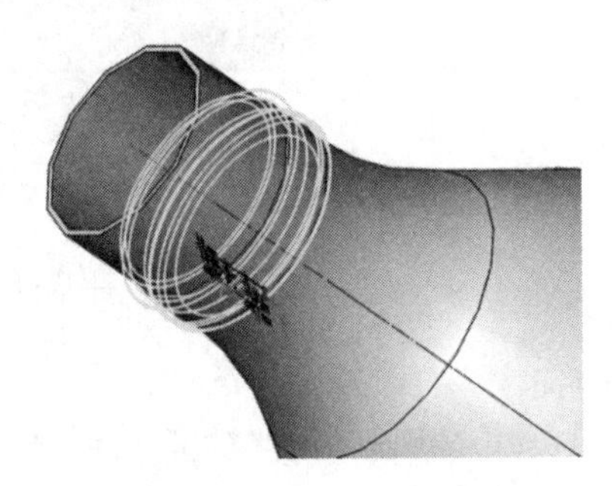

图 9.31　设置旋转特征

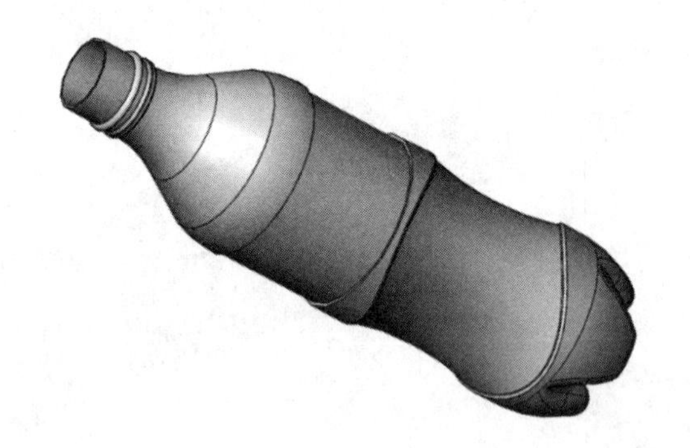

图 9.32　饮料瓶

9.2　PhotoView 360 渲染概述

PhotoView 360 是一个 SolidWorks 插件，可产生 SolidWorks 模型具有真实感的渲染图片。渲染的图像组合包括在模型的外观、光源、布景及贴图中。PhotoView 360 渲染图片的工作流程如下：

(1)在模型打开时插入 PhotoView 360。

(2)编辑外观、布景、贴图。

(3)编辑光源。

(4)编辑 PhotoView 选项。

(5)当准备就绪时，进行最终渲染。

(6)在渲染帧属性管理器中保存图像。

图 9.33 所示为 PhotoView 360 的下拉菜单。

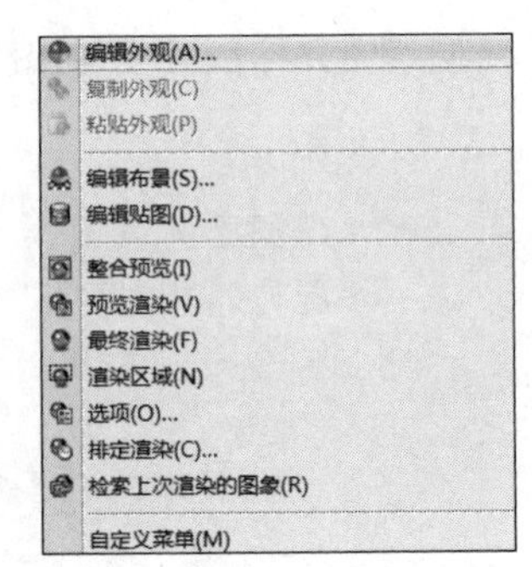

图 9.33　PhotoView 360 下拉菜单

9.2.1 建立布景

布景是由环绕 SolidWorks 模型的虚拟框或者球形组成,可以调整布景壁的大小和位置,此外,可以为每个布景壁切换显示状态和反射度,并将背景添加到布景。

选择"PhotoView 360"|"编辑布景"命令,弹出"编辑布景"对话框,"基本选项卡"如图 9.34 所示。

1."基本"选项卡

1)"背景"选项组

随布景使用背景图像,这样在模型背后可见的内容与由环境所投射的反射不同。背景包括:

- 无:将背景设定为白色。
- 颜色:将背景设定为单一颜色。
- 梯度:将背景设定为由顶部渐变颜色和底部渐变颜色所定义的颜色范围。
- 图像:将背景设定为选择的图像。
- 使用环境:移除背景,从而使环境可见。
- 背景颜色(在背景类型设定为颜色时可供使用):将背景设定为单一颜色。
- "保留背景":在背景类型为彩色、渐变或图像时可供使用。在替换布景时保留背景。

2)"环境"选项组

- 选取任何球状映射为布景环境的图像。

3)"楼板"选项组

- "楼板反射度":在楼板上显示模型反射。
- "楼板阴影":在楼板上显示模型所投射的阴影。
- "将楼板与此对齐":将楼板与基准面对齐。
- 反转楼板方向:绕楼板移动虚拟天花板 180°。
- "楼板等距":将模型高度设定到楼板之上或之下。
- 反转等距方向:交换楼板和模型的位置。

2."高级"选项卡

"高级"选项卡如图 9.35 所示。

1)"楼板大小/旋转"选项组

- "固定高宽比例":当更改宽度或高度时均匀缩放楼板。
- "自动调整楼板大小":根据模型的边界框调整楼板大小。
- "宽度和深度":调整楼板的宽度和深度。
- "高宽比例"(只读):显示当前的高宽比例。
- "旋转":相对环境旋转楼板。

2)"环境旋转"选项组

- 环境旋转相对于模型水平旋转环境。

3)"布景文件"选项组

- "浏览":选取另一布景文件进行使用。
- "保存布景":将当前布景保存到文件,会提示将保存了布景的文件夹在任务窗格中保持可见。

3."PhotoView 360 光源"选项卡

"PhotoView 360 光源"选项卡如图 9.36 所示。

- “背景明暗度”:只在 PhotoView 中设定背景的明暗度,在基本选项卡的背景为无或白色时没有效果。
- “渲染明暗度”:说定由 HDRI(高动态范围图像)环境在渲染中的明暗度。
- “布景反射度”:设定由 HDRI 环境所提供的反射量。

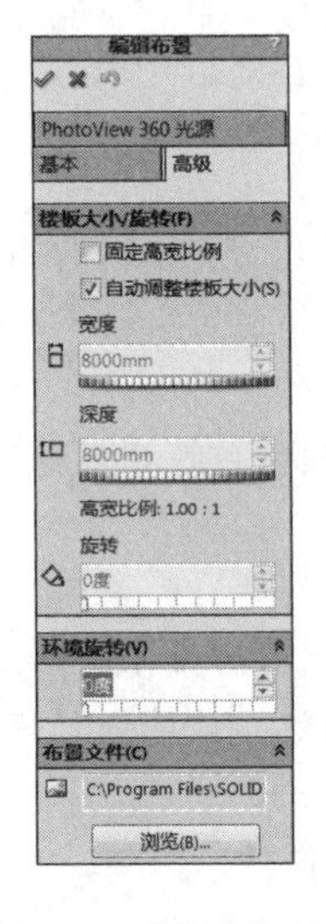

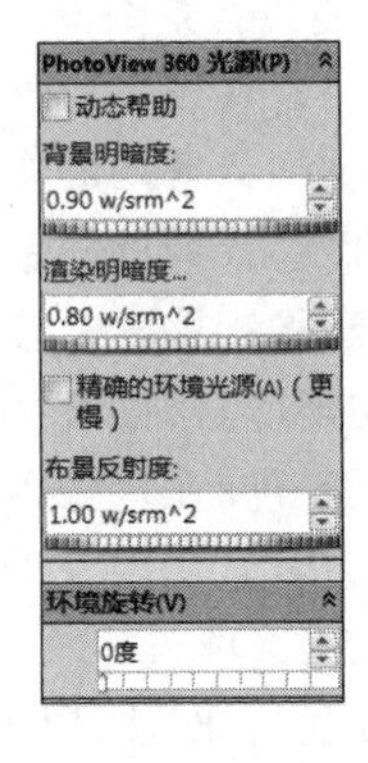

图 9.34 “基本”选项卡　　图 9.35 高级”选项卡　　图 9.36 PhotoView 360“光源”选项卡

9.2.2 建立光源

SolidWorks 提供了 3 种光源类型,即线光源、点光源和聚光源。

1. 线光源

在“特征管理器设计树”中,展开 DisplayManager 文件夹,单击“查看布景、光源和相机”按钮,右击“光源”图标,在弹出的快捷菜单中选择“添加线光源”命令,如图 9.37 所示。出现“线光源”属性管理器,如图 9.38 所示。

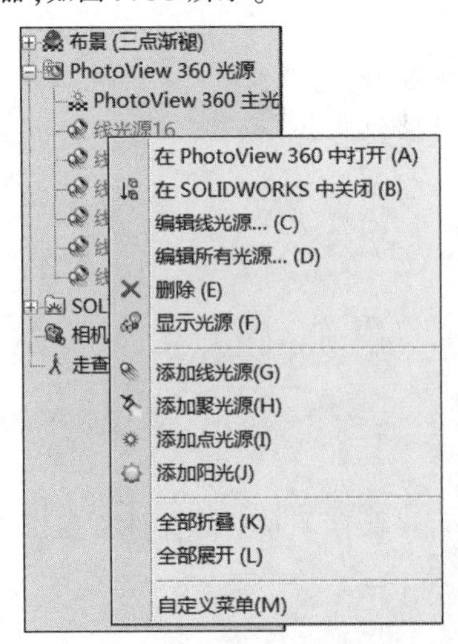

图 9.37 添加光源

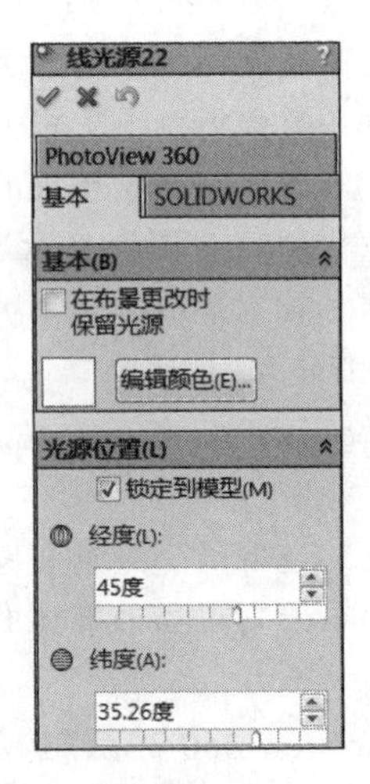

图 9.38 “线光源”属性管理器

1)“基本”选项组

- “在 SolidWorks 中打开”:打开或关闭模型中的光源。
- “在布景更改时保留光源”:在布景变化后,保留模型中的光源。
- “编辑颜色”:显示颜色调色板。
- “环境光源”:设置光源的强度。
- “明暗度”:设置光源的明暗度。
- “光泽度”:设置光泽表面在光线照射处显示强光的能力。数值越高,强光越显著且外观更为光亮。

2)“光源位置”选项组

- “锁定到模型”:选择此复选框,相对于模型的光源位置被保留。
- “经度”:光源的经度坐标。
- “纬度”:光源的纬度坐标。

2. 点光源

在“特征管理器设计树”中,展开 DisplayManager 文件夹,单击“查看布景、光源和相机”按钮,右击“光源”图标,在弹出的快捷菜单中选择“点光源”命令,如图 9.39 所示,出现“点光源”属性管理器。

“基本”选项组与线光源的“基本”选项组属性设置相同,在此不再赘述。

3. 聚光源

在“特征管理器设计树”中,展开 DisplayManager 文件夹,单击“查看布景、光源和相机”按钮,右击“光源”图标,在弹出的快捷菜单中选择“聚光源”命令,如图 9.40 所示,出现“聚光源”属性管理器。

“基本”选项组与线光源的“基本”选项组属性设置相同,在此不再赘述。

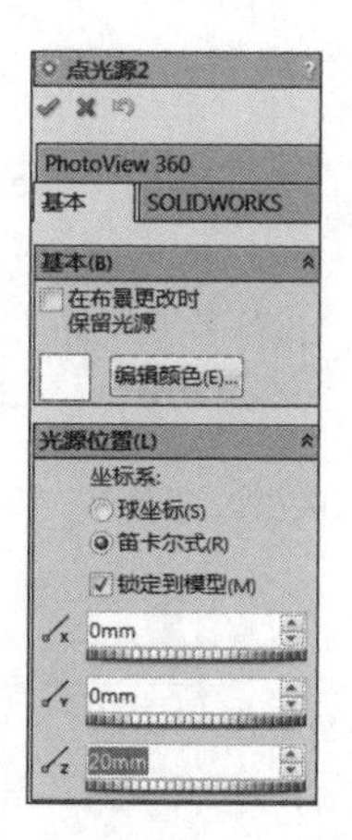

图 9.39 “点光源”属性管理器

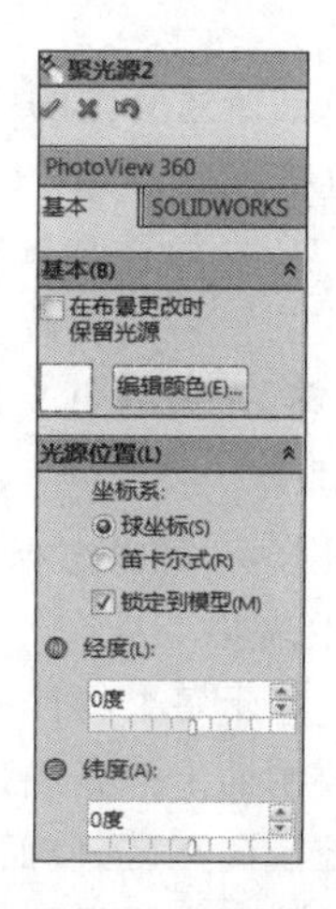

图 9.40 “聚光源”属性管理器

9.2.3 建立外观

外观是模型表面的材料属性,添加外观是使模型表面具有某种材料的表面属性。

选择“PhotoView 360”|“编辑外观”命令,弹出“编辑外观”对话框,或者在“特征管理器设计树”中,展开 DisplayManager 文件夹,右击“零件名称”在弹出的快捷菜单中选择“编辑外观”命

令，如图 9.41 所示，出现“颜色”属性管理器，如图 9.42 所示。

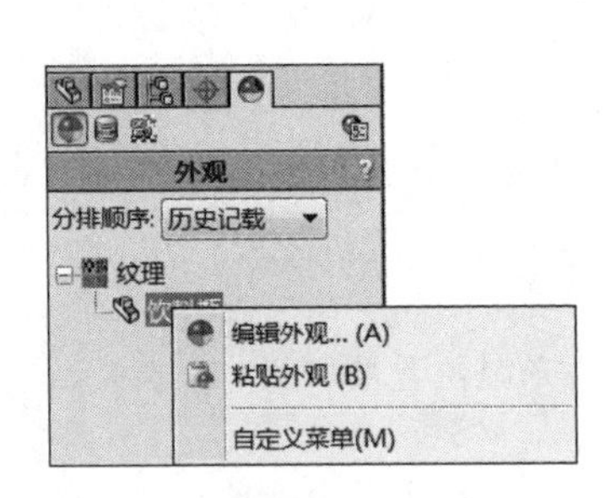

图 9.41 “编辑外观”选择方法

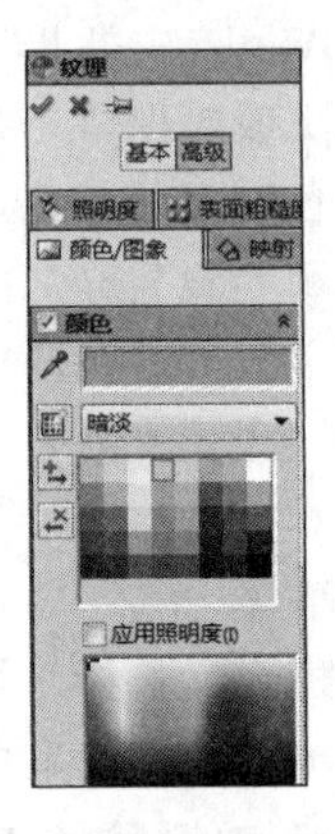

图 9.42 “颜色”属性管理器

1. “颜色/图像”选项卡

1)“所选几何体”选项组

- （应用到零件文档层）：更改颜色以所指定的配置应用到零件文件。
- 、、、（过滤器）：可以帮助选择模型中的几何实体。
- “移除外观”：单击该按钮可以从选择的对象上移除设置好的外观。

2)“外观”选项组

- “外观文件路径”：标识外观名称和位置。
- “浏览”：单击以查找并选择外观。
- “保存外观”：单击以保存外观的自定义复件。

3)“颜色”选项组

- 可以添加颜色到所选实体的所选几何体中所列出的外观。

4)“显示状态（链接）”选项组

- “此显示状态”所做的更改只反映在当前显示状态中。
- “所有显示状态”所做的更改反映在所有显示状态中。
- “指定显示状态”所做的更改只反映在所选的显示状态中。

2. “照明度”选项卡

在“照明度”选项卡中，可以选择显示其照明属性的外观类型，如图 9.43 所示，根据所选择的类型，其属性设置发生改变

(1)“动态帮助”：显示每个特性的弹出工具提示。

(2)“漫射量”：控制面上的光线强度，值越高，面上显得越亮。

(3)“光泽量”：控制高亮区，使面显得更为光亮。

(4)“光泽颜色”：控制光泽零部件内反射高亮显示的颜色。

(5)“光泽传播”：控制面上的反射模糊度，使面显得粗糙或光滑，值越高，高亮区越大越柔和。

(6)“反射量”：以 0 到 1 的比例控制表面反射度。如果设置为 0，则看不到反射。如果设置为 1，表面将成为完美的镜面。

(7)“模糊反射度”在面上启用反射模糊，模糊水平由光泽传播控制。当光泽传播为 0 时，不发生模糊。

(8)“透明量”控制面上的光通透程度，该值降低，不透明度升高，如果设置为 0，则完全不透

明。该值升高,透明度升高,如果设置为 1.00,则完全透明。

(9)“发光强度”:设置光源发光的强度。

3.“表面粗糙度”选项卡

在“表面粗糙度”选项卡中,可以选择表面粗糙度类型,如图 9.44 所示,根据所选择的类型,其属性设置发生改变。

1)“表面粗糙度”选项组

“表面粗糙度类型”下拉列表中的类型选项包括:颜色、从文件、涂刷、喷砂、磨光、铸造、机加工、菱形防滑板、防滑板 1、防滑板 2、节状凸纹、酒窝型、链节、锻制、粗制 1、粗制 2、无。

2)“PhotoView 表面粗糙度”选项组

- “隆起映射”:模拟不平的表面。
- “隆起强度”:设置模拟的高度。
- “位衫映射”:在物体的表面加纹理。
- “位移距离”:设置纹理的距离。

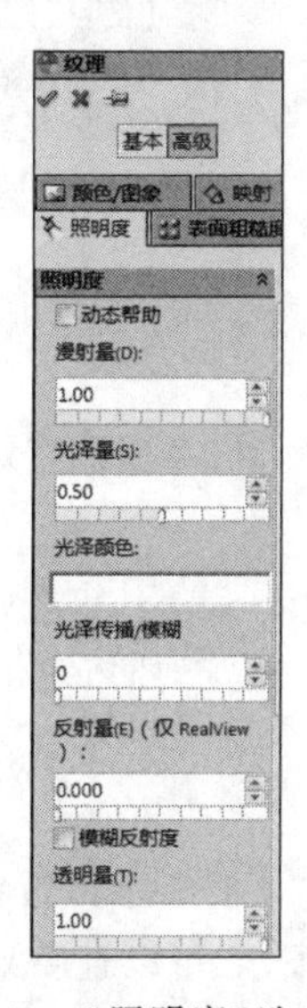

图 9.43 “照明度”选项卡

图 9.44 “表面粗糙度”选项卡

9.2.4 建立贴图

贴图是在模型的表面附加某种平面图形,一般多用于商标和标志的制作。

选择“PhotoView 360”|“编辑贴图”命令,出现“贴图”属性管理器,如图 9.45 所示。

1.“图像”选项卡

“贴图预览”框:显示贴图预览。

“浏览”:单击此按钮,选择浏览图形文件。

2.“映射”选项卡

“映射”选项卡如图 9.46 所示。“所选几何体”选项组中(过滤器):可以帮助选择模型中的几何实体。

3.“照明度”选项卡

“照明度”选项卡如图 9.47 所示。可以选择贴图对照明度的反应,根据选择的选项不同,其属性设置会发生改变,在此不再赘述。

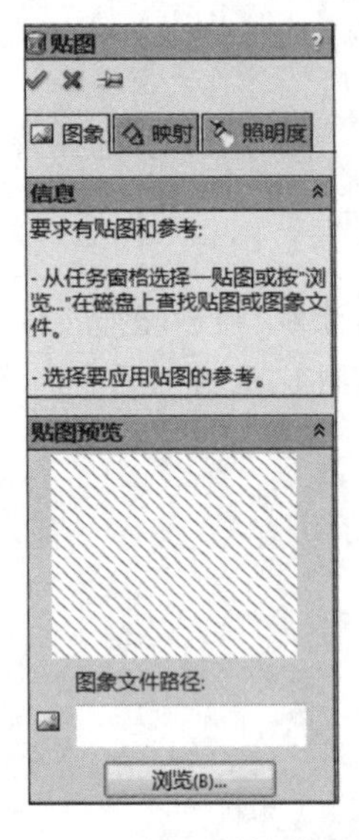

图 9.45 “贴图”属性管理器

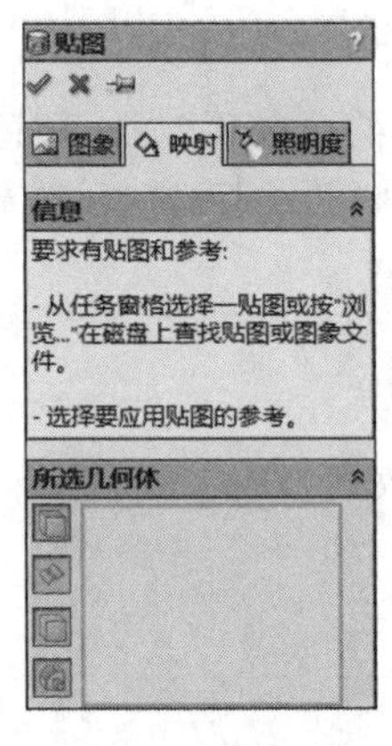

图 9.46 “映射”选项卡

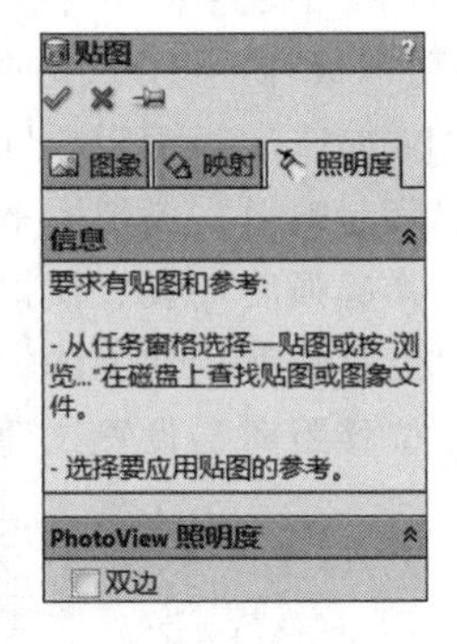

图 9.47 “照明度”选项卡

9.2.5 渲染图像

PhotoView 能以逼真的外观、布景、光源等渲染 SolidWorks 模型,并提供直观显示渲染图像的多种方法。

1. PhotoView 整合预览

可在 SolidWorks 图形区域内浏览当前模型的渲染,要开始预览,插入 PhotoView 插件后,选择“PhotoView 360”|“整合预览”命令,显示界面如图 9.48 所示。

2. PhotoView 预览窗口

PhotoView 预览窗口是独立于 SolidWorks 主窗口的单独窗口。要显示该窗口,插入 PhotoView 插件,选择“PhotoView 360”|“预览窗口”命令,显示界面如图 9.49 所示,可以直接保存预览的渲染图片。

图 9.48 整合预览

图 9.49 预览窗口

3. PhotoView 选项

PhotoView 选项管理器可以控制图片的渲染质量,包括输出图像品质和渲染品质,插入

PhotoView 360 后，单击“PhotoView 选项”按钮后出现属性管理器。

1)“输出图像设定”选项组

- “动态帮助”：显示每个特性的弹出工具提示。
- “输出图像大小”：将输出图像的大小设定到标准宽度和高度。
- 图像宽度：以像素设定输出图像的宽度。
- 图像高度：以像素设定输出图像的高度。
- “固定高宽比例”：保留输出图像中宽度到高度的当前比率。
- “使用相机高宽比例”：将输出图像的高宽比设定到相机视野的高宽比。
- “使用背景高宽比例”：将最终渲染的高宽比设定为背景图像的高宽比。
- “图像格式”：为渲染的图像更改文件类型。
- “默认图像路径”：为使用 TaskScheduler 所排定的渲染设定默认路径。

2)“渲染品质”选项组

- “预览渲染品质”：为预览设定品质等级，高品质图像需要更多时间才能渲染。
- “最终渲染品质”：为最终渲染设定品质等级。
- “灰度系”：设定灰度系数

3)“光晕”选项组

- “光晕设定点”：标识光晕效果应用的明暗度或发光度等级。
- “光晕范围”：设定光晕从光源辐射的距离。

4)“轮廓渲染”选项组

- 只随轮廓渲染：只以轮廓线进行渲染，保留背景或布景显示和景深设定。
- 渲染轮廓和实体模型：以轮廓线渲染图像。
- “线粗”：以像素设定轮廓线的粗细。
- “编辑线色”：设定轮廓线的颜色。

视频

饮料瓶渲染设计

9.3 饮料瓶的渲染设计

1. 渲染准备

(1)选择“文件”|“打开”命令，在弹出的对话框中选择模型文件“饮料瓶”，如图 9.50 所示。

(2)由于 PhotoView 360 是一个插件，因此在模型打开时需要插入 PhotoView 360 才能进行渲染，选择“工具”|“插件”命令，弹出“插件”对话框，选择“PhotoView 360”选项，如图 9.51 所示。

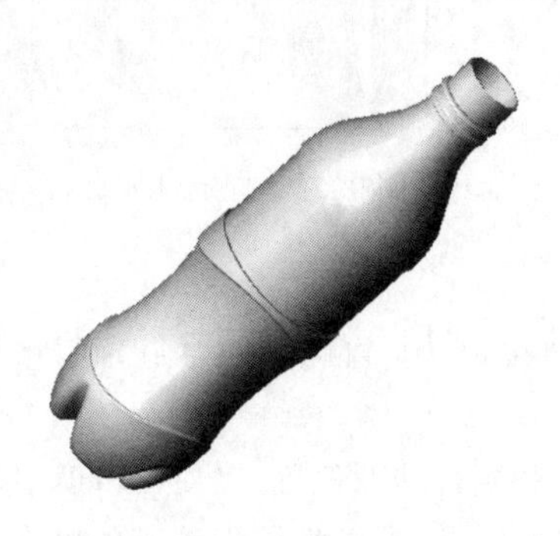

图 9.50 饮料瓶

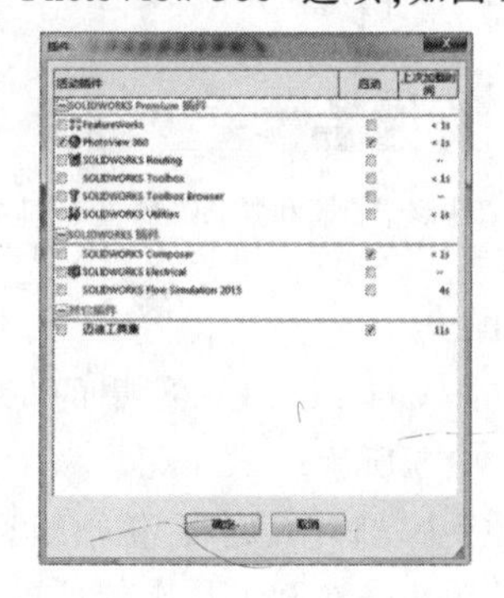

图 9.51 启动 PhotoView 360 插件

2. 设置模型材料和外观

(1)单击 PhotoView 360 工具栏中的“编辑外观”按钮 ,出现图 9.52 所示属性管理器,可以给饮料瓶指定一个颜色。

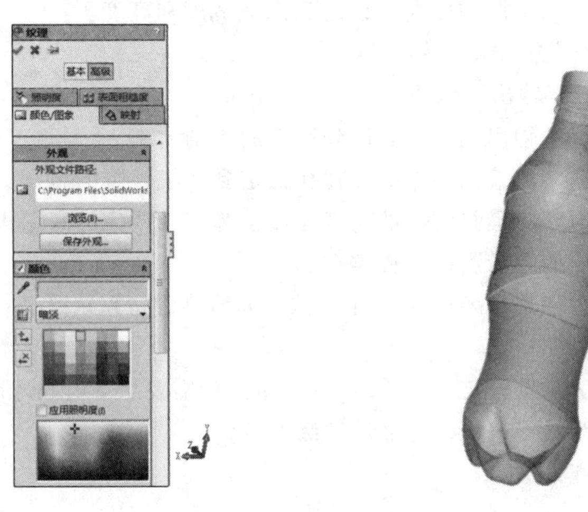

图 9.52　编辑外观界面

(2)在绘图区右侧的“外观、布景和贴图”属性管理器中,系统默认显示各种材料,如图 9.53 所示,单击“外观”|“塑料”|“聚碳酸酯(PC)塑料”选项,如图 9.54 所示。

图 9.53　“外观、布景和贴图”属性管理器

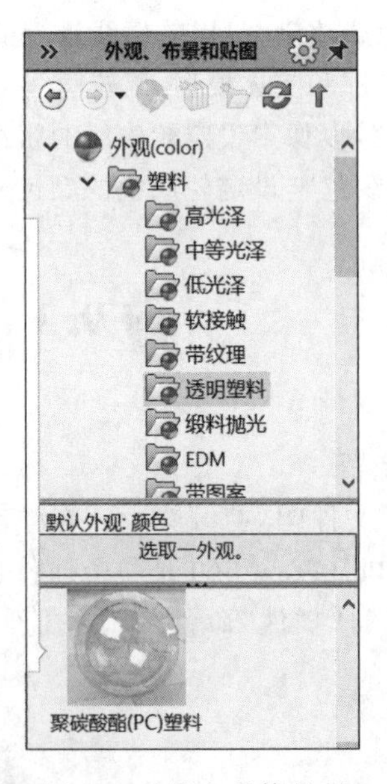

图 9.54　指定具体材料

3. 设置贴图

(1)单击 PhotoView 360 工具栏中的“编辑贴图”按钮 ,PhotoView 360 项目中将提供一些预置的贴图,如图 9.55 所示。

(2)使用鼠标中键移动、旋转、缩放模型,将其调整到最佳的位置,以便编辑模型贴图。

(3)如果 PhotoView 360 项目中的预置贴图不满足要求,可以将预先选定的贴图放在特定的位置,也可以将其粘贴到 PhotoView 360 项目的预置贴图中,通过文件浏览以供调用,如图 9.56 所示,单击“确定”按钮 完成。

图 9.55 设置 PhotoView 360 项目

图 9.56 为模型选择贴图

4. 设置外部环境

(1)应用环境会更改模型后面的背景。单击 PhotoView 360 工具栏中的“编辑布景”按钮 ,弹出布景编辑栏及布景材料库,选择“基本布景”|“暖色厨房”作为环境选项,双击或者利用鼠标拖动,将其放置在视图中,得到添加环境后的效果,如图 9.57 所示。

(2)单击“编辑布景”按钮 ,对环境进行设置。在基本项设置中设置背景为“梯度”,选择顶部渐变颜色为“白色”,底部渐变颜色为“蓝色”,楼板背景与“*XZ*”轴对齐,勾选“楼板阴影”复选框,设置楼板等距为“20 mm”,如图 9.58 所示。

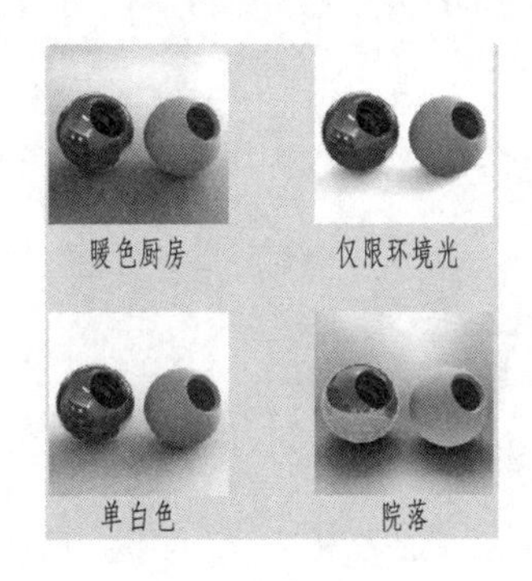

图 9.57 “基本布景”选项

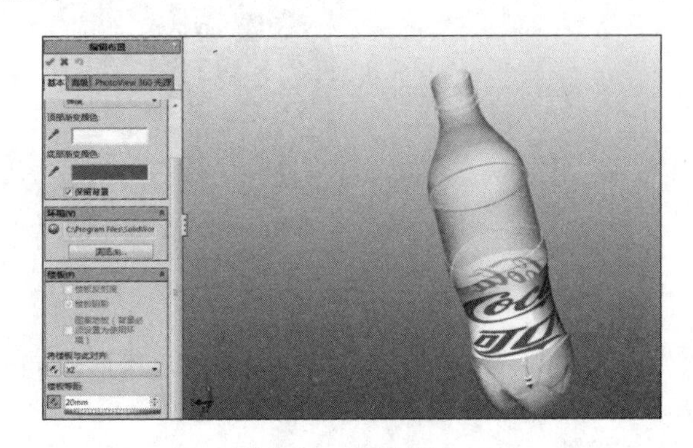

图 9.58 设置环境

背景设置有五种方式:无、梯度、颜色、图像和使用环境,不同的设置,模型背景显示不同的效果,用户可以自行尝试。

(3)选择“视图”|“光源与相机”|“添加线光源”命令 ,出现“线光源”属性管理器,为环境设置合适的光照,以使模型显示更好的效果,如图 9.59 所示。

(4)单击 PhotoView 360 工具栏中的“最终渲染”按钮 ,对渲染效果再次进行查看。此时得到的是添加了环境之后对外观影响的总图,得到比较逼真的图像,如图 9.60 所示。

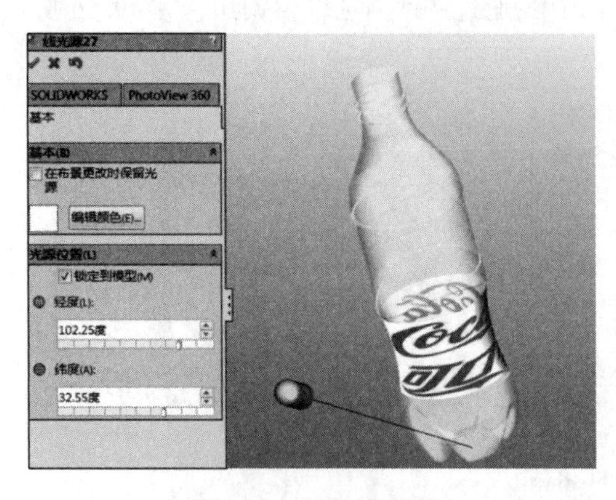

图 9.59　添加线光源

图 9.60　最终渲染

(5)单击最终预览窗口中的“保存预览图像”按钮 ,保存最终渲染图片并命名。

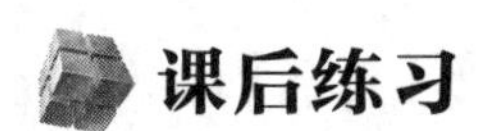

课后练习

自行创建图 9.61 所示的淋浴喷头模型并进行渲染。

图 9.61　淋浴喷头

第10章 仿真分析

SolidWorks为用户提供了多种仿真分析工具,包括SimulationXpress(静力学分析)、FloXpress(流体分析),使用户可以在计算机中测试设计的合理性,无须进行昂贵而费时的现场测试,因此可以有助于减少成本、缩短时间,本章主要介绍常用的SimulationXpress(静力学分析)。

10.1 静力学分析模块

静力学分析(SimulationXpress)模块根据有限元法,使用线性静态分析从而计算应力。SimulationXpress属性管理器向导将定义材质、约束、载荷、分析模型以及查看结果。每完成一个步骤,SimulationXpress会立即将其保存。如果关闭并重新启动SimulationXpress,但不关闭其模型文件,则可以获取该信息,必须保存模型文件才能保存分析数据。

选择“工具”→“SimulationXpress”命令,弹出“SimulationXpress”属性管理器,如图10.1所示。

(1)“夹具”选项卡:应用约束到模型的面。

(2)“载荷”选项卡:应用力和压力到模型的面。

(3)“材料”选项卡:指定材质到模型。

(4)“运行”选项卡:可以选择使用默认设置进行分析或者更改设置。

(5)“结果”选项卡:查看分析结果。

(6)“优化”选项卡:根据特定准则优化模型尺寸。

使用SimulationXpress完成静力学分析需要以下5个步骤:

(1)应用约束。

(2)应用载荷。

(3)定义材质。

(4)分析模型。

(5)查看结果。

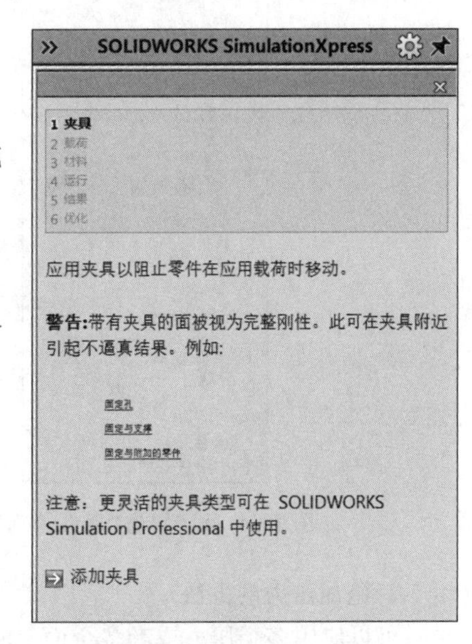

图10.1 “SimulationXpress”属性管理器

1. 夹具

在“夹具”选项卡中定义约束。每个约束可以包含多个面,受约束的面在所有方向上都受到约束,必须至少约束模型的一个面,以防止由于刚性实体运动而导致分析失败。在“SimulationXpress”属性管理器中,单击“添加夹具”按钮。在图形区域中单击约束的面,如图10.2所示,在屏幕左侧的标题栏中出现夹具列表,如图10.3所示,即可完成约束定义。

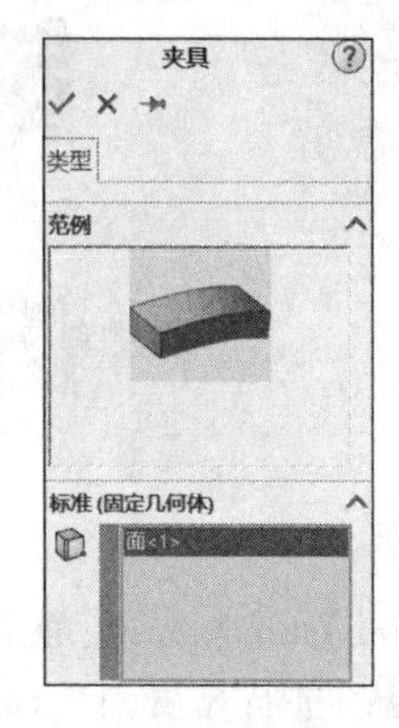

图 10.2　选择约束的面

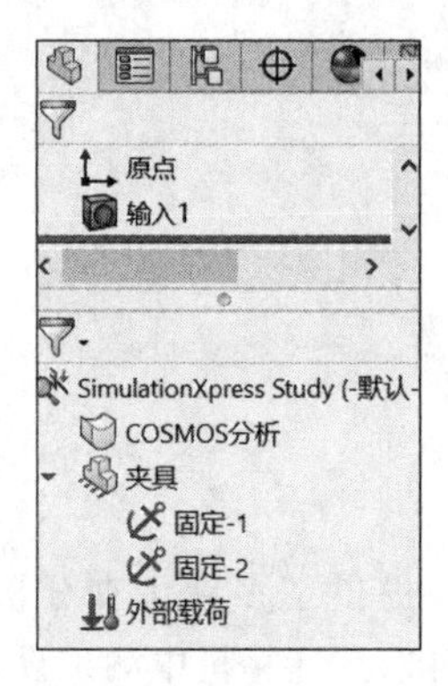

图 10.3　出现夹具列表

2. 载荷

在“载荷”选项卡中,可以应用力和压力载荷到模型面。

1)施加力的方法

施加力的方法如下:

(1)在“SimulationXpress”属性管理器中,单击“添加力”按钮。

(2)在图形区域中单击需要应用载荷的面,选择力的单位,输入力的数值,如果需要,选择“反向”复选框以反转力的方向,如图 10.4 所示。

(3)在屏幕左侧的标签栏中出现外部载荷列表,如图 10.5 所示。

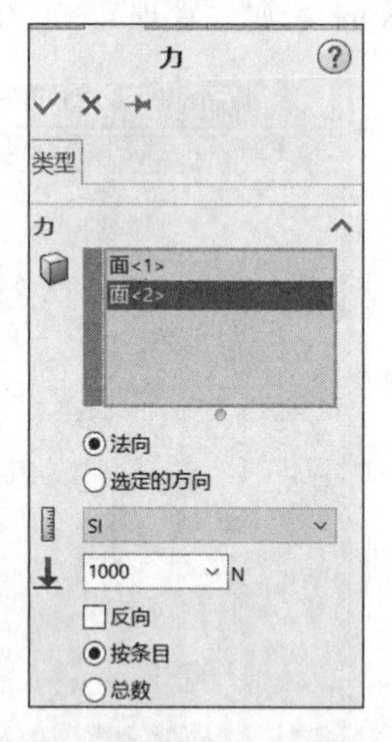

图 10.4　设置“力”属性管理器

图 10.5　出现外部载荷列表

2)施加压力的方法

可以应用多个压力或者多个面。SimulationXpress 垂直于每个面应用压力载荷。

具体操作方法如下:

(1)在“SimulationXpress”属性管理器中,单击“添加压力”按钮。

(2)在图形区域中单击需要应用载荷的面,选择力的单位,输入压力的数值,如果需要,选择“反向”复选框以反转力的方向,如图 10.6 所示。

(3)在屏幕左侧的标签栏中出现外部载荷列表,如图 10.7 所示。

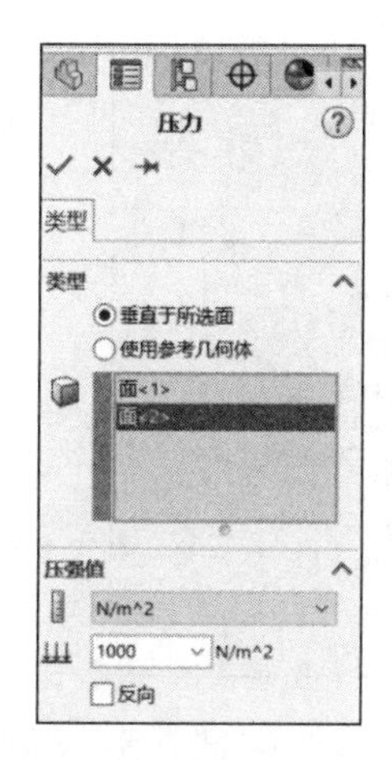

图 10.6　设置“压力”属性管理器

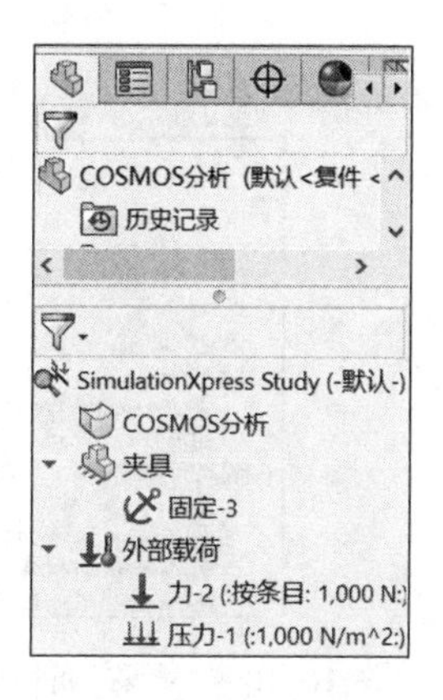

图 10.7　出现外部载荷列表

3. 材质

SimulationXpress 通过材质库给模型指定材质。如果指定给模型的材质不在材质库中，退出 SimulationXpress，将所需材质添加到库，然后重新打开 SimulationXpress。

材质可以是各向同性、正交各向异性或者各向异性，SimulationXpress 只支持各向同性材质。设定材质的属性管理器如图 10.8 所示。

4. 分析

单击“运行模拟”按钮，进行分析运算，如图 10.9 所示。分析进行时，将动态显示分析进度。

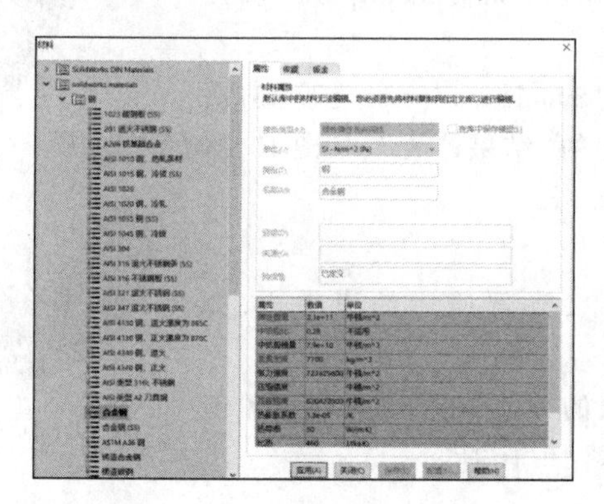

图 10.8　“材料”属性管理器

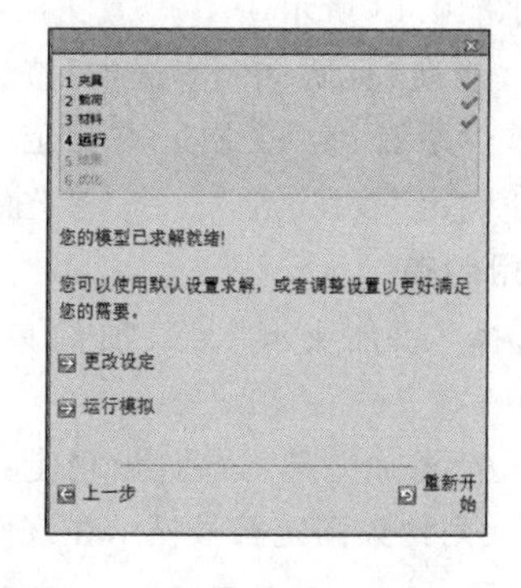

图 10.9　单击“运行模拟”按钮

5. 结果

在“结果”属性管理器中显示出计算结果，并且可以查看当前的材质、约束和载荷等内容，“结果”属性管理器如图 10.10 所示。

“结果”属性管理器可以显示模型所有位置的应力、位移、变形和最小安全系数。对于给定的最小安全系数，如图 10.11 所示，SimulationXpress 会将可能的安全与非安全区域分别绘制为不同的颜色。

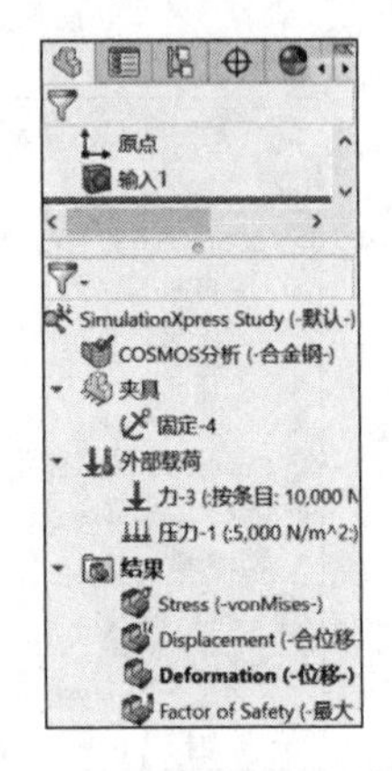

图 10.10 “结果”属性管理器

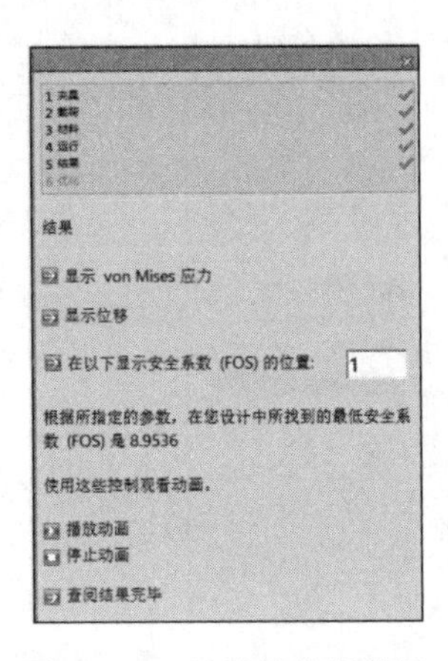

图 10.11 显示的分析结果

10.2 静力学分析实例

对给定模型进行静力学分析,评估其安全性,模型的受力表面承受 5 000 N 的力。

1. 设置单位

(1)打开“静力学分析 . sldprt”模型图,如图 10.12 所示。

(2)选择“工具”|“SimulationXpress”命令,弹出“SimulationXpress”属性管理器,如图 10.13 所示。

(3)在“欢迎”页面,单击“选项”按钮,弹出“SimulationXpress 选项”对话框,设置“单位系统”为“公制”,并指定文件保存的“结果位置”,如图 10.14 所示,单击“确定”按钮,进入“下一步”操作。

2. 应用约束

(1)选择“添加夹具”(添加约束)选项卡,出现应用约束界面,如图 10.15 所示。

(2)单击“添加夹具”按钮,出现定义约束组的界面,在图形区域中单击模型的底面,则约束固定符号显示在该面上,如图 10.16 所示。

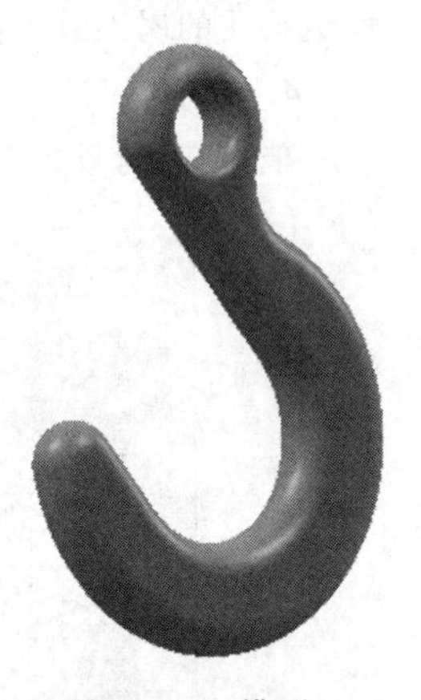

图 10.12 模型

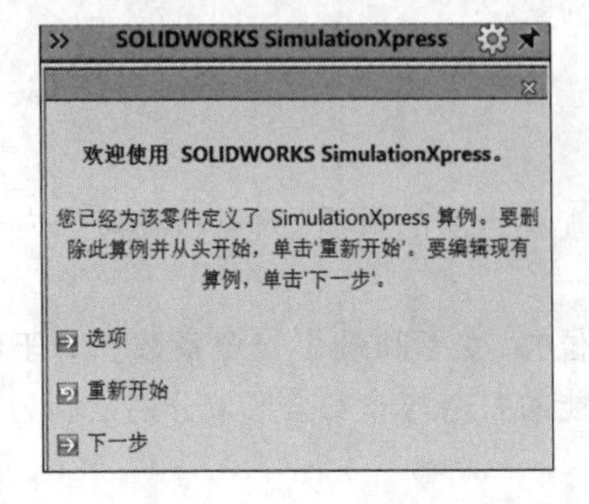

图 10.13 “SimulationXpress”属性管理器

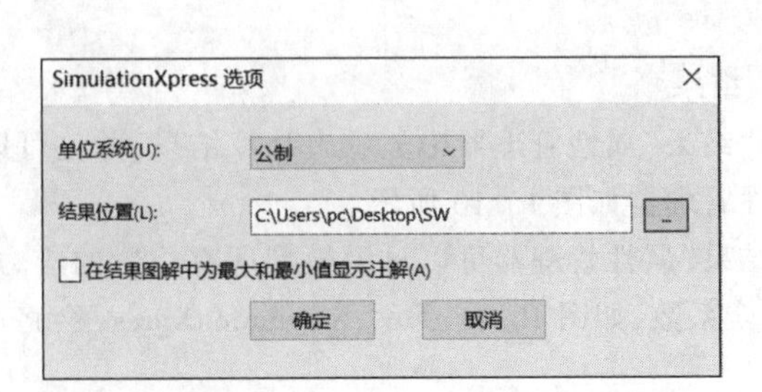

图 10.14 “SimulationXpress 选项”对话框

图 10.15　应用约束界面

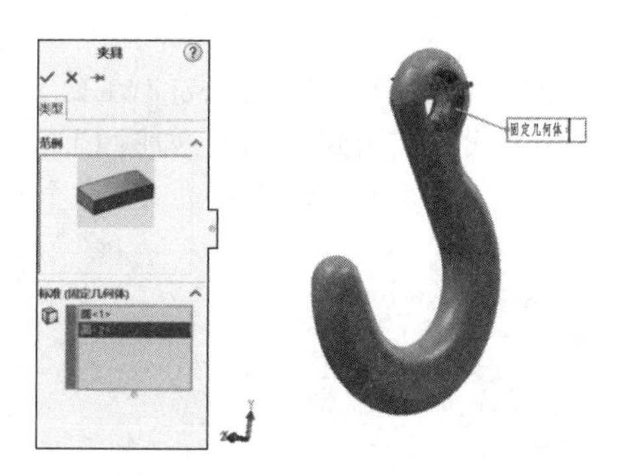

图 10.16　固定约束

(3)单击“添加夹具”按钮可定义多个约束条件,如图 10.17 所示。单击“下一步”按钮,进入下一步骤。

3. 应用载荷

(1)选择“载荷”选项卡,出现应用载荷对话框,如图 10.18 所示。

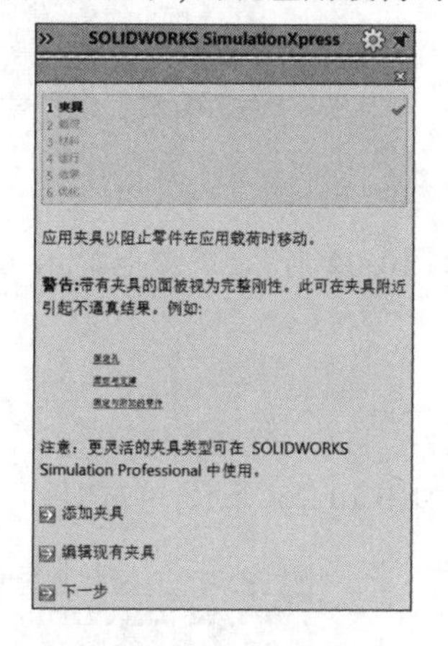

图 10.17　定义约束组

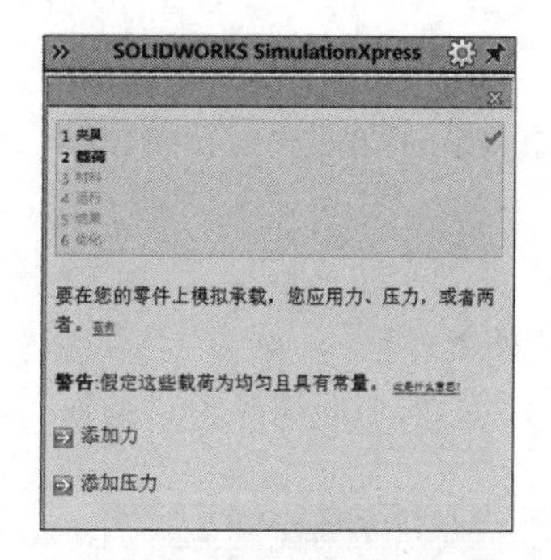

图 10.18　选择“载荷”选项卡

(2)单击“添加力”按钮,弹出“力”属性管理器,在图形区域中单击模型需要承受力的面,选中“法向”单选按钮,输入力的数值为“5000”,完成载荷设置,如图 10.19 所示,单击“确定”按钮完成设置,最后再单击“下一步”按钮进入下一个操作。

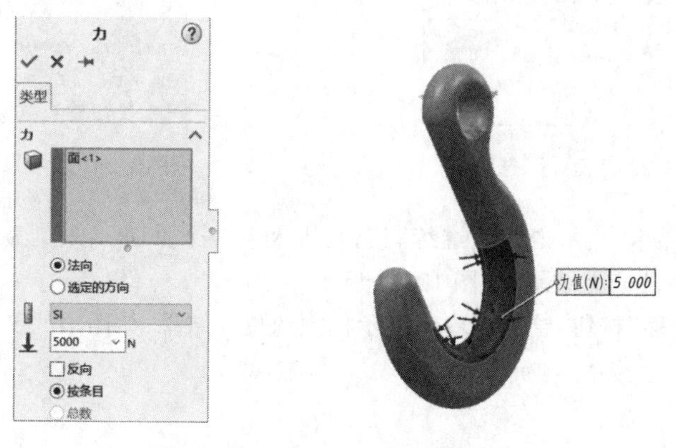

图 10.19　设置“力”和“支撑面”

4. 定义材质

在“材料”属性管理器中可以选择 SolidWorks 预置的材质。这里选择“合金钢”选项，单击“应用”按钮，合金钢材质被应用到模型上，如图 10.20 所示，单击“关闭”按钮，完成材质的设定，如图 10.21 所示，最后单击“下一步”按钮进入下一个操作。

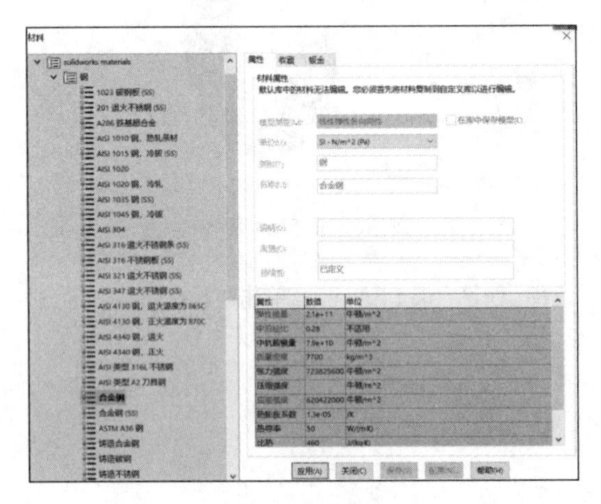

图 10.20　定义材质

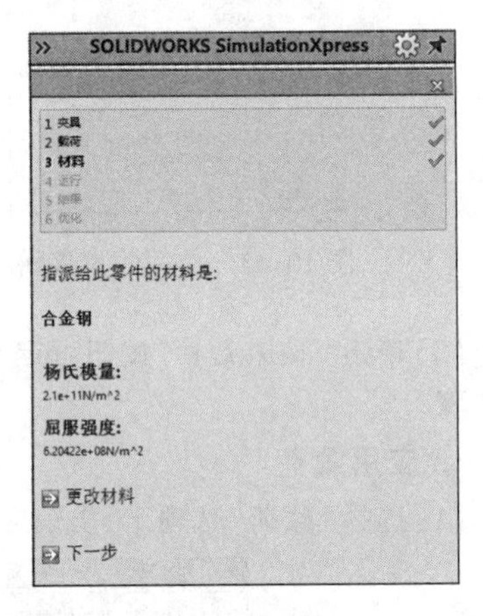

图 10.21　定义材质完成

5. 运行分析

选择“运行”选项卡，再单击“运行模拟”按钮，如图 10.22 所示，屏幕上显示出运行状态以及分析信息。

6. 观察结果

具体操作步骤如下：

(1)运行分析完成，变形的动画将自动显示出来，如图 10.23 所示，单击“停止动画”按钮。

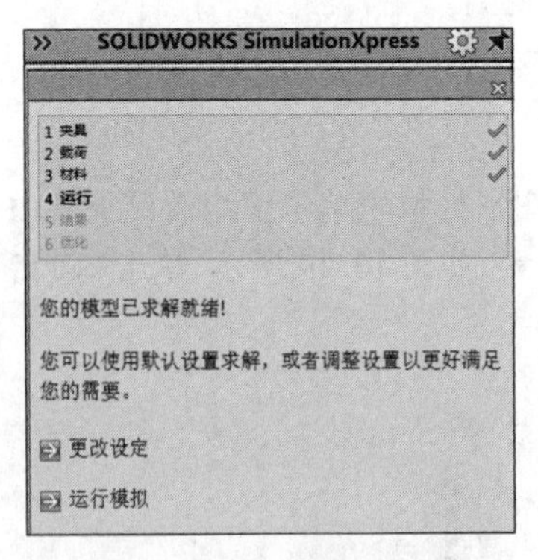

图 10.22　“运行”选项卡

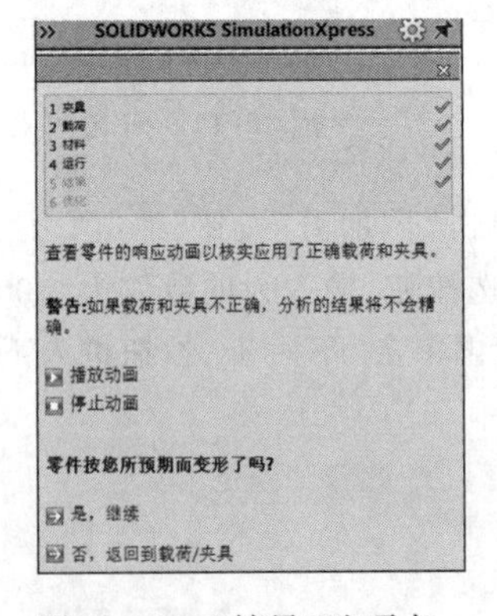

图 10.23　“结果”选项卡

(2)在“结果”选项卡中，单击“是，继续”按钮，进入下一个页面，单击“显示 von Mises 应力”按钮，绘图区将显示模型的应力结果，如图 10.24 所示。

(3)单击“显示位移”按钮，绘图区中将显示模型的位移结果，如图 10.25 所示。

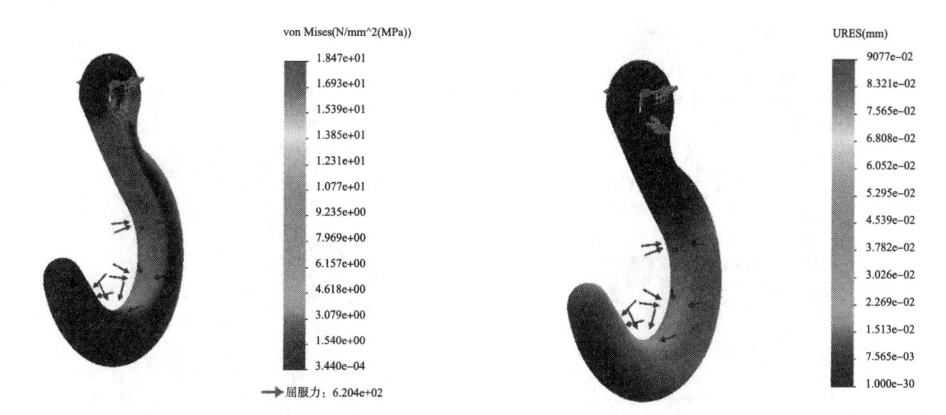

图 10.24 显示应力结果　　　　图 10.25 显示位移结果

(4)单击“在以下显示安全系数(FOS)的位置”按钮,并在文本框中输入“50”,绘图区将显示模型在安全系数是“50”时的危险区域,如图 10.26 所示。

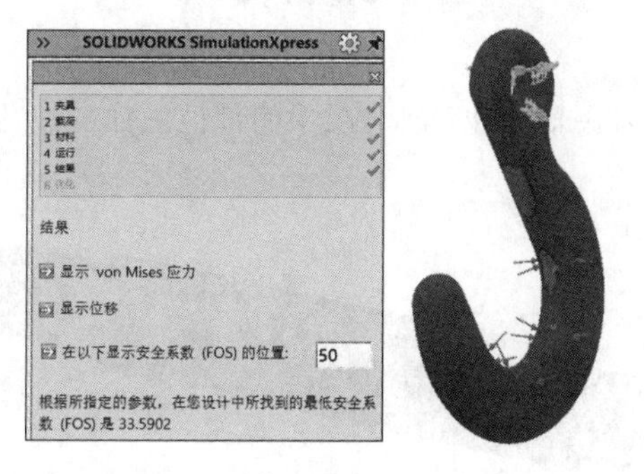

图 10.26 显示危险区域

(5)在“结果”选项卡中,单击“生成报表”按钮,如图 10.27 所示,将产生 word 分析报告,如图 10.28 所示。

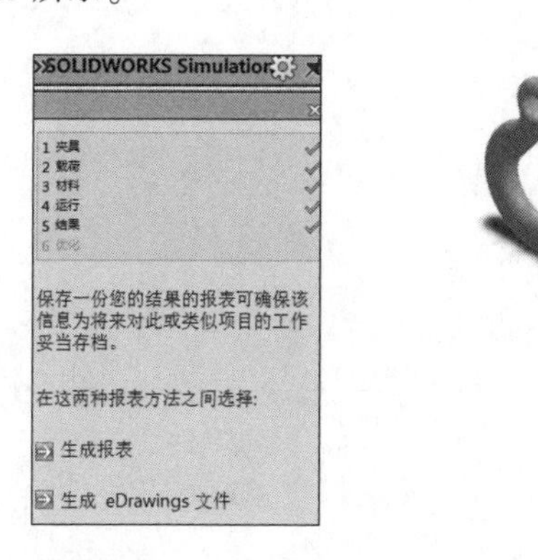

图 10.27 “生成报表”选项

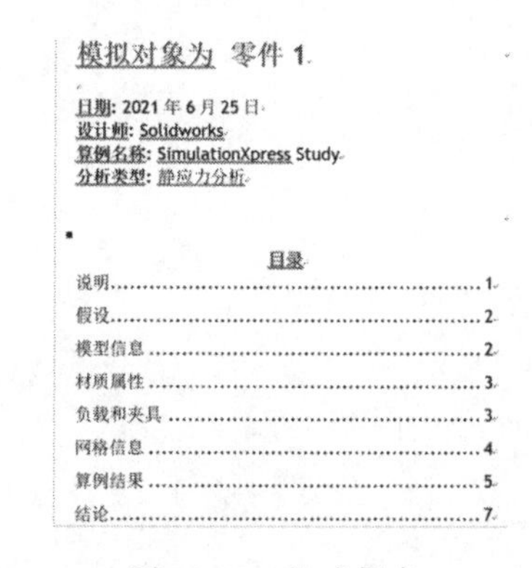
模拟对象为 零件 1

日期: 2021 年 6 月 25 日
设计师: Solidworks
算例名称: SimulationXpress Study
分析类型: 静应力分析

目录

说明......1
假设......2
模型信息......2
材料属性......3
负载和夹具......3
网格信息......4
算例结果......5
结论......7

图 10.28 生成报表

(6)单击“下一步”按钮,进入下一个页面,在“您想优化模型吗?”提示下单击“否”按钮,如图 10.29 所示。

(7)完成应力分析,如图 10.30 所示。

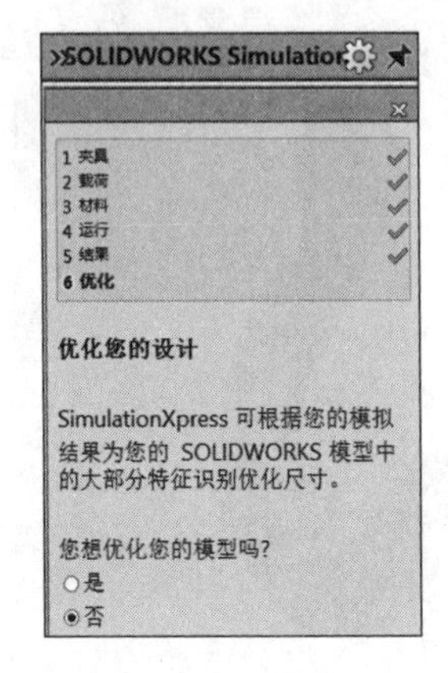

图 10.29　优化询问界面

图 10.30　应力分析完成界面

课后练习

分析图 10.31 所示的铣刀头轴，当两端固定，中间部位施加的载荷是 5 000 N 时所产生的应力和位移情况。

图 10.31　铣刀头轴

参考文献

[1]仝基斌. 机械制图[M]. 北京:人民邮电出版社,2015.
[2]王全先. Creo Parametric 3.0 三维设计上机实训教程[M]. 合肥:合肥工业大学出版社,2017.
[3]赵罘,刘玥,刘玢. SolidWorks 2013 基础应用教程[M]. 北京:机械工业出版社,2013.
[4]郭松. Pro/E 项目实训教程[M]. 北京:冶金工业出版社,2009.
[5]王淑侠,贾国良,王关峰. SolidWorks 实训教程[M]. 西安:西北工业大学出版社,2019.
[6]樊宁,何培英. 典型机械零部件表达方法 350 例[M]. 北京:化学工业出版社,2016.